W0368843

PRISMA BIOLOGIE 8

Bayern

Thorsten Fraterman
Anne-Kathrin Klaus
Peter Pösch
Alexander Röhrer
Andrea Treske
Marianne Walcher

Ernst Klett Verlag
Stuttgart · Leipzig

1. Auflage 1 7 6 5 4 3 | 17 16 15 14 13

Autorinnen und Autoren: Thorsten Fraterman, Anne-Kathrin Klaus, Dr. Peter Pösch, Alexander Röhrer, Andrea Treske, Marianne Walcher

Unter Mitarbeit von: Manfred Bergau, Dr. Günter Ganz, Claudia Lissé-Thöneböhn, Dr. Hans-Jürgen Seitz, Prof. Dr. Bernd Thomas

Redaktion: Ulrike Fehrmann
Herstellung: Horst Andres

Layoutkonzeption und Gestaltung: Matthias Balonier, Infografik, Lützelbach
Umschlaggestaltung: KOMA AMOK®, Kunstbüro für Gestaltung, Stuttgart
Illustrationen: Matthias Balonier, Lützelbach; Udo Buffler, Marburg; d. Biografiker, München; Jeanne Kloepfer, Lindenfels; Angelika Kramer, Stuttgart; Tom Menzel, Rohlsdorf; Kristina Teubner, Karlsruhe; Prof. Jürgen Wirth, Dreieich
Reproduktion: Meyle + Müller, Medien-Management, Pforzheim
Druck: Firmengruppe APPL, aprinta druck, Wemding

Printed in Germany
ISBN: 978-3-12-068415-2

9 783120 684152

Inhaltsverzeichnis

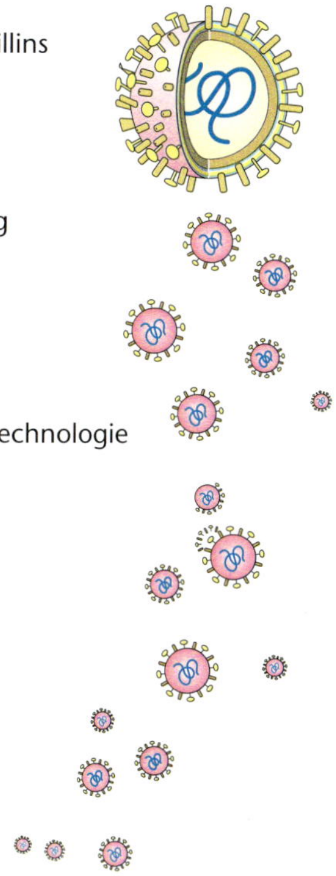

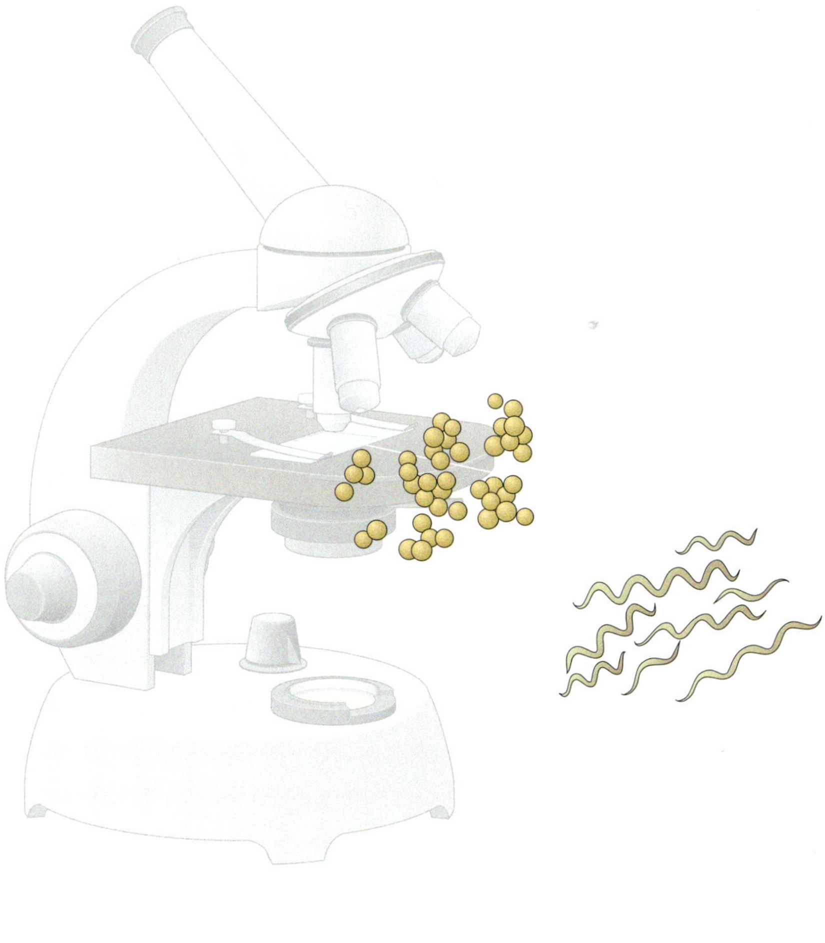

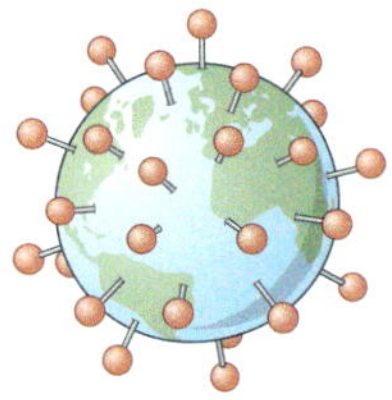

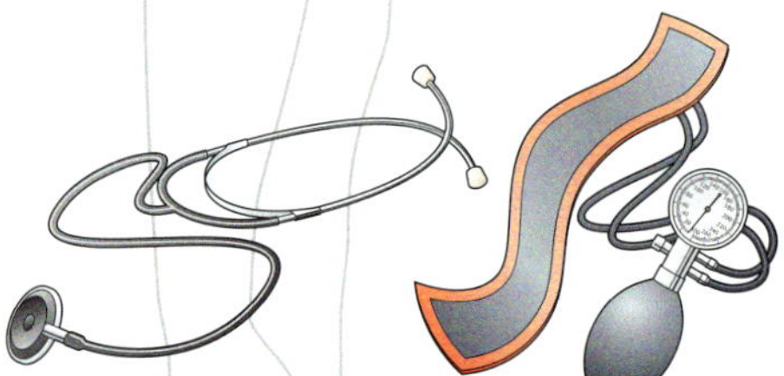

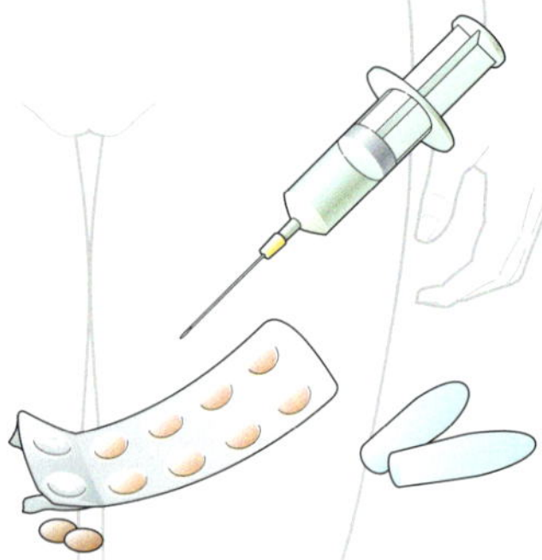

84 Lebensgemeinschaft Gewässer

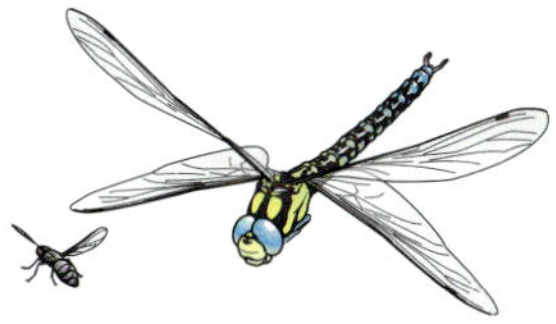

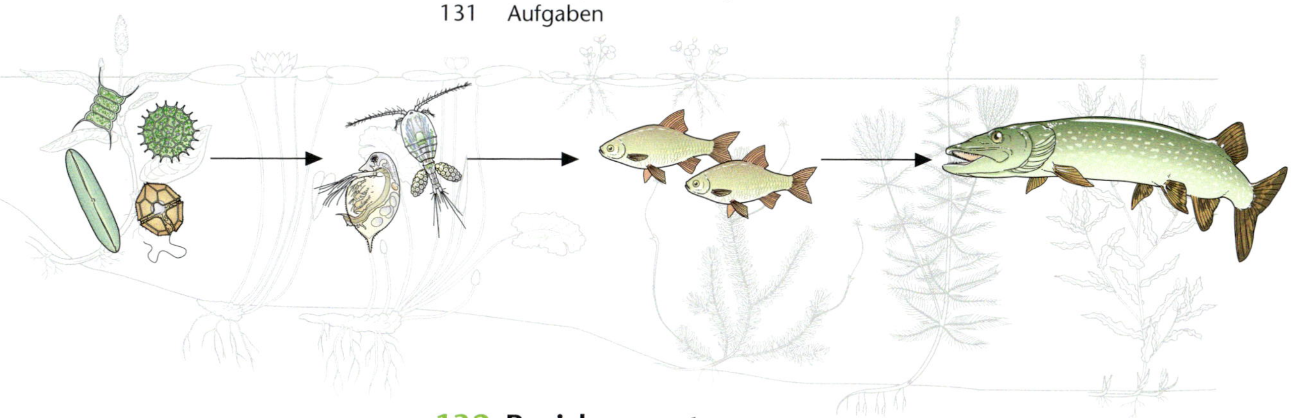

132 Basiskonzepte

138 Anhang

Mikroorganismen und Viren

Die Silbe „Mikro" stammt aus dem Griechischen und bedeutet „sehr klein". Entsprechend bezeichnet man mit Mikroorganismen die Gesamtheit aller, nicht mit bloßem Auge erkennbaren Organismen.

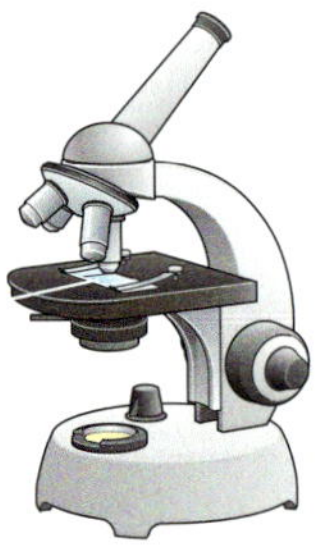

Zu den Mikroorganismen zählen mikroskopisch kleine, meistens einzellige Lebewesen, wie zum Beispiel das Pantoffeltierchen, aber auch winzige Algen, viele Pilze und die große Gruppe der Bakterien. Als weiteres Beispiel werden die Viren genannt, die aber eine Besonderheit aufweisen. Anders als die bisher genannten Mikroorganismen haben Viren keinen eigenen Stoffwechsel und können sich nicht selbstständig vermehren. Deshalb werden Viren oft nicht als Lebewesen bezeichnet.

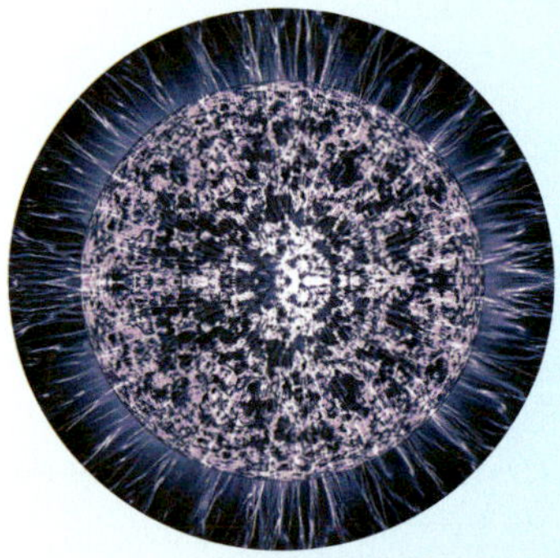

Ob in der Luft, im Wasser oder im Boden: Mikroorganismen sind überall. Manche können unsere Gesundheit schädigen, viele aber sind ungemein nützlich für uns. Deshalb spielen sie in der biologischen, medizinischen und biotechnologischen Forschung, der Mikrobiologie, eine herausragende Rolle.

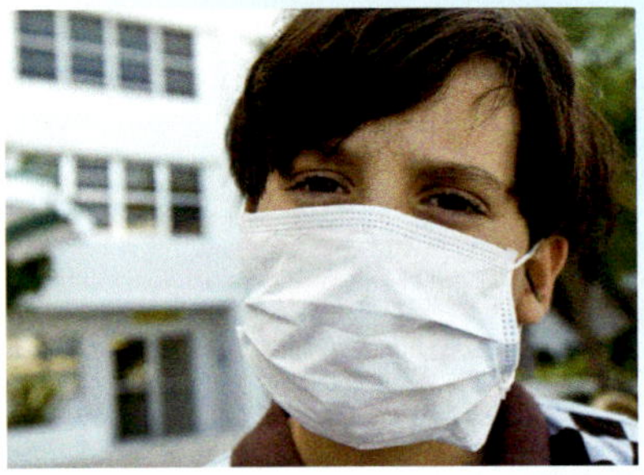

BURGUNDER
TROCKEN

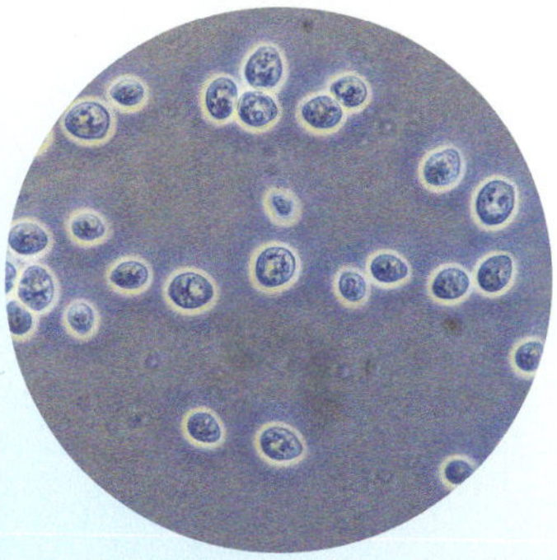

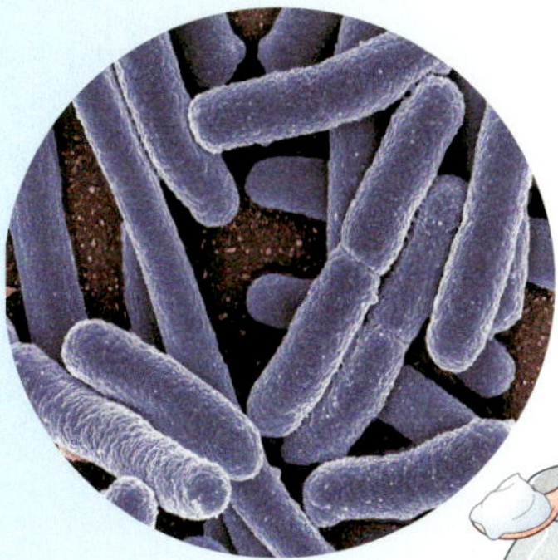

Kuhnighurt
Pfirsich

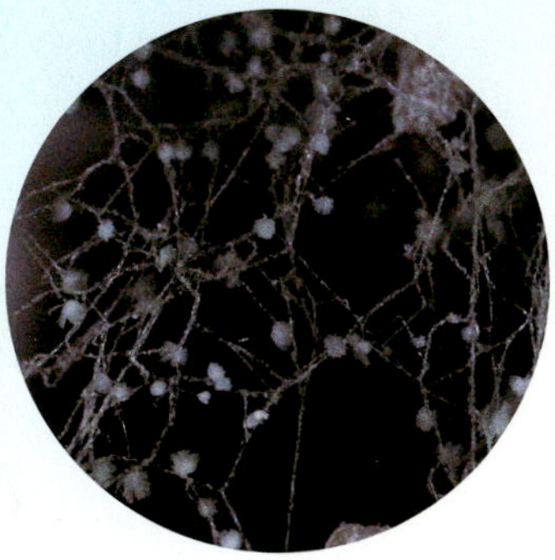

Bewegung, Stoffwechsel, Wachstum, Fortpflanzung, Reizbarkeit und der Aufbau aus Zellen sind die gemeinsamen Kennzeichen aller Lebewesen. Die Vielfalt der Lebewesen macht es notwendig, sie in Gruppen einzuordnen. Eine der höchsten Einteilungskategorien ist das **Reich**. Wichtige Merkmale für die Einteilung in verschiedene Reiche sind der **Aufbau der Zellen** und die Art der **Energiegewinnung**.

Lebewesen ohne Zellkern
Eine der größten Gruppen bildet das Reich der **Bakterien**. Diese einzelligen Lebewesen besitzen **keinen Zellkern**. Die Erbsubstanz befindet sich frei in der Zelle. Bakterien sind in der Lage, selbst die extremsten Lebensräume zu besiedeln. So findet man Vertreter dieses Reiches auch an Vulkanen oder im Toten Meer.

Lebewesen mit Zellkern
Ein vielfältiges Reich bilden die **höheren Einzeller**. Sie besitzen **einen Zellkern** und sind bis zu 100-mal größer als Bakterienzellen. Diese Größe macht es erforderlich, dass die Zelle in ihrem Inneren gegliedert werden muss. So findet man bei ihnen verschiedene Zellbestandteile, die **Zellorganellen**, wie z. B. Chloroplasten oder Vakuolen. Man kann zwischen tierischen und pflanzlichen Einzellern unterscheiden.

Weitere Reiche bilden die Pflanzen, Pilze und Tiere.

Pflanzen sind vielzellige Lebewesen. Die Chloroplasten in ihren Zellen ermöglichen es ihnen, Energie durch Fotosynthese zu gewinnen. Ihre Zellen sind von einer festen Zellwand umgeben.

Bei **Pilzen** unterscheidet man zwischen einzelligen Pilzen, den Hefen, und vielzelligen Pilzen, wie zum Beispiel den Schimmel- oder Ständerpilzen, welche ein Pilzgeflecht (Mycel) bilden. Sie besitzen eine Zellwand, an deren Aufbau Chitin beteiligt ist. Chitin ist ein Stoff, der auch im Außenskelett von Insekten zu finden ist. In den Zellen der Pilze befinden sich keine Chloroplasten, weshalb sie auch nicht zur Fotosynthese fähig sind. Die für ihre Lebensprozesse notwendigen Stoffe müssen sie über die Zellwand aus der Umgebung aufnehmen.

So wie die Pilze, können Tiere Energie nicht durch Fotosynthese gewinnen. Sie benötigen Sauerstoff für die Atmung. Ihre Zellen besitzen keine Zellwand, sondern sind von einer Zellmembran umgeben.

▶ Man unterscheidet verschiedene Reiche der Lebewesen: Bakterien, höhere Einzeller, Pflanzen, Pilze und Tiere.

Aufgaben

1 Neben der Einteilung in Reiche unterscheidet man häufig zwischen zwei „Domänen“. Informiere dich, was man in der Biologie unter diesem Begriff versteht und finde eine mögliche Einteilung der fünf vorgestellten Reiche in zwei Domänen.

2 Betrachte die Steckbriefe der fünf dargestellten Reiche. Entwerfe in deinem Heft eine tabellarische Übersicht zu den fünf Reichen nach der Vorlage der Steckbriefe.

3 Früher wurden Pilze dem Reich der Pflanzen zugeordnet. Heute weiß man, dass sie mehr Ähnlichkeiten mit Tieren haben. Nenne Gründe für die Zuordnung in ein eigenes Reich.

4 Viren werden keinem der Reiche der Lebewesen zugeordnet. Recherchiere in deinem Biologiebuch und finde Gründe dafür.

Lebewesen ohne Zellkern

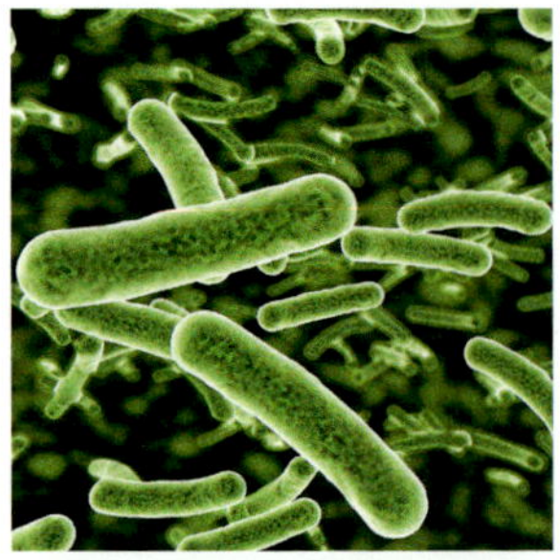

Bakterien

Aufbau der Zelle
- kein Zellkern
- keine Zellorganellen

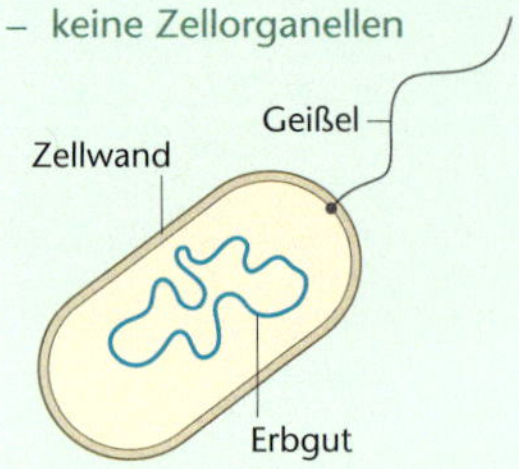

Fortpflanzung
Zweiteilung der Zelle

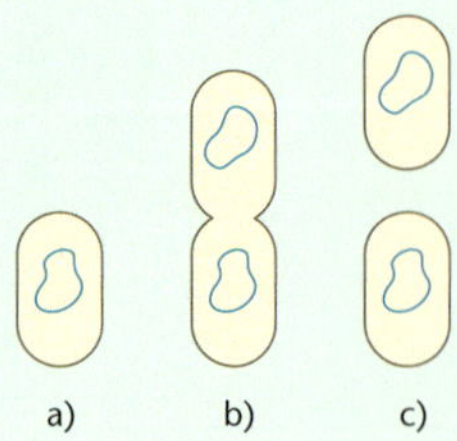

Stoffwechsel und Energiegewinnung
Vielfältige Stoffwechselvorgänge wie:
- Atmung
- Gärung
- Fotosynthese

Lebewesen mit Zellkern

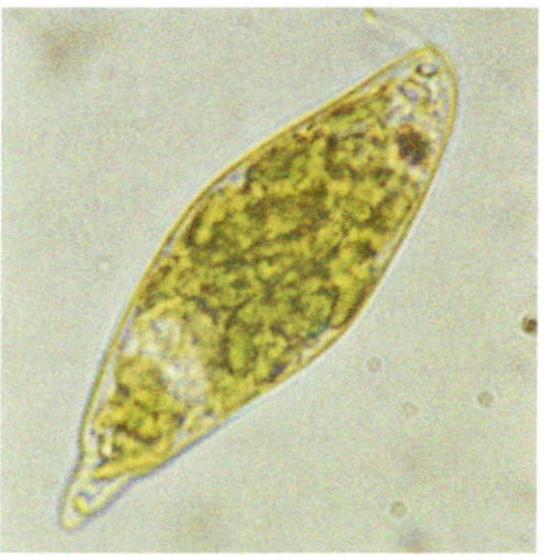

Höhere Einzeller

Aufbau der Zelle

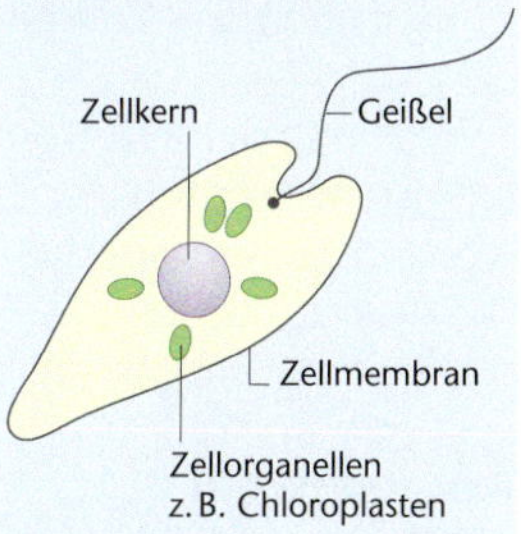

Fortpflanzung

1. ungeschlechtlich:
Zweiteilung der Zelle

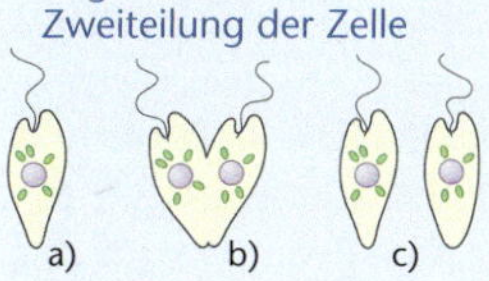

2. geschlechtlich:
Konjugation

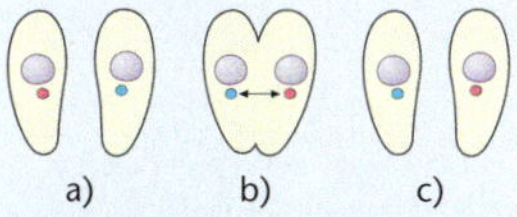

Stoffwechsel und Energiegewinnung

- tierische Einzeller:
  Atmung
- pflanzliche Einzeller:
  Fotosynthese

Pflanzen

Aufbau der Zelle

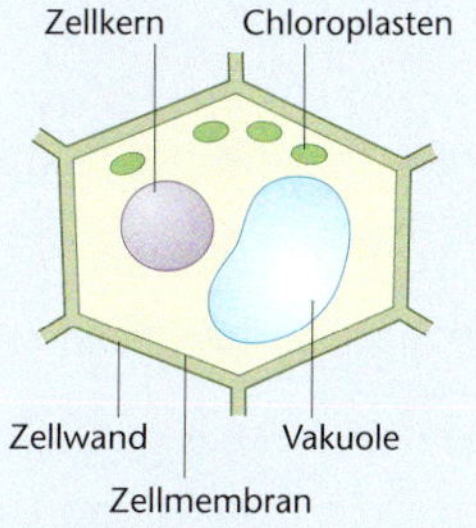

Fortpflanzung

1. geschlechtlich

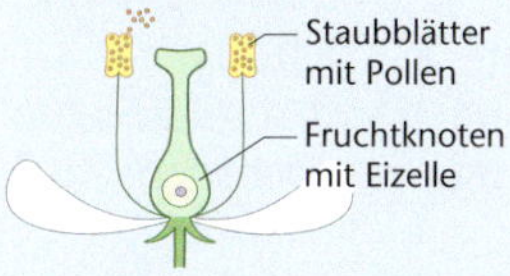

2. ungeschlechtlich

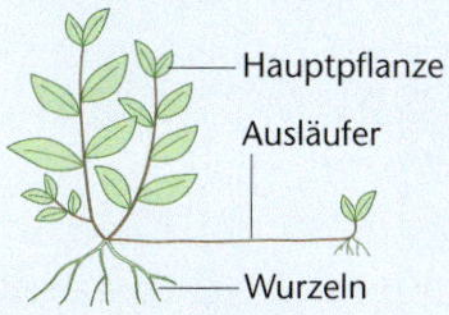

Stoffwechsel und Energiegewinnung

Fotosynthese

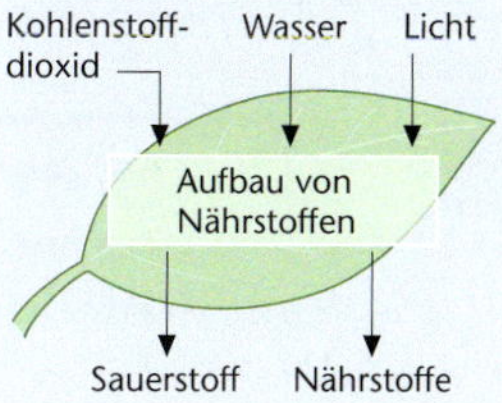

Pilze

Aufbau der Zelle

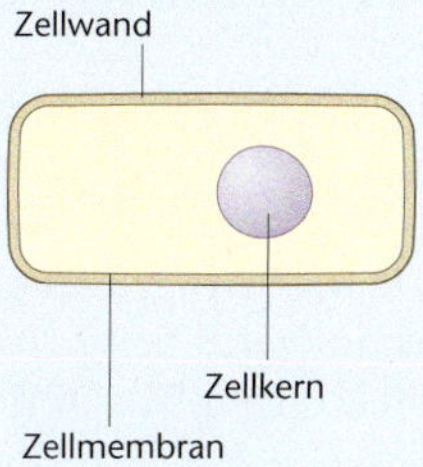

Fortpflanzung

Einzellige Pilze:
Sprossung

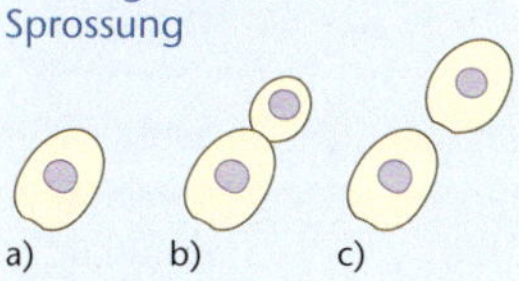

Vielzellige Pilze:
geschlechtlich

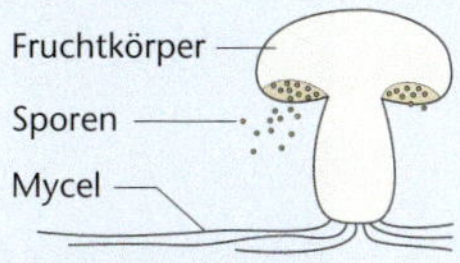

Stoffwechsel und Energiegewinnung

- Zersetzung und Verwertung vielfältiger organischer Materialien
- Bei Hefen: Gärung

Tiere

Aufbau der Zelle

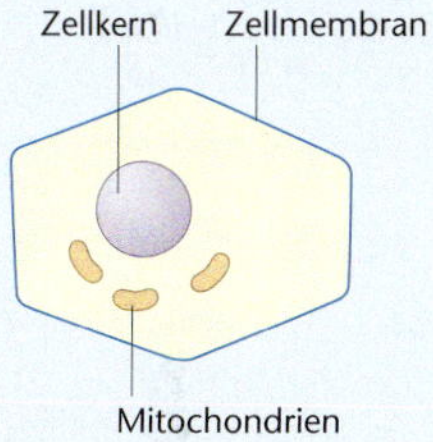

Fortpflanzung

geschlechtlich

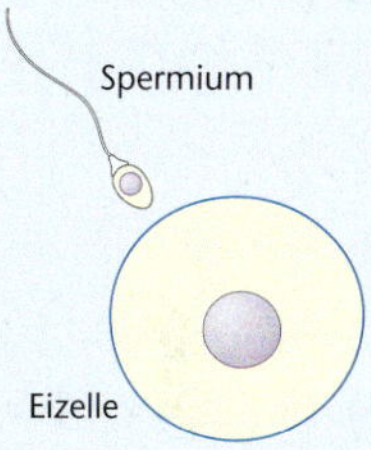

Stoffwechsel und Energiegewinnung

Atmung

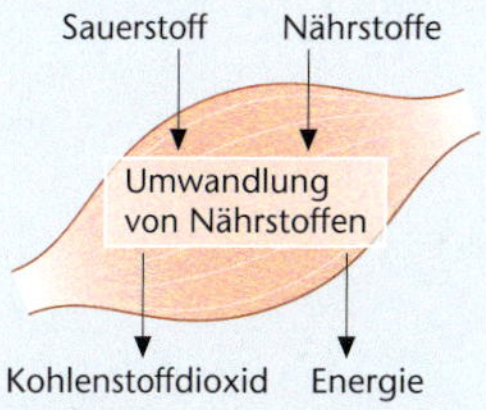

Viren

Abseits der Reiche der Lebewesen stehen die Viren. Einige unter ihnen, wie zum Beispiel das Grippe-Virus, können große Epidemien verursachen.

Forscher sind sich nicht einig, ob Viren zu den Lebewesen zählen oder nicht. Deswegen werden sie bis heute in eine eigene Gruppe eingeordnet.

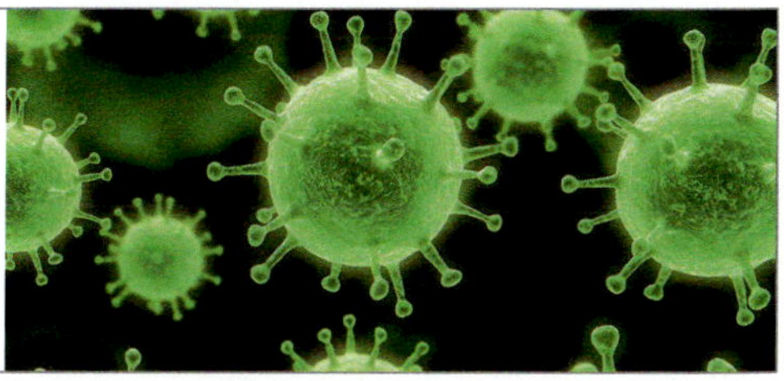

1 Vergorener Apfelsaft

Stellt man ein abgedecktes Glas Apfelsaft für einige Tage in den Kühlschrank, wird man anschließend keine sichtbaren Veränderungen erkennen können. Lässt man aber ein Glas Apfelsaft an einem warmen Ort stehen, kann man darin nach ein paar Tagen kleine Gasbläschen aufsteigen sehen (▷B 1). Riecht man an diesem Glas, stellt man einen süßlich-stechenden Geruch fest: der Saft ist **vergoren**.

Betrachtet man einen Tropfen des vergoren Apfelsaftes unter dem Mikroskop, findet man darin runde, einzellige Mikroorganismen, die **Hefen**.

Aufbau und Vermehrung einer Hefezelle

Eine chitinhaltige **Zellwand** umgibt die kleine Hefezelle. Im **Zellplasma** befinden sich der **Zellkern** und eine rundliche **Vakuole** (▷B 2). Aufgrund der chitinhaltigen Zellwand und des Zellkerns ordnet man die Hefen dem Reich der **Pilze** zu.

An manchen Zellen kann man erkennen, dass sich kleine Kugeln abschnüren. Haben diese **Knospen** eine bestimmte Größe erreicht, lösen sie sich als **Tochterzellen** von der Mutterzelle ab. Diesen Vorgang bezeichnet man als **Sprossung** (▷B 3).

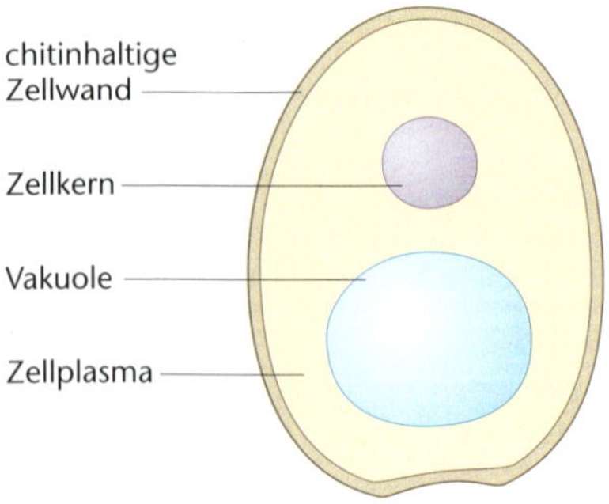

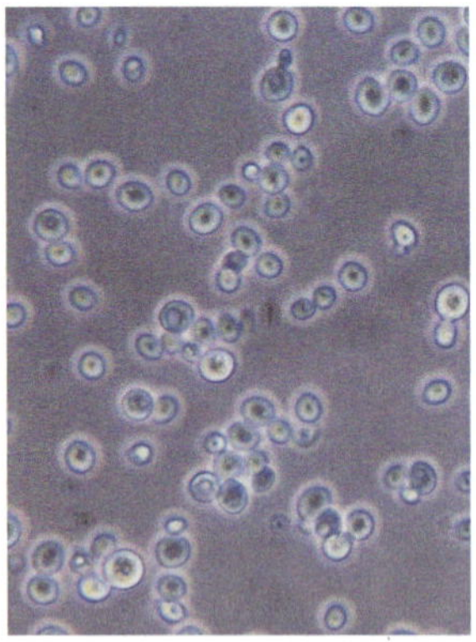

2 Aufbau einer Hefezelle

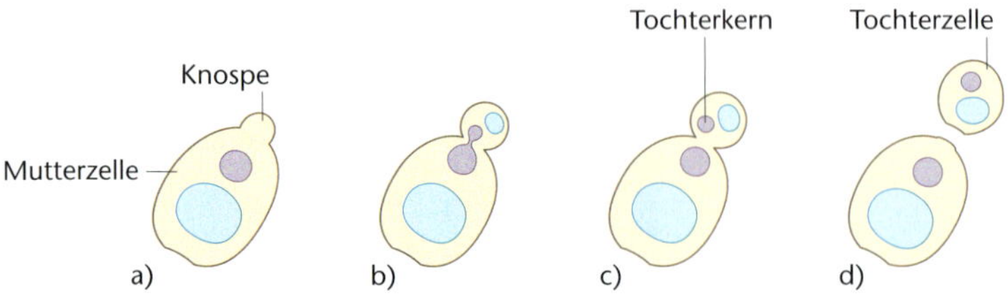

3 Hefezellen vermehren sich durch Sprossung

Der Apfelsaft vergärt

Apfelsaft enthält viel **Zucker**, aus dem Hefen die für ihre Lebensprozesse notwendige Energie gewinnen können. Bei diesem **Vergärungsprozess** entsteht neben dem Gas **Kohlenstoffdioxid** auch **Alkohol**, welcher für den stechenden Geruch verantwortlich ist. Für diese Form der Energiegewinnung benötigen Hefezellen keinen Sauerstoff. Man bezeichnet diesen Vorgang als **alkoholische Gärung**.

Wortgleichung der alkoholischen Gärung:

$$\text{Zucker} \xrightarrow{\text{„wird zu"}} \text{Alkohol} + \text{Kohlenstoffdioxid} + \text{Energie}$$

Ohne die genauen Vorgänge der alkoholischen Gärung zu kennen, nutzten die Menschen bereits vor Jahrtausenden die Hefepilze bei der Wein- und Bierherstellung sowie zum Brotbacken.

Anpassungsfähigkeit der Hefen

Steht den Hefepilzen Sauerstoff zur Verfügung, bauen sie Zucker zu Kohlenstoffdioxid und Wasser ab. Dabei gewinnen sie wesentlich mehr Energie als bei der alkoholischen Gärung.
Bei niedrigen Temperaturen, knapper werdendem Zuckerangebot oder mangelnder Flüssigkeit verdickt sich die Zellwand der Hefepilze. Sie stellen ihren Stoffwechsel ein und können so die schlechten Lebensbedingungen gut überstehen.
[Struktur und Funktion, S. 132]

Hefepilze sind einzellige Mikroorganismen. Sie vermehren sich durch Sprossung. Unter Sauerstoffausschluss gewinnen sie ihre Energie durch alkoholische Gärung.

Aufgaben

1 Zeichne eine Skizze eines Hefepilzes in dein Heft. Beschrifte die Skizze.

2 Erkläre, weshalb bei der Weinherstellung der Traubensaft in geschlossenen Fässern gelagert wird.

3 Betrachte eine Scheibe Schwarzbrot. Erkläre, wieso man im Teig Löcher findet.

4 Erkläre, weshalb sich der Apfelsaft im Kühlschrank nahezu nicht verändert hat.

Werkstatt

Hefen und Teig

1 Mikroskopieren einer Hefesuspension

Material

1 Becherglas (250 ml), Backhefe, lauwarmes Wasser, Mikroskop, Objektträger, Deckglas, Pipette

Versuchsanleitung

1. Gib ca. 10 g Backhefe zu 120 ml lauwarmem Wasser. Verrühre die Hefe gut!
2. Tropfe mit der Pipette etwas der Hefesuspension auf den Objektträger. Decke den Tropfen vorsichtig mit dem Deckglas ab und mikroskopiere eine Hefezelle.

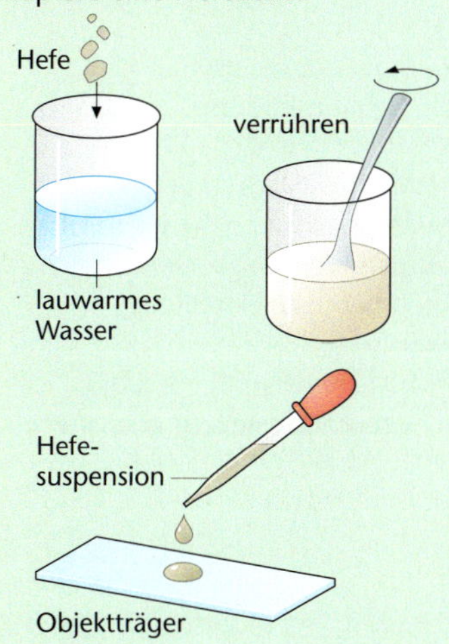

Aufgabe

Erstelle eine beschriftete Skizze einer Hefezelle.

2 Der Teig muss „gehen"

Material

Hefesuspension aus Versuch 1, 2 Bechergläser (250 ml), 2 kleine Schüsseln, 1 Esslöffel, 1 Teelöffel, Mehl, Haushaltszucker, lauwarmes Wasser, Messzylinder (100 ml)

Versuchsanleitung

1. Gib in beide Schüsseln jeweils 3 gestrichene Esslöffel Mehl und 2 gestrichene Teelöffel Zucker.
2. Miss im Messzylinder je 30 ml Hefesuspension und lauwarmes Wasser ab. Gib nun in eine Schüssel die Suspension, in die andere das Wasser.

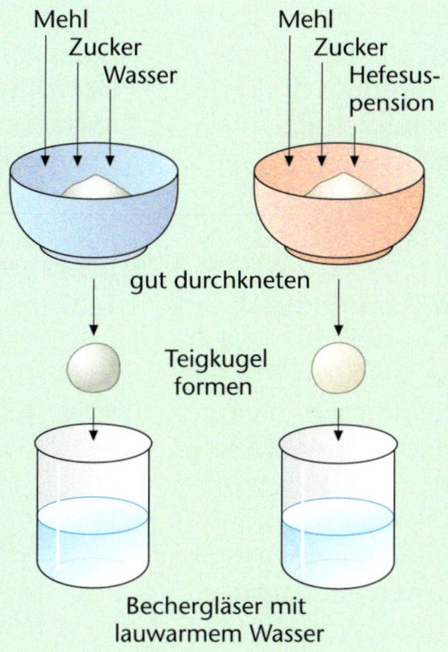

Knete beide Ansätze gut durch und forme daraus zwei Kugeln.

3. Fülle nun lauwarmes Wasser in die beiden Bechergläser und lege die beiden Kugeln hinein.

Aufgaben

1. Beobachte beide Versuchsansätze für mehrere Minuten. Notiere deine Beobachtungen.
2. Erkläre das Versuchsergebnis unter Berücksichtigung des Stoffwechsels der Hefepilze.
3. Welches Ergebnis erwartest du, wenn du keinen Zucker in den Teig gegeben hättest? Begründe.

3 Temperaturabhängigkeit

Material

Hefesuspension aus Versuch 1, 3 Bechergläser, 1 Esslöffel, 1 Teelöffel, Mehl, Zucker, Kühlschrank, Heizung, Thermometer, Lineal

Versuchsanleitung

1. Gib jeweils 3 gestrichene Esslöffel Mehl und 2 gestrichene Teelöffel Zucker in die 3 Bechergläser. Füge jeweils 30 ml der Hefesuspension hinzu. Verrühre den Teig gut. Streiche den Teig im Glas glatt und notiere dir das Volumen.
2. Stelle jeweils einen Ansatz in den Kühlschrank, ins Zimmer und auf die Heizung. Miss in allen dreien Ansätzen regelmäßig das Volumen und die Temperatur.

Aufgaben

1. Stelle nach 10, 20 und 30 Minuten fest, wie sich der Teig verändert hat. Notiere jeweils das Volumen.
2. Erstelle ein Diagramm, welches die Volumenveränderung in Abhängigkeit von der Temperatur zeigt.
3. Erkläre das Versuchsergebnis unter Berücksichtigung der Lebensbedingungen der Hefepilze.

4 Hefen brauchen Zucker

Material

Hefesuspension aus Versuch 1, 3 Bechergläser, 1 Esslöffel, 1 Teelöffel, Trockenhefe, Mehl, Zucker, Messzylinder (100 ml)

Versuchsanleitung

1. Gib jeweils 3 gestrichene Esslöffel Mehl in die 3 Bechergläser und beschrifte diese mit „1", „2" und „3".
2. Gib nun in Becherglas 1 zwei gestrichene Teelöffel Zucker und 30 ml der Hefesuspension, in Becherglas 2 ausschließlich 30 ml der Hefesuspension und in Becherglas 3 zwei gestrichene Teelöffel Zucker und ein halbes Päckchen Trockenhefe. Verrühre alle drei Ansätze gut und stelle sie an einen warmen Ort.

Aufgaben

1. Kontrolliere alle 10 Minuten die verschiedenen Ansätze und notiere deine Beobachtungen.
2. Unter welchen Bedingungen ist der Teig am besten aufgegangen? Erkläre.

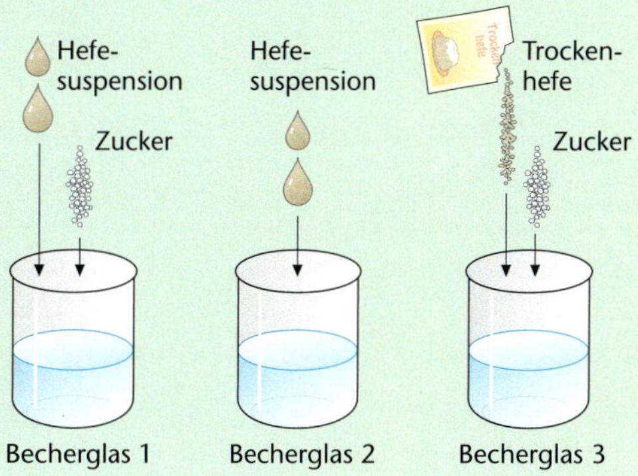

Entlang des Mains befinden sich zahlreiche Weinberge, an deren Hängen die **Weinreben** wachsen. Nachdem die Trauben den Sommer über gereift sind, ist im Herbst ihr Zuckergehalt besonders hoch. Dann beginnen die Winzer mit der Ernte der Trauben, der **Weinlese**.

1 Federweißer

Die geernteten Trauben werden direkt in die **Kelterei** gebracht und gepresst (▷ B 2). So entsteht die **Maische** aus **Most** (Traubensaft) und festen Rückständen, die man **Treber** oder **Trester** nennt. Soll **Weißwein** hergestellt werden, wird der Treber vom Most getrennt. Bei der Herstellung von **Rotwein** bleiben die Schalen im Most. Sie enthalten die meisten roten Farbstoffe, die dem Wein seine Farbe geben.

Der Most oder die Maische werden anschließend in gekühlte **Gärtanks** gepumpt. Dort beginnt sofort die **Gärung**, auch ohne Zugabe von Hefepilzen, da sich auf der Schale der Trauben bereits Hefezellen befinden. Allerdings wird meistens **Reinzuchthefe** zugefügt, um den Gärprozess zu beschleunigen und kontrollieren zu können.
Der Gärprozess dauert einige Tage bis zu vielen Monaten. Während dieser Zeit nennt man den noch nicht fertigen Wein **Federweißer** (▷ B 1). Gegen Ende der Gärzeit entsteht ein Wein mit einem Alkoholgehalt von bis zu 15 Volumenprozent. Obwohl noch genügend Zucker im Wein enthalten ist, stellen die Hefen ihren Stoffwechsel langsam ein. Denn Alkohol ist ab einer bestimmten Menge auch für Hefen ein Gift. Anschließend wird der Wein gefiltert und kommt zur **Reifung** in weitere Tanks.

Wein wird aus gepressten Trauben hergestellt. Hefepilze vergären den Zucker des Fruchtsaftes.

Aufgaben

1 Die Abbildung (▷ B 2) zeigt dir eine moderne Kellereianlage. Erstelle ein Flussdiagramm mit den wichtigsten Arbeitsschritten zur Herstellung eines Weines.

2 Betrachte den Federweißen in (▷ B 1). Erkläre die Schaumbildung.

3 Man unterscheidet zwischen herben, trockenen Weinen und süßen, lieblichen Weinen. Beschreibe den wesentlichen Unterschied bei der Herstellung.

4 Früher kam es manchmal vor, dass Winzer in ihrem Weinkellern erstickten. Erkläre.

2 Von der Rebe bis in die Flasche

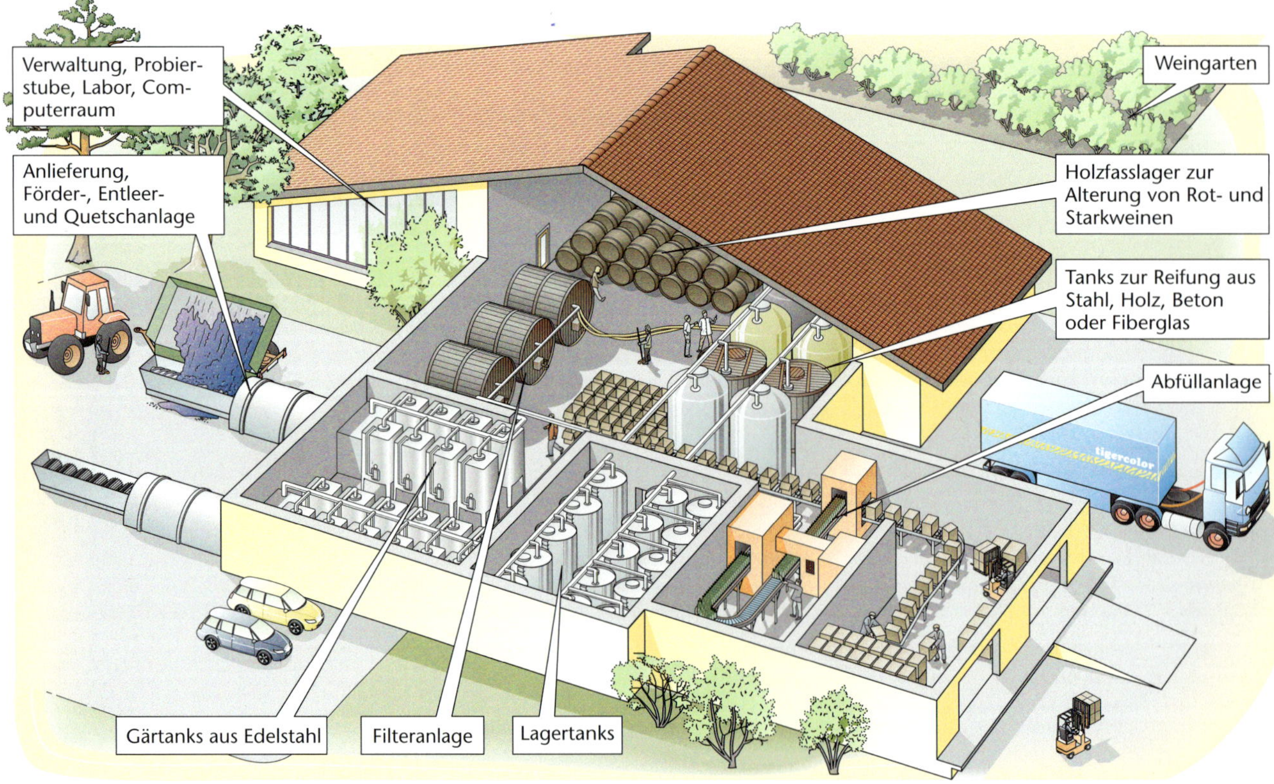

Weinherstellung

1 Wein auch ohne Hefezusatz

Material

1 Schüssel, ungewaschene Trauben, Tuch, 2 Erlenmeyerkolben, Weinhefe, 2 Gärröhrchen, Kalkwasser

Versuchsanleitung

1. Lege das Tuch in die Schüssel und lege einige Trauben darauf. Zerdrücke die Trauben, wickle anschließend das Tuch um sie und drücke den Saft aus.

2. Fülle nun jeweils die gleiche Menge des Saftes in die beiden Erlenmeyerkolben. In einen gibst du zusätzlich Weinhefe. Verschließe beide Gefäße mit einem Gärröhrchen. Fülle jeweils etwas Kalkwasser in die Gärröhrchen.

3. Beobachte beide Ansätze über mehrere Tage und überprüfe regelmäßig deren Geruch.

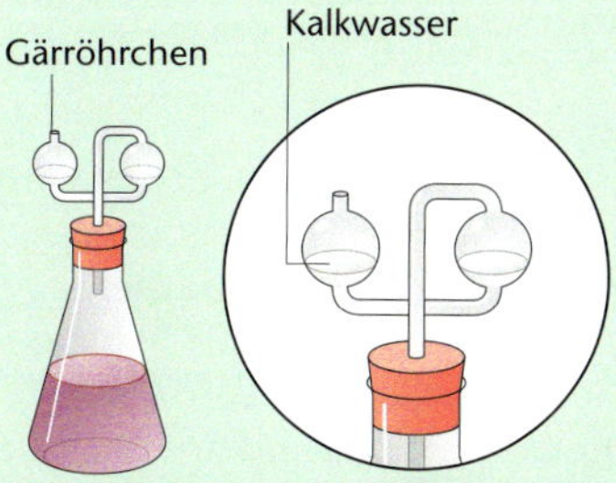

Aufgaben

1. Vergleiche die Arbeitsschritte im Versuch mit der Weinherstellung eines Winzers. Beschreibe Gemeinsamkeiten und Unterschiede.
2. Gab es beim Versuchsansatz ohne Hefe eine Veränderung? Erkläre.

2 Der Gärtank muss gekühlt werden

Material

Trockenhefe, Traubensaft, 2 Reagenzgläser, Reagenzglashalter, 2 Erlenmeyerkolben, 2 Gärröhrchen, Gasbrenner, evlt. Wasserbad, Kalkwasser, Schutzbrille

Versuchsanleitung

1. Gib jeweils ein wenig Trockenhefe und ca. 2 fingerbreit Wasser in zwei Reagenzgläser.

2. Erhitze nun ein Reagenzglas über dem Gasbrenner auf ca. 60 °C (Vorsicht! Schutzbrille). Gib den Inhalt beider Reagenzgläser jeweils in einen Erlenmeyerkolben.

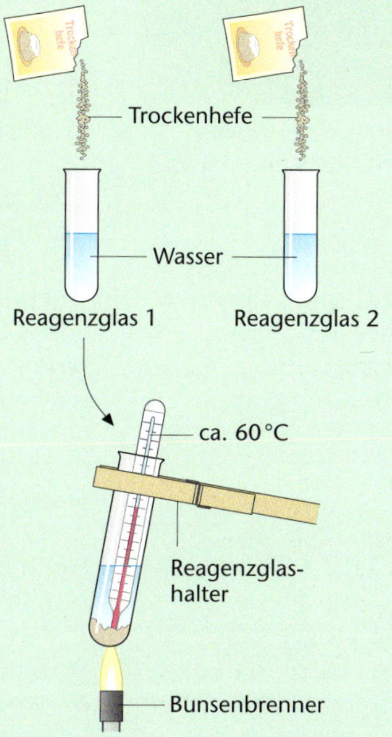

3. Fülle ca. 100 ml Traubensaft in beide Erlenmeyerkolben und verschließe sie mit Gärröhrchen. Fülle diese dann mit Kalkwasser. Beobachte.

Aufgaben

1. Hefen nutzen die Gärung zur Energiegewinnung. Ein Teil dieser Energie wird in Form von Wärme abgegeben. Erkläre unter Einbezug des Versuchsergebnisses, warum Gärtanks gekühlt werden müssen.

3 Hefe und Alkohol

Material

Trockenhefe, Traubensaft, Spiritus, Gärröhrchen, Erlenmeyerkolben, Kalkwasser

Versuchsanleitung

Gib etwas Trockenhefe in den Erlenmeyerkolben. Gieße ca. 100 ml Traubensaft und ca. 30 ml Spiritus hinzu. Verschließe mit dem Gärröhrchen und befülle es mit Kalkwasser. Beobachte.

Aufgaben

1. Erkläre dein Versuchsergebnis.
2. Alkohol ist auch für Hefepilze ein Gift. Aus welchen Gründen betreiben Hefen trotzdem alkoholische Gärung? Erkläre.

4 Herstellung eines Fruchtweines

Achtung: Ihr dürft euren Wein nicht probieren!

Material

1 große Flasche (mind. 2 Liter), 1 kleine Flasche (1 Liter), 1 Tuch, 1 große Schüssel, Messbecher, Gärröhrchen oder Luftballon, 0,5 l lauwarmes Wasser, 200 g Zucker, ca. 150 g reife Früchte (z. B. Kirschen, Trauben, Bananen), Saft einer Zitrone, $\frac{1}{8}$ Würfel Bäckerhefe oder Weinhefe

Versuchsanleitung

1. Gib den Zucker in das Wasser und löse ihn auf.

2. Zerdrücke die Früchte zu einem Brei und gib sie zusammen mit der Hefe und dem Zitronensaft in das Zuckerwasser. Gib alles in die große Flasche, rieche daran und beschreibe den Geruch. Verschließe die Flasche mit dem Gärröhrchen oder Luftballon. Lasse den Ansatz etwa eine Woche an einem warmen Ort stehen.

3. Filtriere nun den Flascheninhalt durch das Tuch in den Messbecher, presse das Tuch aus und gib das Filtrat in die kleinere Flasche. Verschließe diese mit einem Gärröhrchen oder Luftballon und lasse den Ansatz nochmals zwei Wochen stehen.

4. Gieße den Wein vorsichtig vom Bodensatz ab. Rieche am Wein und beschreibe den Geruch.

Aufgabe

1. Beschreibe Unterschiede im Geruch des Fruchtweinansatzes und des fertigen Weines.

1 Bierherstellung in Ägypten um 2000 v. Ch.

2 Der Hopfen rankt im Hopfengarten an Kletterhilfen bis zu sieben Meter in die Höhe.

Bereits 2000 Jahre vor Christus wurde in Ägypten Bier aus Gerstenbroten hergestellt (▷ B 1) und auch bei den Germanen gehörte das Biertrinken zum Alltag. Schon 800 Jahre vor Christus brauten germanische Frauen Bier aus Gerste, Weizen und Wasser.

In den Klöstern des Mittelalters wurde die Braukunst weiterentwickelt. Auf der Suche nach neuen Rezepten wurde aber wohl eher zufällig der **Hopfen** als geeignete Zutat entdeckt. Schon lange hatte man diese Kletterpflanze wegen ihrer schmackhaften jungen Triebe in **Hopfengärten** (▷ B 2) angebaut. Nun fand man heraus, dass die zapfenförmigen, weiblichen Blüten **Hopfenöle** enthalten, die dem Bier seinen typischen, leicht bitteren Geschmack verleihen. Außerdem konnte durch die Zugabe von Hopfen auch die **Haltbarkeit** des Bieres erhöht werden. Heute weiß man, dass die Inhaltsstoffe des Hopfens bestimmte Mikroorganismen abtöten.

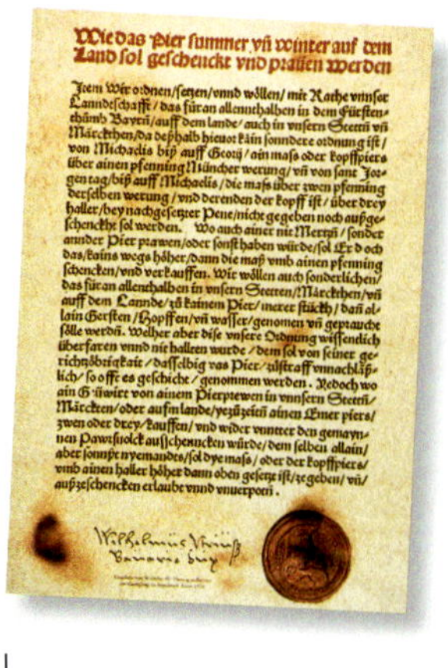

Wie das Pier summer vñ winter auf dem Land sol geschenckt vnd prauen werden

Item Wir ordnen/setzen/vnnd wöllen/mit Rathe vnnser Lanndeschafft/das füran allenthalben in dem Fürstenthumb Bayrñ/auff dem lande/auch in vnsern Stettñ vñ Märckthen/da deßhalb hievor kain sonndere ordnung ist/von Michaelis biß auff Georij/ain maß oder kopffpiers über ainen pfenning Müncher werung/vñ von sant Jorgen tag/biß auff Michaelis/die maß über zwen pfenning derselben werung/vnd derenden der kopff ist/über drey haller/bey nachgesetzter Pene/nicht gegeben noch außgeschenckht sol werden. Wo auch ainer nit Mertzñ/sonder annder Pier prawen/oder sonst haben würde/sol Er doch das/kains wegs höher/dann die maß vmb ainen pfenning schencken/vnd verkauffen. Wir wöllen auch sonderlichen/das füran allenthalben in vnsern Stetten/Märckthen/vñ auff dem Lannde/zů kainem Pier/merer stückh/dañ allain Gersten/Hopffen/vñ wasser/genomen vñ gepraucht sölle werdñ. Welher aber dise vnsere Ordnung wissentlich überfaren vnnd nit hallten wurde/dem sol von seiner gerichtsöbrigkait/dasselbig vas Pier/zůstraff vnnachläßlich/so offt es geschicht/genommen werden. Yedoch wo ain Gůwirt von ainem Pierprewen in vnnsern Stettñ/Märckten/oder aufm lande/yezůzeitñ ainen Emer piers/zwen oder drey/kauffen/vnd wider vunter den gemaynnen Pawrsuolck außschencken würde/dem selben allain/aber sonnst nyemandes/sol dye maß/oder der kopffpiers/vmb ainen haller höher dann oben gesetzt ist/zegeben/vñ/außzeschencken erlaubt vnnd vnuerpotñ.

Wilhelmus Hertzog Bavarie

„Wer diese unsere Anordnung wissentlich übertritt und nicht einhält, dem soll von seiner Gerichtsobrigkeit zur Strafe dieses Fass Bier, so oft es vorkommt, unnachsichtig weggenommen werden.“ (Herzog Wilhelm IV. von Bayern)

3 Reinheitsgebot für Bierherstellung

Doch nicht nur die Klöster, sondern auch weltliche Brauereien verdienten mit Bier ihr Geld. Allerdings war dort der Hopfen als Zutat noch wenig verbreitet und die Hefen kamen häufig nur durch einen Windzug hinzu, sodass die Ergebnisse des Brauvorgangs häufig ungenießbar und nicht lange haltbar waren.

Die Brauer versuchten durch Zugabe von Ochsengalle, Kreide oder Ruß den schlechten Geschmack zu überdecken. So ist es nicht verwunderlich, dass der Verzehr des Bieres häufig zu Übelkeit und anderen Krankheiten führte.

Als Reaktion auf diese Vorkommnisse wurden in verschiedenen Städten unterschiedlichste Verordnungen zum Bierbrauen erlassen. Doch erst im 16. Jahrhundert erließ Herzog Wilhelm IV. von Bayern das **Bayerische Reinheitsgebot** (▷ B 3). In dieser Verordnung wurde u. a. festgelegt, welche Inhaltsstoffe im Bier enthalten sein durften, nämlich ausschließlich **Gerste**, **Hopfen** und **Wasser**.

Noch heute wird in Deutschland nach diesem Reinheitsgebot Bier gebraut.

▶ Bier wird aus Gerste, Hopfen und Wasser gebraut.

In der Mälzerei

Wie alle Getreide, enthält das Gerstenkorn **Stärke**, eine Speicherform des Zuckers. Das rohe Gerstenkorn ist jedoch nicht zum Brauen geeignet, seine Inhaltsstoffe müssen zunächst für den Brauprozess (▷ B 4) aufbereitet, d.h. vermälzt werden. Beim **Mälzen** wird die Gerste mit Wasser versetzt, erwärmt und so zum Keimen gebracht. Bei der anschließenden Trocknung in der **Darre** erhält man **Malz**. Dabei wird über die Temperatur die Farbe des zukünftigen Bieres bestimmt. Je höher man die Temperatur bei der Trocknung wählt, desto dunkler wird das Bier.

Das geschrotete Malz wird nun mit Wasser in Kupferkesseln, den **Maischbottichen**, erhitzt. Die Maische enthält nun den für die Hefen nötigen **Malzzucker**.

Im Sudhaus

Nachdem man feste Bestandteile im **Läuterbottich** von der Maische abgetrennt hat, kommt die Würze in die **Sudpfanne**. Dort wird sie zusammen mit Hopfen gekocht. Die Hopfenblüten verleihen nun dem Bier seinen typischen herben Geschmack und machen es haltbar. Die Würze wird abgekühlt und erneut von Rückständen befreit.

Im Gärkeller

Erst im **Gärtank** kommen **Hefepilze** zur Würze. Da Hefe den Geschmack beeinflusst, verwenden die Brauer nicht irgendwelche Hefepilze, sondern fügen **Reinzuchthefen** zur Bierherstellung hinzu. Diese bauen nun den Malzzucker zu Alkohol und Kohlenstoffdioxid ab.

Vergärt man die Würze bei niedrigen Temperaturen mit einer **untergärigen** Hefeart, sinkt diese am Ende des Gärprozesses nach unten. Es entstehen untergärige Biere wie Pils oder Exportbier.

Möchte man ein Weißbier herstellen, gärt man bei höheren Temperaturen und mit **obergärigen** Bierhefen. Sie steigen während des Brauprozesses nach oben.

Nach 7- bis10-tägiger Gärung wird das Bier gefiltert und kommt zu **Nachgärung** in Lagertanks. Am Ende der Lagerung wird es in Flaschen oder Fässer umgefüllt. [System, S. 136]

Aufgaben

1 Im Reinheitsgebot werden keine Hefepilze erwähnt. Erkläre.

2 Begründe, warum Bier in Klöstern auch als Heilmittel gegen Krankheiten verwendet wurde.

3 Die Abbildung (▷ B 4) zeigt eine Brauerei. Erstelle ein Flussdiagramm, welches die wichtigsten Schritte bei der Bierherstellung darstellt.

4 Ein Pils unterscheidet sich von einem Exportbier durch seinen herberen Geschmack. Erkläre diesen Unterschied, ausgehend von der Bierherstellung.

5 Begründe, wieso die Hefepilze erst nach dem Kochen der Würze zugesetzt werden.

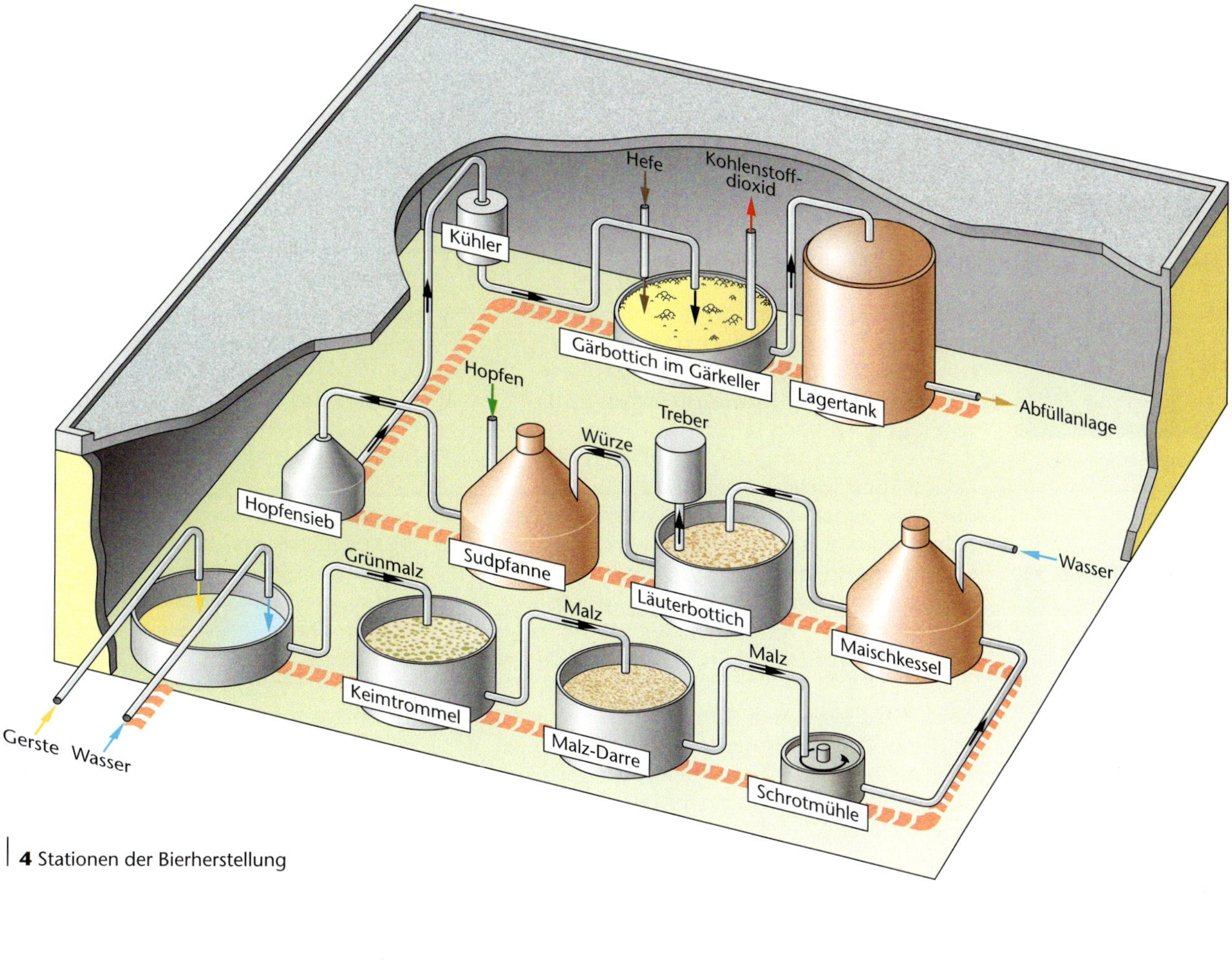

4 Stationen der Bierherstellung

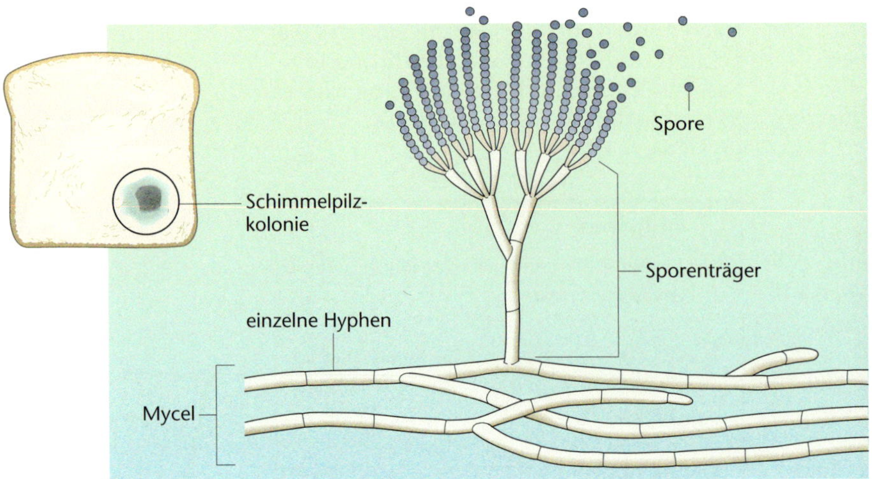

1 Verbreitung und Vermehrung des Schimmelpilzes

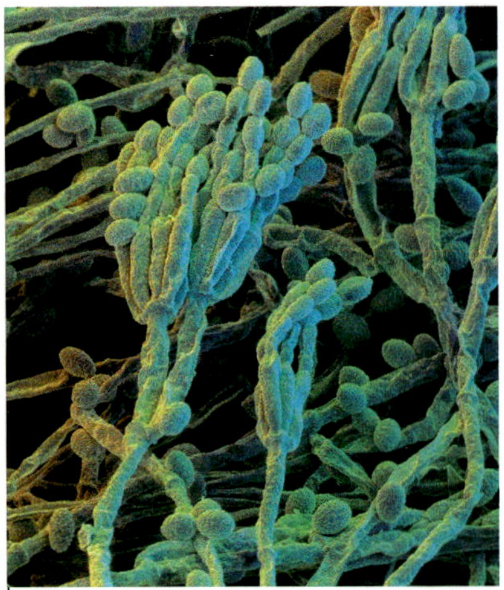

2 REM-Aufnahme Pinselschimmel

Vergisst man Toastbrot im Schrank, ist es nach einiger Zeit mit einem weißgrünlichen Belag überzogen: das Brot ist **verschimmelt**. Dieses Brot darf man nicht mehr essen. Es muss es im Ganzen und am besten verpackt entsorgt werden.

Bau von Schimmelpilzen

Schimmelpilze gehören zu den Mikroorganismen. Betrachtet man ein Stück verschimmeltes Brot unter dem Mikroskop (▷ B 2), erkennt man ein Geflecht aus feinen Fäden, den **Hyphen**. Die Hyphen bilden zusammen das Pilzgeflecht, das **Mycel**.

Unter optimalen Lebensbedingungen, wie ausreichend **Wärme** und **Feuchtigkeit**, durchzieht das Mycel das gesamte Brot. Wir können allerdings nur das sichtbare **Luftmycel** erkennen. An den Spitzen der Hyphen sitzen die **Sporenträger**. Je nach Form dieser Sporenträger kann man unterschiedliche **Schimmelpilzarten** unterscheiden (▷ B 3–4).

3 Köpfchenschimmel

In den Sporenträgern befinden sich zahlreiche, mikroskopisch kleine **Sporen**. Werden die Sporen in die Luft freigesetzt und gelangen auf Stoffe wie Brot, Obst, Tapeten oder tote Tiere und Pflanzen, wachsen daraus Hyphen, welche wieder ein Mycel bilden. [Struktur und Funktion, S. 132]

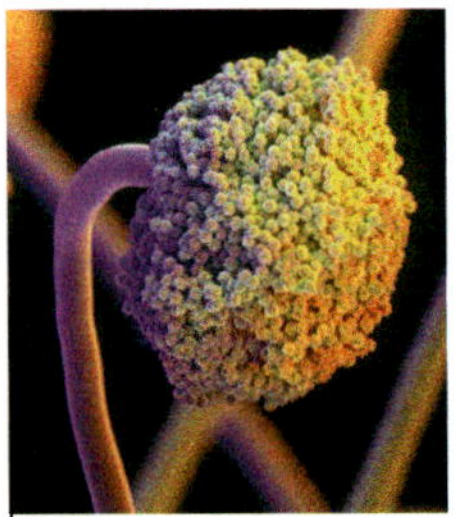

4 Gießkannenschimmel

Auch Pilze brauchen Nährstoffe

Schimmelpilze **zersetzen** mit ihrem Mycel die Stoffe, auf denen sie wachsen, in kleinere Bausteine. So gewinnen sie Energie und wichtige Baustoffe. Bei diesen **Fäulnisprozessen** bilden sie jedoch häufig starke **Gifte**, die **Mykotoxine** (s. Seite 19). Durch diese werden Nahrungskonkurrenten, d. h. andere Mikroorganismen, ferngehalten. Insbesondere die Mykotoxine sind für uns Menschen sehr gefährlich!
Durch ihre Zersetzertätigkeit tragen die Schimmelpilze zum Abbau von totem, organischem Material bei. Dabei produzieren sie Stoffe, die wiederum andere Mikroorganismen verwerten können.
[System, S. 136]

Schimmelpilze bilden ein Mycel aus Hyphen. Sporenträger enthalten Sporen zur Vermehrung. Wärme und Feuchtigkeit begünstigen das Wachstum von Schimmelpilzen.

Aufgaben

1 Zeichne die Skizze eines Schimmelpilzes in dein Heft. Beschrifte die Skizze.

2 Zeichne drei Skizzen der verschiedenen Sporenträger in dein Heft und beschrifte sie.

3 Begründe, warum verschimmeltes Brot nicht gegessen werden darf.

4 Erkläre, weshalb es nicht ausreicht, verschimmelte Stellen an einem Brot abzuschneiden.

5 Ist ein Toastbrot verschimmelt, soll man es verpackt entsorgen. Erkläre.

6 Warum verschimmelt Brot, das in einer Folie verpackt ist, schneller als unverpackt? Erkläre.

Werkstatt

Experimente mit Schimmelpilzen

1 Lebensbedingungen von Schimmelpilzen

Schimmelpilze sind in der Natur weit verbreitet. Ihre Sporen befinden sich stets in geringen Mengen in der Luft. Gelangen diese unter den richtigen Lebensbedingungen auf Stoffe, die sie abbauen können, wächst ein neuer Schimmelpilz heran.

Manche Schimmelpilzarten werden genutzt, um bestimmte Nahrungsmittel, wie z. B. Camembert- und Roquefortkäse (▷ B 2), zu verfeinern. Andere wiederum stellen aufgrund ihrer Gifte und ihrer allergieauslösenden Sporen eine Gefahr für unsere Gesundheit dar (▷ B 1).
Um einerseits von den nützlichen Schimmelpilzen zu profitieren und andererseits die Schädlinge unter ihnen zu meiden, ist es wichtig, die Lebensbedingungen der Schimmelpilze zu kennen. Hierzu soll ein Experiment Aufschluss geben.
Betrachte zur Wiederholung noch einmal den **experimentellen Erkenntnisweg:**

Naturwissenschaftliche Beobachtung oder Fragestellung

↓

Vermutung oder Behauptung

↓

Planung und Durchführung des Experimentes

↓

Ergebnis dient der Bestätigung oder Widerlegung der anfänglichen Vermutung

↓

Interpretation mit möglicher Ausweitung des Experimentes

Aufgaben

1. Formuliert – ausgehend von der Frage, welche Lebensbedingungen das Wachstum von Schimmelpilzen fördern – eine Vermutung. Die Abbildungen helfen euch dabei.

2. Überlegt und plant ein Experiment, mit dem ihr eure Vermutung überprüfen könnt. Führt das Experiment durch. Euch stehen dazu folgende Materialien zur Verfügung:

Material

4 Petrischalen mit Deckel, Toastbrot, Wasser, Klebeband, Kühlschrank, warmer Ort.

Achtung: Die Petrischalen müssen immer sehr gut verschlossen werden und dürfen nicht mehr geöffnet werden!

3. Wertet die Versuche aus und notiert eure Ergebnisse. Erstellt dazu eine Tabelle.

4. Erstellt auf Grundlage eurer Versuchsergebnissen eine Liste mit Ratschlägen zu folgenden Fragen:
- Wie soll Brot gelagert werden?
- Wie kann die Schimmelbildung in Wohnräumen verhindert werden?
- Welche Bedingungen müssen in einem Reifekeller für Camembert-Käse herrschen?

1 Schimmelbildung

2 Roquefortkäse unter dem Mikroskop

Material

Roquefortkäse, Mikroskop, Objektträger, Deckglas, Wasser, Zahnstocher, Pipette

Versuchsanleitung

1. Gib mit der Pipette einen Tropfen Wasser auf den Objektträger.

2. Übertrage mit dem Zahnstocher etwas Schimmelpilz aus den grünbläulichen Stellen in den Wassertropfen. Decke diesen im Anschluss mit dem Deckglas ab.

3. Mikroskopiere ausgehend von der kleinsten Vergrößerung den Schimmelpilz. Erstelle zu jeder Vergrößerung eine beschriftete Skizze.

2 Roquefortkäse

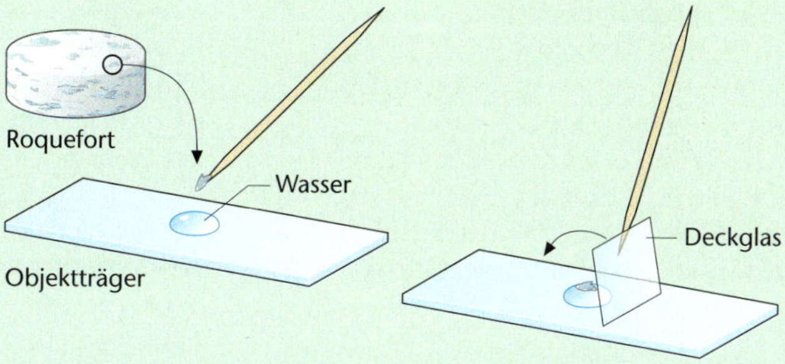

Schimmelpilze sind ein unersetzbarer Bestandteil des Naturhaushalts. Doch nicht nur in der Natur, auch in unserem täglichen Leben spielen diese Mikroorganismen eine wichtige Rolle. So werden z. B. manche Schimmelpilze zur Herstellung von Lebensmitteln oder Medikamenten genutzt. Diese technische Nutzung von Mikroorganismen gehört zum Aufgabengebiet der **Biotechnologie** (s. Seite 34).

Schimmelpilze verfeinern Lebensmittel

Camembert, **Gorgonzola** (▷ B 4) und **Roquefort** sind weltbekannte Käsesorten und bei Feinschmeckern sehr beliebt. Das Besondere an ihnen: Ohne Schimmelpilze wäre ihre Herstellung nicht denkbar!

Käse wird aus Milch hergestellt. Dazu wird der Milch im ersten Schritt Wasser entzogen und es entsteht der **Käsebruch**. Bei der Herstellung von Schimmelkäse wie Camembert, Gorgonzola oder Roquefort werden nun **Edelschimmelpilze** zugegeben. Edelschimmelpilze sind für uns Menschen vollkommen ungefährlich, da sie nur Aromastoffe und keine Gifte produzieren.

Die Schimmelpilze für die Käseherstellung züchtet man zuerst unter kontrollierten Bedingungen auf Brot. Erst nachdem sie eindeutig bestimmt wurden, dürfen sie dem Käsebruch zugegeben werden. Möchte man Gorgonzola- oder Roquefort-Käse herstellen, wählt man aus den Pilzkulturen den Schimmelpilz **Penicillium roqueforti**. Während der Lagerzeit von einigen Wochen wächst der Schimmelpilz im Käse heran. Dabei verleihen die Zersetzungsprodukte des Schimmels dem Käse seinen besonderen Geruch und Geschmack.

Schinken mit Edelschimmel

Aber nicht nur bei der Herstellung von Käse, sondern auch bei der Verfeinerung von Salami und Schinken kommen häufig Edelschimmelpilze zum Einsatz.

Während der Lagerzeit wächst auf der Außenseite ein dichtes **Mycel**, welches kaum in die Fleischwaren eindringt. Während der Lagerzeit von mehreren Monaten verleiht es der Wurst oder dem Schinken einen besonderen Geschmack. Nebenbei wird durch das Mycel eine Austrocknung verhindert. Außerdem schützt der Schimmelpilz vor dem Befall mit Fäulniserregern.

1 Schinken mit Edelschimmel

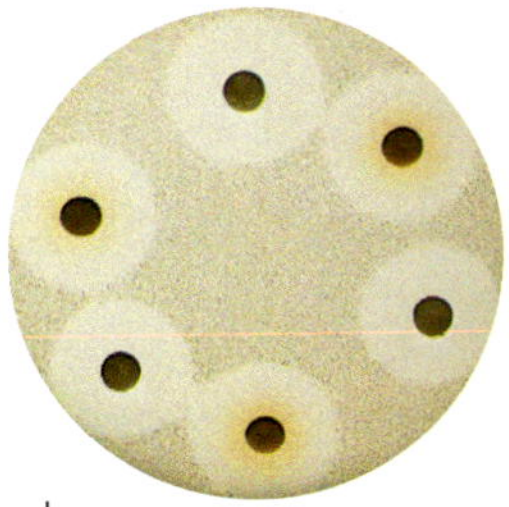

2 Penicillin verhindert Bakterienwachstum

3 Trauben mit Edelschimmel

4 Gorgonzola

Schimmelpilze helfen bei der Behandlung von Krankheiten

Eher durch Zufall entdeckte 1928 ALEXANDER FLEMING den **bakterientötenden** Wirkstoff **Penicillin**, benannt nach dem Schimmelpilz **Penicillium notatum** (s. Seite 23). Mithilfe dieses **Antibiotikums** ließen sich bakterielle Infektionskrankheiten, wie zum Beispiel eine Lungenentzündung, erstmals effektiv bekämpfen.

Schimmelpilze dienen in der Lebensmittelproduktion zur Verfeinerung von Käse und Wurst. Einige Schimmelpilze produzieren Stoffe, die uns bei der Behandlung von Krankheiten helfen.

Aufgaben

1 Auf der Schnittfläche eines Camembert erkennst du einen grünlichen Schimmelpilz. Ist dieser Käse noch essbar? Begründe.

2 Informiere dich, wo und unter welchen Bedingungen der echte Roquefort-Käse hergestellt wird. Stelle den Reifungsprozess in einem Kurzreferat vor.

3 Recherchiere im Internet oder in Büchern weitere Nutzungsmöglichkeiten von Schimmelpilzen bei der Nahrungsmittelherstellung und berichte.

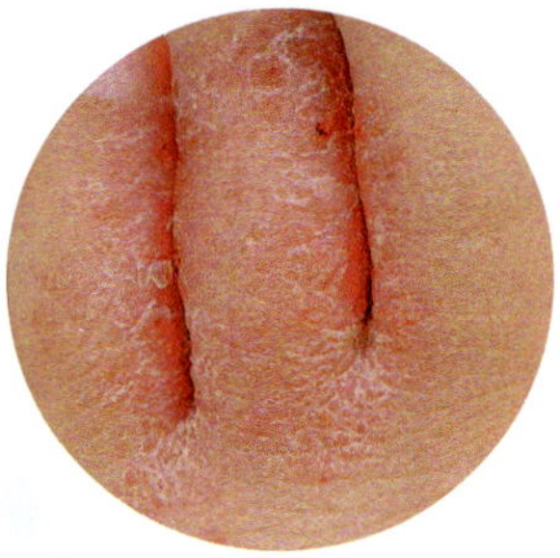

5 Fußpilz zwischen den Zehen

6 Verschimmelter Fruchtsaft

7 Verschimmeltes Gemüse

8 Schimmel auf der Hauswand

Bekannt ist, dass von Schimmelpilzen viele **Gefahren** ausgehen können. Bedrohlich für den Menschen sind sowohl das **Mycel**, die **Sporen** oder die **Ausscheidungsprodukte** der Pilze.

Schimmelpilze in Wohnräumen
Da Schimmelpilze in der Lage sind, die unterschiedlichsten Stoffe zu zersetzen, ist es nicht verwunderlich, dass sie unter geeigneten Lebensbedingungen auf Tapeten, Möbeln und sogar Kunststoffen wachsen können.
Sind dabei Wohnräume betroffen, hat dies neben einem **muffigen Geruch** zur Folge, dass die Anzahl der von den Schimmelpilzen produzierten Sporen in der Raumluft stark ansteigt. Diese können, ähnlich wie die Pollen der Pflanzen, **Allergien** (s. Seite 78) auslösen.
Menschen, die lange in solchen Räumen leben, klagen über gerötete Augen, Husten oder gar **Asthma**, eine schwere Atemwegserkrankung.

Schimmelpilze auf der Haut
Auch unsere Haut kann von bestimmten Schimmelpilzarten befallen werden. Die Pilze dringen mit ihrem Mycel in die oberste Hautschicht ein, breiten sich im Gewebe aus und können sogar andere Organe befallen. Man bezeichnet diese Hauterkrankungen als **Mykosen**. Die Folgen sind Hautrötungen, Juckreiz bis hin zu schweren Entzündungen, zum Beispiel an den Füßen (▷B 5). Übertragen wird die Mykose über winzige Hornschuppen, die ständig von der äußersten Schicht unserer Haut (s. Seite 42) abgestoßen werden.

Schimmelpilze produzieren starke Gifte
Der Schimmelpilz **Aspergillus flavus** wächst vor allem auf Reis, Nüssen, Getreide und Gewürzen wie Pfeffer oder Paprikapulver. Er produziert Stoffe, die bei uns Menschen neben Nieren- und Leberschäden auch **Krebs** auslösen können. Diese Gifte bezeichnet man als **Aflatoxine**. Sie gehören zu den stärksten von Pilzen produzierten Giftstoffen, den **Mykotoxinen**. Die Folgen der Aufnahme von geringen Mengen Aflatoxinen bemerkt man erst nach vielen Jahren. [System, S. 136]

Aufgrund dieser und anderer Mykotoxine sind die richtige Lagerung von Nahrungsmitteln und das sofortige Entsorgen von verschimmelten Lebensmitteln unbedingt erforderlich!

▶ Eine starke Sporenbelastung der Atemluft kann Allergien auslösen. Eine Mykose bezeichnet den Befall der Haut mit einem Schimmelpilz. Mykotoxine können Vergiftungen und Krebs verursachen.

Aufgaben

1 Bei starkem Schimmelbefall von Häusern besteht nicht nur eine Gefahr für die Gesundheit der Bewohner. Es kommt auch zu starken Schäden am Gebäude. Erkläre.

2 In einem Ratgeber liest du folgenden Satz: „Die Beseitigung von Schimmelpilzbefall in Wohnräumen erfolgt allein durch die Beseitigung der Ursachen.“ Nimm zu dieser Aussage Stellung.

3 Eine der häufigsten Formen der Mykose ist der Fußpilz. Erkläre unter Berücksichtigung der Lebensbedingungen von Schimmelpilzen diese Häufigkeit.

4 Forschungen zeigen, dass gerade in tropischen Ländern mehr Menschen an den Folgen von Aflatoxinen leiden. Erläutere die Zusammenhänge.

1 ANTONIE VAN LEEUWENHOEK und sein Mikroskop

Ein erster Blick

Der Naturforscher ANTONIE VAN LEEUWENHOEK (1632–1723) untersuchte mit seinen selbst gebauten Mikroskopen (▷ B 1) unter anderem Speichel und Seewasser. Er entdeckte darin winzige, bewegliche „Tierchen“ und beschrieb drei Formen genauer: kugelförmige **Kokken**, langgestreckte **Stäbchen** und schraubenförmige **Spirillen** (▷ B 2). Da VAN LEEUWENHOEK nicht studiert hatte, wurden seine Beobachtungen von den damaligen Wissenschaftlern aber nicht ernst genommen.

Genauer betrachtet

Erst im Jahr 1876 erkannte man die große Bedeutung von VAN LEEUWENHOEKS ersten Beobachtungen. Zu dieser Zeit war **Milzbrand** eine weit verbreitete, gefürchtete Krankheit, die sowohl Tiere als auch Menschen befiel. Der Arzt ROBERT KOCH (1843–1910) wollte die Ursache dieser Krankheit finden und untersuchte das Blut erkrankter Tiere unter dem Mikroskop. Nachdem er die Proben mit einer Färbelösung behandelt hatte, sah er in allen Fällen dicke, glashelle, große Stäbchen und fadenförmige „Gebilde“. Im Blut gesunder Tiere waren diese „Gebilde“ jedoch nicht zu finden.

Eine eigene Wissenschaft

Durch diese Entdeckung wurde das wissenschaftliche Interesse an den winzigen Organismen geweckt, die man aufgrund ihrer Form **Bakterien** („Stäbchen“) nannte. Zahlreiche Naturwissenschaftler und Mediziner untersuchten Aufbau und Lebensweise der Bakterien. Ihren Feinbau konnte man aber erst im 20. Jahrhundert mithilfe des Elektronenmikroskops erkennen.

Bakterien sind Einzeller

Wie die Zellen der Pflanzen, besitzen Bakterien eine feste äußere Hülle, die **Zellwand** (▷ B 4). Bei einigen Bakterien ist die Zellwand zusätzlich von einer schützenden **Schleimhülle** umgeben. Manche Bakterien haben eine oder mehrere **Geißeln**. Das sind lange, dünne Fortsätze, die in der Zellwand verankert sind und der Fortbewegung dienen.

Innerhalb der Zellwand umgibt eine dünne Haut, die **Zellmembran**, das farblose **Zellplasma**. Dort finden alle Stoffwechselprozesse statt, die für die Energieversorgung und die Vermehrung der Bakterien notwendig sind. Im Gegensatz zu Tieren oder Pflanzen besitzen Bakterien **keinen Zellkern**. Die **Erbinformation** schwimmt als geschlossener **Ring** frei im Zellplasma (▷ B 4). Zusätzlich zur eigentlichen Erbinformation verfügen viele Bakterienzellen über **Plasmide**.

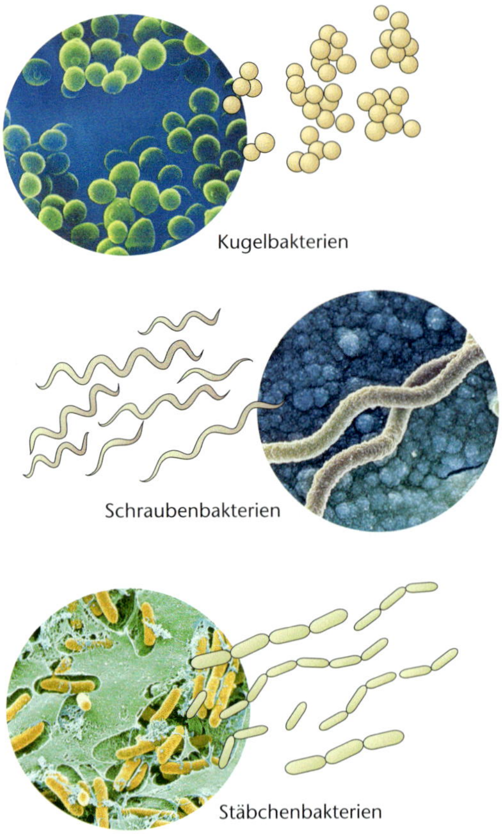

2 Bakterien, verschiedene Formen

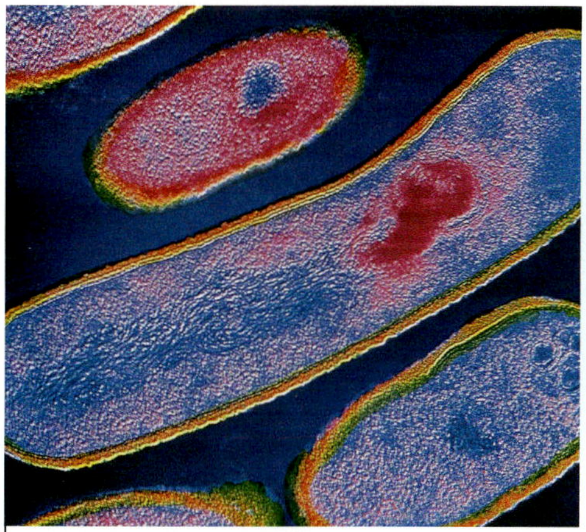

3 Bakterien unter dem Mikroskop

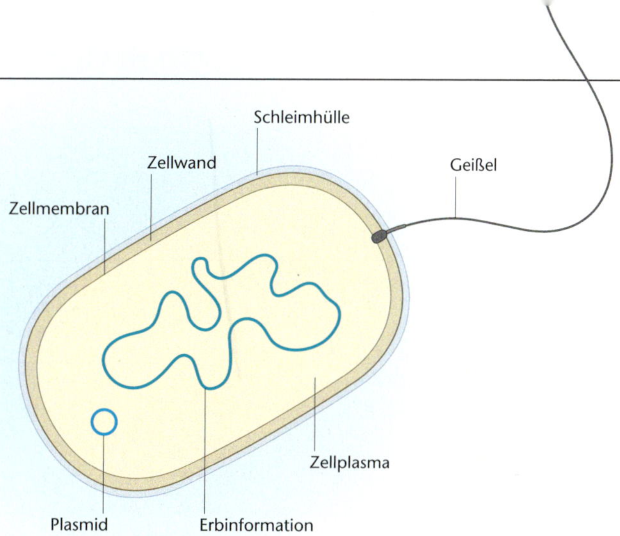

4 Aufbau eines Bakteriums

Dabei handelt es sich um kleine Ringe mit zusätzlicher Erbinformation, die z. B. eine Widerstandsfähigkeit – eine **Resistenz** – gegen verschiedene Medikamente ermöglicht. Da viele Plasmide unabhängig von der eigentlichen Erbinformation an andere Bakterien weitergegeben werden können, verbreiten sich z. B. Resistenzen sehr schnell.

Wo Bakterien sich wohl fühlen
Die Ansprüche der Bakterien sind sehr unterschiedlich, denn sie sind an viele unterschiedliche Lebensräume angepasst. Es gibt Bakterien, die Sauerstoff benötigen. Für andere Bakterien ist der Sauerstoff giftig. Einige Bakterien sind sogar fähig, Fotosynthese zu betreiben. Es gibt Bakterien, die an arktische Kälte angepasst sind und solche, die in heißen Quellen bei Temperaturen bis zu 97 °C leben. Die optimale Temperatur der meisten Bakterien, die Krankheiten verursachen, liegt allerdings bei 37 °C. [Struktur und Funktion, S. 132]

Bakterien sind einzellige Mikroorganismen, die keinen Zellkern besitzen.

Aufgaben

1 Modelle zeigen „Unsichtbares".
a) Suche nach Alltagsgegenständen, die die verschiedenen Bakterienformen veranschaulichen.
b) Bastle mit einfachen Mitteln dreidimensionale Modelle je einer tierischen, pflanzlichen und bakteriellen Zelle. Beachte auch die Größenunterschiede.
c) Vergleiche deine gebastelten Modelle miteinander. Finde Gemeinsamkeiten und Unterschiede.

2 Antonie van Leeuwenhoek nannte seine Entdeckung „winzige Tierchen".
a) Vergleiche in einer Tabelle tierische Zellen mit Bakterienzellen.
b) Begründe anhand der Tabelle, warum die Bezeichnung „Tierchen" eigentlich falsch war.

Schnittpunkt

Geschichte: Milzbrand

Milzbrand, auch Anthrax genannt, ist eine von Stäbchenbakterien verursachte Krankheit, die vor allem Paarhufer (Schweine, Rinder, Schafe und Ziegen) befällt. Auch Menschen können sich anstecken, wenn sie engen Kontakt mit den erkrankten Tieren haben. Der Krankheitsverlauf ist sehr unterschiedlich. Es gibt drei verschiedene Milzbrandformen: Hautmilzbrand, Lungenmilzbrand und Darmmilzbrand.

Einige Länder experimentieren seit Jahrzehnten mit dem Milzbrandbakterium, um es als biologischen Kampfstoff einzusetzen – obwohl solche biologischen Waffen weltweit geächtet sind.

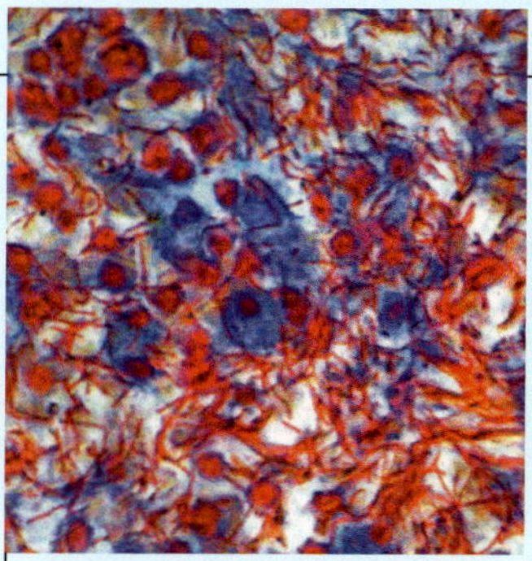

1 Mit Anthrax-Bakterien (rot) infiziertes Gewebe

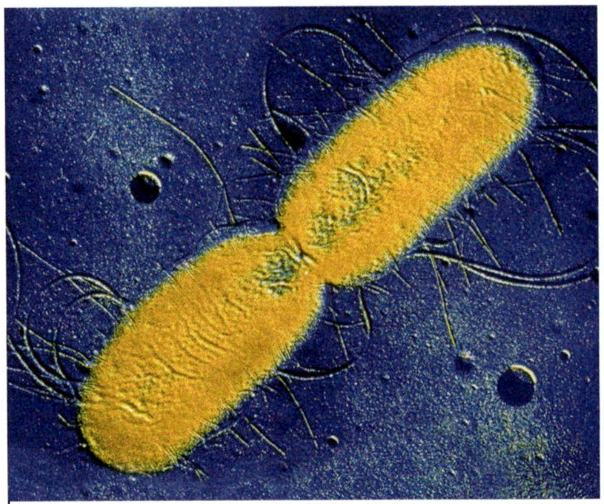

1 Bakterium bei der Zellteilung

Wenn Bakterien sich wohl fühlen

Bakterien sind **ungeschlechtlich** und vermehren sich unter günstigen Bedingungen sehr schnell durch **Zellteilung** (▷ B 1). Gelangt ein Bakterium in eine neue Umgebung, muss es zunächst seinen Stoffwechsel auf die neuen Bedingungen einstellen. Sind diese gut, wächst das Bakterium zu einer bestimmten Größe heran. Nach der **Verdopplung des Erbguts** teilt sich die Zelle. Die beiden so entstandenen Zellen wachsen wiederum, bis sie groß genug zur Zellteilung sind.
Salmonellen, die Erreger von Durchfallerkrankungen, können sich z. B. auf Nahrungsmitteln bei einer Temperatur von 37 °C etwa alle 20 Minuten teilen.

Die **schnelle Vermehrung** hat aber auch Nachteile, denn der Lebensraum verändert sich. Nahrung und Platz werden knapp und mit der Zeit sammeln sich **giftige Stoffwechselprodukte** an, die von den Bakterien ausgeschieden wurden. Die Bakterien vermehren sich dann nicht mehr und sterben schließlich ab (▷ B 3).
[Entwicklung, S. 134]

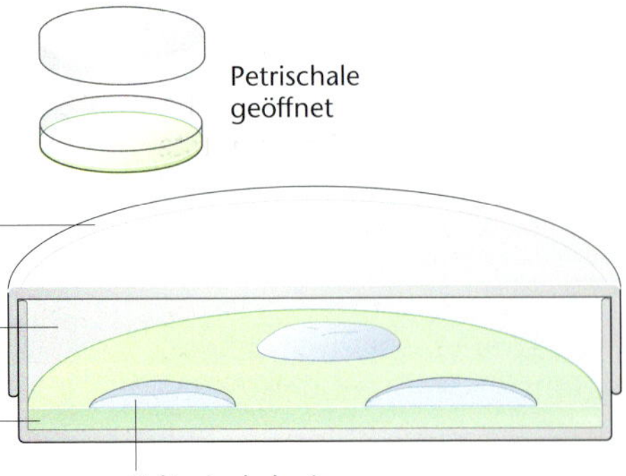

2 Bakterienwachstum in einer Petrischale

In schlechten Zeiten

Herrschen schlechte Bedingungen, hüllen sich Bakterien vorübergehend in eine Kapsel. In diesem Ruhezustand spricht man von **Sporen**. Diese sind sehr widerstandsfähig und können mehrere Jahre überdauern. Es konnte sogar nachgewiesen werden, dass solche Bakteriensporen extreme Temperaturen von –250 °C bis zu 130 °C überstehen können.

Sobald sich die Umweltbedingungen bessern, verwandeln sich die Sporen wieder in Bakterienzellen. Diese beginnen erneut zu wachsen und sich zu teilen.

▶ Bakterien sind ungeschlechtlich und vermehren sich durch Zellteilung. Als Sporen können sie ungünstige Lebensbedingungen lange Zeit überdauern.

Bakterien züchten

Um Bakterien besser untersuchen zu können, vermehrt man sie kontrolliert im Labor. Die Bakterien werden dazu auf ein spezielles **Nährmedium** in einer Petrischale ausgestrichen. Dieses Medium enthält alle Stoffe, die Bakterien für Wachstum und Vermehrung benötigen. Damit sie sich optimal vermehren können, wird die **Kulturschale** für einige Tage in einem **Brutschrank** bei 37 °C aufbewahrt. Durch viele Zellteilungen entsteht aus einem einzigen Bakterium ein Häufchen von Bakterien, eine **Bakterienkolonie**. Diese kann man mit bloßem Auge sehen (▷ B 2).

Wie der Zufall die Welt veränderte

Der englische Bakteriologe ALEXANDER FLEMING (1881 – 1955) war einer der ersten, die sich mit der Vermehrung und der Untersuchung von Bakterien beschäftigten. Im Jahr 1928 experimentierte er in seinem Labor mit den Erregern, die Lungenentzündung hervorrufen. Dabei entdeckte er, dass eine seiner Kulturschalen von einem **Schimmelpilz** befallen war. Als er die dadurch unbrauchbar gewordene Probe wegwerfen wollte, fiel ihm auf, dass sich um den Schimmelpilz herum keine Bakterien angesiedelt hatten. Dort, wo vorher bereits Bakterienkolonien vorhanden waren, starben diese sogar ab.

Nach zahlreichen Versuchen zeigte sich schließlich, dass bestimmte Schimmelpilze Stoffe absondern, die Bakterien abtöten.

Schnittpunkt

Medizin: Die Geschichte des Penicillins

1 Penicillium notatum

Bei dem Schimmelpilz, der in FLEMINGS Kulturschalen wuchs, handelte es sich um den Pinselschimmel **Penicillium notatum** (▷ B 1). Nach ihm benannte FLEMING seine Entdeckung **Penicillin**. Erst im Jahre 1940 gelang es einer Forschergruppe, eine kleine Menge der reinen Substanz aus den Pilzkulturen zu gewinnen. Damit konnte der Stoff als Arzneimittel zunächst an Mäusen und später an Menschen getestet werden. Das Problem bestand darin, dass nur sehr kleine Mengen Penicillin hergestellt werden konnten. Das **Antibiotikum** war deshalb damals wertvoller als Gold. Erst ab 1944 konnten größere Mengen Penicillin hergestellt werden, die als Medikament eingesetzt wurden.

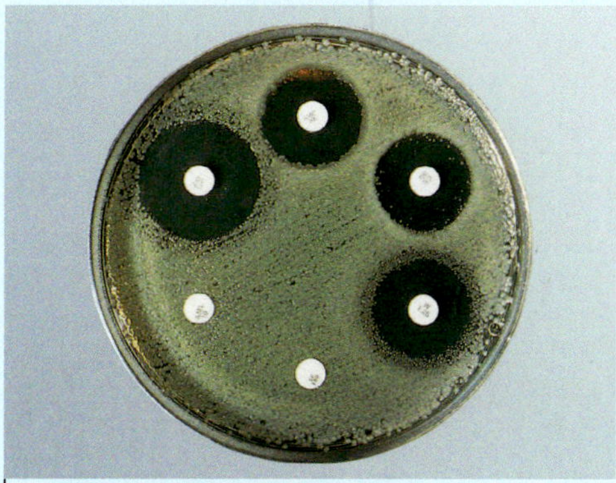
2 Wirkung von Penicillin

3 ALEXANDER FLEMING

Ein solcher Stoff, der Mikroorganismen abtötet, menschlichen Zellen aber nicht schadet, wird **Antibiotikum** genannt.

Bakterien können in Kulturschalen vermehrt werden und bilden Kolonien. Stoffe, die Mikroorganismen abtöten, werden Antibiotika genannt.

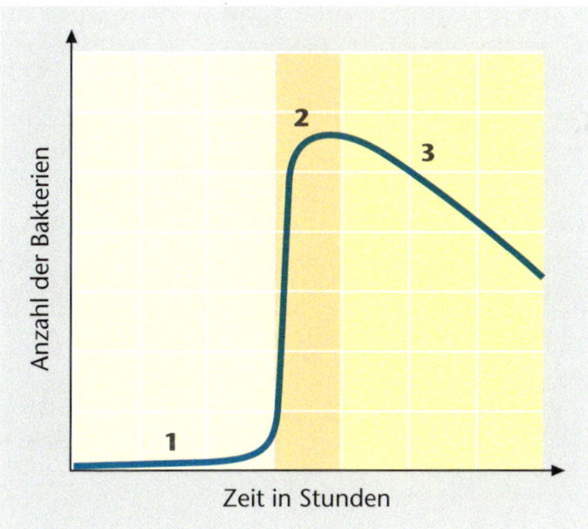

3 Vermehrungskurve von Bakterien

Aufgaben

1 Ein Bakterienstamm teilt sich bei optimalen Bedingungen alle 20 Minuten.
a) Berechne, wie viele Bakterien nach vier Stunden aus einer einzigen Bakterienzelle hervorgehen, und erstelle eine geeignete Wertetabelle.
b) Übertrage die Werte in ein Diagramm und zeichne eine Wachstumskurve.
c) Vergleiche deine gezeichnete Kurve mit der realen Vermehrungskurve (▷ B 3) und erkläre die Unterschiede.

2 Schimmelpilze sondern Stoffe ab, die andere Mikroorganismen abtöten.
a) Erläutere den Vorteil, den der Schimmelpilz dadurch hat.
b) Wie verändert sich die Wachstumskurve von Bakterien nach Zugabe eines Antibiotikums? Zeichne die Veränderung in deine Wachstumskurve aus Aufgabe 1c) ein.

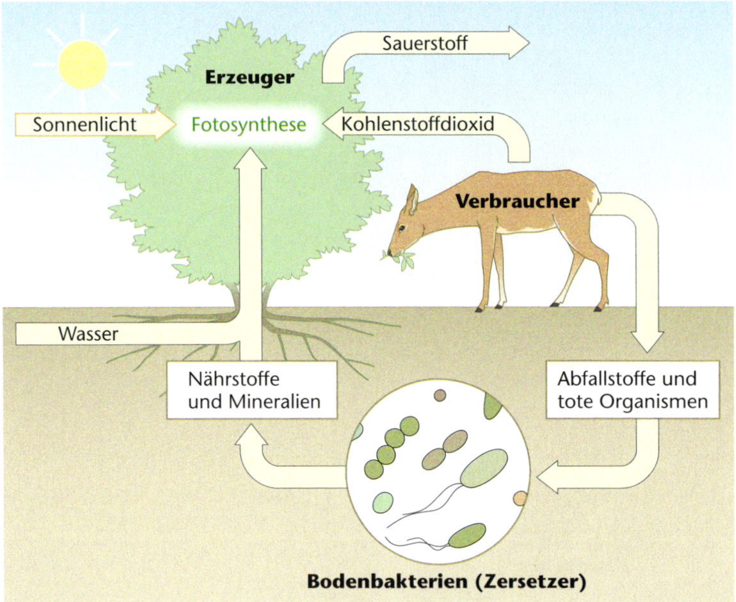

1 Kreislauf der Stoffe

Bakterien im Kreislauf der Natur
Während Pflanzen bei der Fotosynthese energiereiche organische Stoffe, wie z. B. Zucker, aufbauen und speichern, nutzen Tiere die Pflanzen als Nahrung, um ihren Energiebedarf zu decken. Deshalb nennt man Pflanzen **Erzeuger** (Produzenten) und Tiere **Verbraucher** (Konsumenten).

Bakterien jedoch zählen, ebenso wie die Pilze, zu den sogenannten **Zersetzern** (Destruenten). Denn sie gewinnen die für ihre Lebensprozesse notwendige Energie, indem sie abgestorbene Tiere und Pflanzen in ihre Bestandteile zerlegen. Die dabei entstehenden Nährstoffe und Mineralien können die Erzeuger wiederum aufnehmen und als neue Bausteine nutzen.
So wird der **Kreislauf der Stoffe** von den Bakterien geschlossen (▷ B 1).
[System, S. 136]

Bakterien im Komposthaufen
An einem Komposthaufen kann man diese **Zersetzungsprozesse** sehr gut beobachten (▷ B 4; B 5). Ein guter Kompost sollte dabei immer gut durchlüftet sein, sonst verbreitet er schnell unangenehme Gerüche. Haben die zersetzenden Bakterien **ausreichend Sauerstoff** zur Verfügung, können sie das Material vollständig abbauen. Dabei entstehen vor allem Wasser und Kohlenstoffdioxid. Dieser Prozess wird **Verwesung** genannt.
Herrscht jedoch **Sauerstoffmangel**, findet vorwiegend **Fäulnis** statt. Dabei läuft ein unvollständiger Zersetzungsprozess ab, bei dem stinkende Faulgase entstehen.

Bakterien sind Zersetzer und schließen den Stoffkreislauf. Zersetzung mit Sauerstoff nennt man Verwesung, bei Sauerstoffmangel spricht man von Fäulnis.

Bakterien und Wurzelknöllchen
Neben Kohlenstoffdioxid und Wasser benötigen Pflanzen auch **Stickstoff** für ihr Wachstum. Der in der Luft enthaltende elementare Stickstoff kann von den Pflanzen jedoch nicht aufgenommen werden. Lediglich **Stickstoffverbindungen** aus dem Boden können die Pflanzen verwerten. Einige im Boden lebende Bakterien sind in der Lage, den Stickstoff der Luft in Verbindungen, wie z. B. Ammoniak, umzuwandeln, die die Pflanzen nutzen können. Eine Besonderheit stellen dabei die Wurzelknöllchenbakterien der Schmetterlingsblütler, z. B. des Klees, dar. Diese **Knöllchenbakterien** leben in den Wurzeln der Pflanze und werden dort mit Nährstoffen versorgt (▷ B 3). Die Bakterien wiederum binden elementaren Stickstoff, den die Pflanze nutzen kann. Eine solche Lebensgemeinschaft, aus der beide Seiten Nutzen ziehen, nennt man **Symbiose**.

2 Wurzelknöllchen

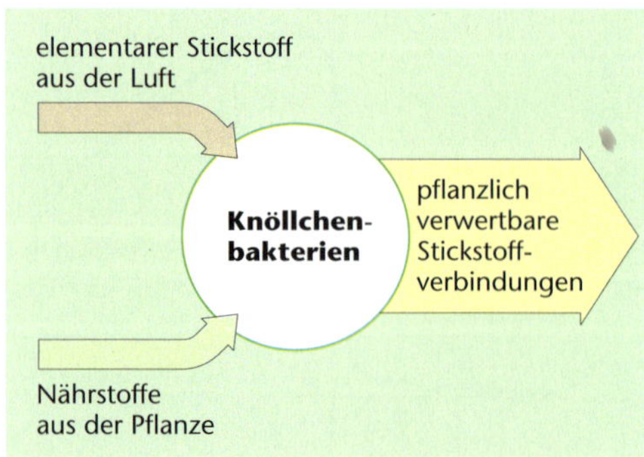

3 Symbiose von Knöllchenbakterien und Pflanze

4 Kompost

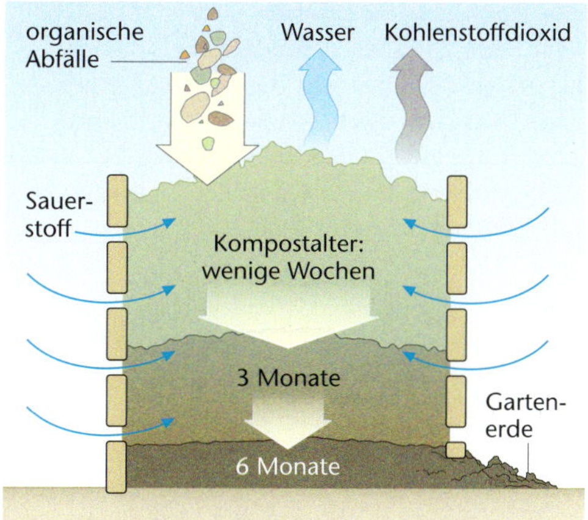

5 Schichten im Komposthaufen

Bakterien helfen und schützen
Bakterien leben aber auch mit zahlreichen Tieren und sogar mit dem Menschen in Symbiose. **Darmbakterien** (▷ B 6) helfen z. B. bei der Verdauung von pflanzlicher Nahrung, indem sie die stabilen Wände der Pflanzenzellen aufbrechen und so die wertvollen Nährstoffe freisetzen. Außerdem schützen einige Bakterien das jeweilige Organ vor anderen, krankmachenden Bakterien. Gemeinsam mit anderen Mikroorganismen bilden die Bakterien so z. B. unsere **Darmflora**, die Mundflora und die Hautflora.

Krankheitserreger
Viele Menschen wissen nicht, wie wichtig und nützlich Bakterien für uns sein können. Für sie sind Bakterien nur Krankheitserreger, die bekämpft werden müssen. Die für uns schädliche Wirkung beruht jedoch meistens auf **giftigen Stoffen**, die bei **Stoffwechselprozessen** der Bakterien entstehen. Manche Bakterien **zersetzen** aber auch die **Zellen** und schädigen so den Organismus.
Im Kreislauf der Natur spielen Bakterien jedoch auch als Krankheitserreger eine wichtige Rolle. Tiere, die eigentlich keine natürlichen Fressfeinde haben, können z. B. von Krankheitserregern befallen werden und sterben. So wird auch durch Bakterien die Größe einer Population reguliert. Dies ist wichtig für den Erhalt des **biologischen Gleichgewichts**.
[Struktur und Funktion, S. 132]

▶ Bakterien leben in Symbiose mit Pflanzen, Tieren und Menschen. Auch als Krankheitserreger übernehmen sie eine wichtige Aufgabe in der Natur.

Aufgaben

1 Fachbegriffe merken leicht gemacht! Übersetze „erzeugen“, „verbrauchen“ und „etwas zerstören“ ins Englische und vergleiche mit den auf Seite 24 in Klammern angegebenen Fachbegriffen.

2 Entscheide jeweils, ob es sich um Verwesung oder Fäulnis handelt, und begründe deine Entscheidung:
a) Ein Schulbrot verdirbt in einer verschlossenen Plastiktüte.
b) Blätter werden im Laufe der Zeit zu Waldboden.
c) Ein Apfel verdirbt unterhalb der Schale aufgrund einer Druckstelle (▷ B 7).

3 Bei einem schweren Infekt wird häufig ein sogenanntes Breitbandantibiotikum verordnet, das gegen sehr viele verschiedene Bakterienarten wirkt. Als Nebenwirkungen können Verdauungsstörungen auftreten. Erkläre.

4 Der Einsatz von Desinfektionsmitteln hat Vor- und Nachteile.
a) Informiere dich im Internet über antibakterielle Seifen und berichte.
b) Erstelle eine tabellarische Übersicht mit den Vor- und Nachteilen von antibakterieller Seife.
c) Nenne je zwei Beispiele, wo der Einsatz von Desinfektionsmitteln nötig bzw. unnötig oder sogar schädlich ist.

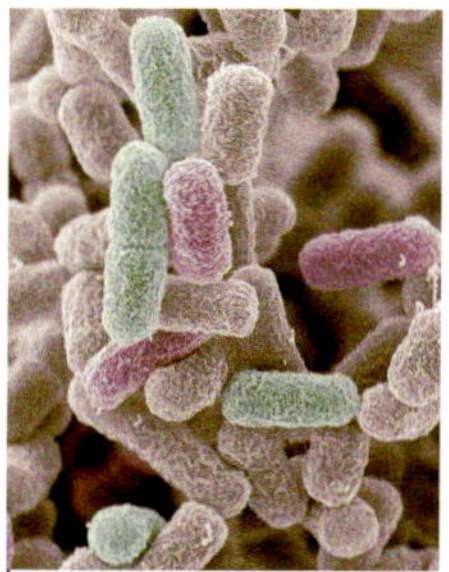
6 Darmbakterien ([illegible])

7 „Fauler“ Apfel

Die Koch'sche Methode

ROBERT KOCH gilt als Begründer der **Bakteriologie**. Dabei war die Entdeckung des **Milzbranderregers** im Blut erkrankter Tiere ein erster, wichtiger Schritt. Nun galt zu beweisen, dass die Bakterien auch wirklich die Ursache der Krankheit sind.

Zunächst gelang es KOCH mithilfe verschiedener **Färbemethoden**, die Bakterien unter dem Mikroskop sichtbar zu machen. Um sie besser untersuchen zu können und um zu beweisen, dass es sich dabei um Lebewesen handelt, **züchtete** er die Erreger in Kulturschalen. Er stellte daraus eine **Bakterienlösung** her und spritzte diese in gesunde Mäuse. Die Versuchstiere erkrankten daraufhin an Milzbrand und starben. KOCH wiederholte diesen Versuch einige Male mit demselben Ergebnis. Damit hatte er bewiesen, dass das Bakterium für den Ausbruch der Krankheit verantwortlich ist.

KOCHS Vorgehensweise ist bis heute eine grundlegende Arbeitsmethode in der Bakteriologie (▷B 1).

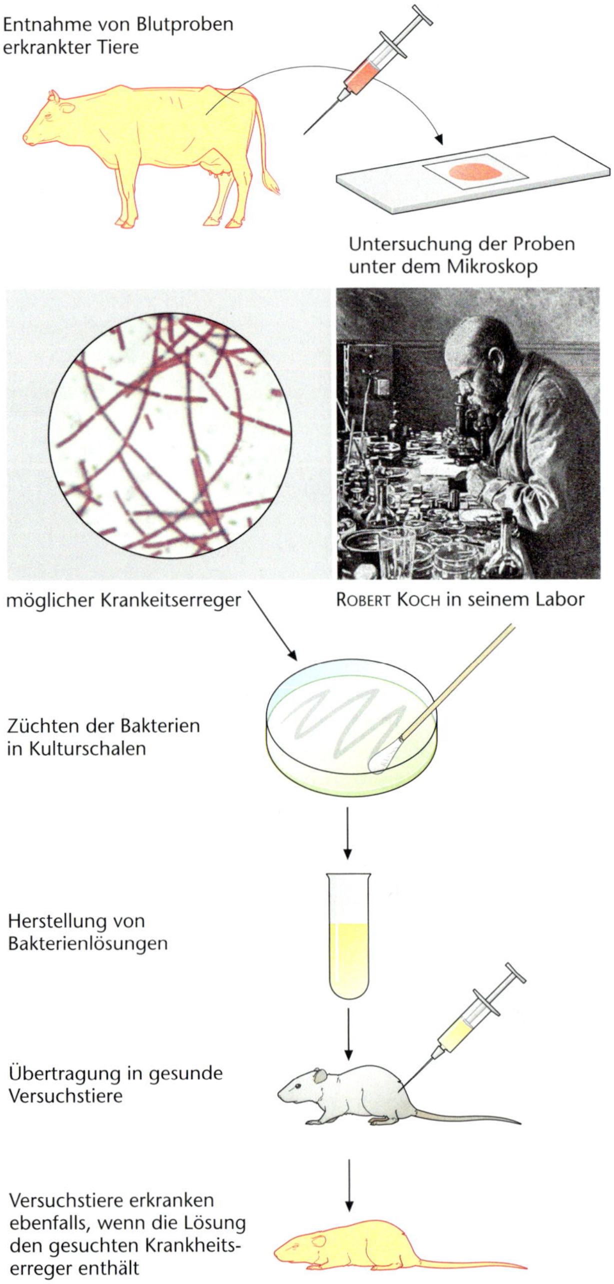

1 Verfahren zum Nachweis von Krankheitserregern

Seuchen sterben aus

Mit seiner Entdeckung legte KOCH den Grundstein zur Bekämpfung von **Infektionskrankheiten**. So konnten im Laufe des 20. Jahrhunderts die Ursachen vieler dieser Krankheiten gefunden werden. Waren Erreger und Ansteckungsweg erst einmal bekannt, war es häufig möglich, wirksame **Methoden** zur **Vorbeugung** und **Heilung** der Krankheiten zu entwickeln. Bakterielle Infektionskrankheiten wie Tuberkulose, Syphilis, Lepra oder die Pest, die früher viele Opfer forderten, sind daher inzwischen in den Industrieländern zur absoluten Seltenheit geworden.

In der Arztpraxis

Der Arzt weiß heutzutage häufig schon anhand der Krankheitszeichen, der **Symptome**, um welchen Erreger es sich handelt, und kann ein geeignetes Medikament verordnen. Im Zweifelsfall geben **Blut-** oder **Urinproben** meist Aufschluss auf die Ursache der Erkrankung.

Bei Verdacht auf eine bakterielle Infektion kann der Erreger häufig durch einen sogenannten **Abstrich** gefunden werden. Dabei werden z. B. mit einem sterilen Wattestäbchen Proben von einer entzündeten Stelle entnommen, in Kulturschalen vermehrt und untersucht. Mit verschiedenen Färbemethoden und genauen Kenntnissen über Ansprüche von Erregern an das Nährmedium, die Temperatur etc. lassen sich viele Erreger eindeutig identifizieren.

Bakterien und Biotechnologie

Das Auffinden von noch unbekannten Krankheitserregern steht heute aber eher im Hintergrund der Forschung. Seit etlichen Jahren ist vor allem interessant geworden, inwieweit man Mikroorganismen technisch nutzen kann. Die Wissenschaft, die sich mit der Nutzung von Mikroorganismen und der Entwicklung von technischen Anwendungen beschäftigt, ist die **Biotechnologie** (s. Seite 34). So sucht man z. B. nach Verfahren, um Bakterien, die Erdöl abbauen können, nach Tankerunglücken einzusetzen. Andere Bakterien wiederum stellen Alkohol oder Biogas her, aus dem man Strom gewinnen kann.

Meist dienen Bakterien den Biotechnologen aber lediglich als **Werkzeuge**. Sie werden **gentechnisch verändert**, um bestimmte Stoffe herzustellen, wie z. B. Insulin (s. Seite 35).

Viele erblich bedingte Krankheiten und Stoffwechselstörungen werden mithilfe von gentechnisch veränderten Bakterien erforscht. Der im Labor am häufigsten verwendete Mikroorganismus ist das Darmbakterium **Escherichia Coli** (E. coli). Es vermehrt sich bei einer Temperatur von 37 °C recht schnell und kann problemlos in flüssigem oder festem Nährmedium gehalten werden. [Entwicklung, S. 134]

Bakterien sind überall zu finden. Daher ist es sehr wichtig, im Labor – und auch in der Schule – **extrem sauber** zu arbeiten! Alle Geräte müssen **steril** sein, um eine Verunreinigung mit fremden oder gefährlichen Mikroorganismen zu vermeiden.

Die Bakteriologie ist sehr vielseitig. Neben der Erforschung von Krankheitserregern befasst man sich heute vor allem mit der technischen Nutzung von Bakterien. Dieses Forschungsgebiet ist die Biotechnologie.

Aufgaben

1 Erstelle ein stichpunktartiges Versuchsprotokoll für die von Robert Koch durchgeführten Experimente mit allen fünf Arbeitsschritten (Fragestellung – Hypothese – Versuchsplanung – Beobachtung – Interpretation).

2 „Wären die Mäuse nicht erkrankt, so hätte Koch nichts bewiesen." Nimm zu dieser Aussage kritisch Stellung.

3 Erläutere, warum der Versuch mehrfach wiederholt werden musste, bevor er als Beweis anerkannt wurde.

Werkstatt

Herstellung von Kulturschalen

Material

Fleischextrakt, Saccharose, Agar, Wasser, sterile Petrischalen, Erlenmeyerkolben, Topflappenhandschuh, Gasbrenner, Dreifuß mit Drahtnetz (oder Herdplatte), Schutzbrille

Versuchsanleitung

Mische 1 g Fleischextrakt, 1 g Saccharose und 4 g Agar mit 200 ml Wasser. Lasse die Mischung einige Minuten über dem Gasbrenner kochen (Schutzbrille!), bis sich alles vollständig gelöst hat. Lege dir währenddessen die geschlossenen Petrischalen zurecht.

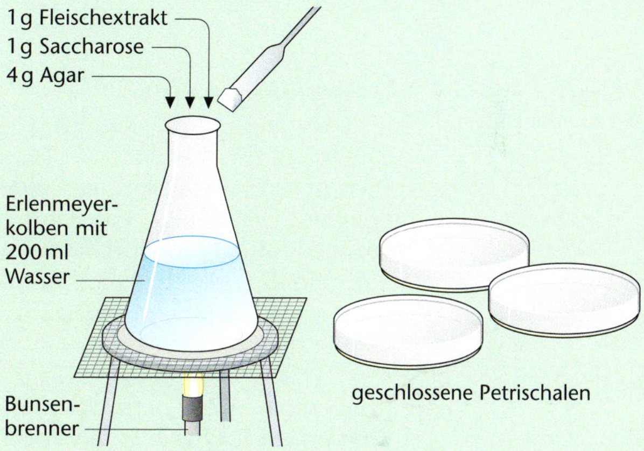

1 Herstellen des Nährmediums

Nimm dann den Erlenmeyerkolben mit dem Topflappen vom Brenner (Vorsicht heiß!). Nun musst du den Erlenmeyerkolben abflammen. Halte dazu den Rand des Kolbens kurz in die Brennerflamme. Öffne danach den Deckel einer Petrischale **ein bisschen** und fülle sie mit dem heißen Nährmedium (▷ B 2), bis der Boden bedeckt ist. Schließe den Deckel sofort wieder! Flamme den Kolben erneut ab und fülle die nächste Petrischale. Lasse die Schalen abkühlen und lagere sie im Kühlschrank. Der Nährboden sollte frisch verwendet werden.

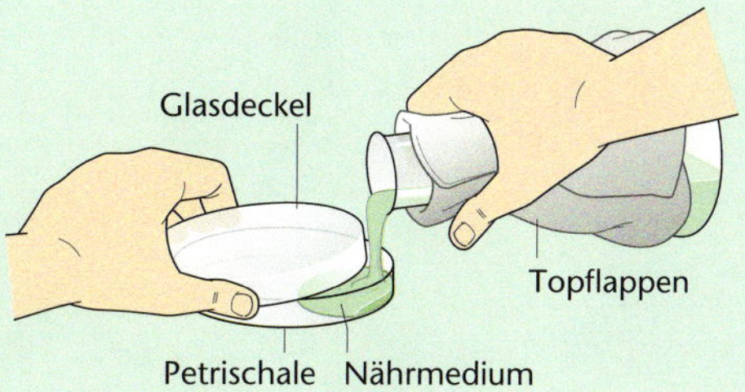

2 Gießen einer Kulturschale

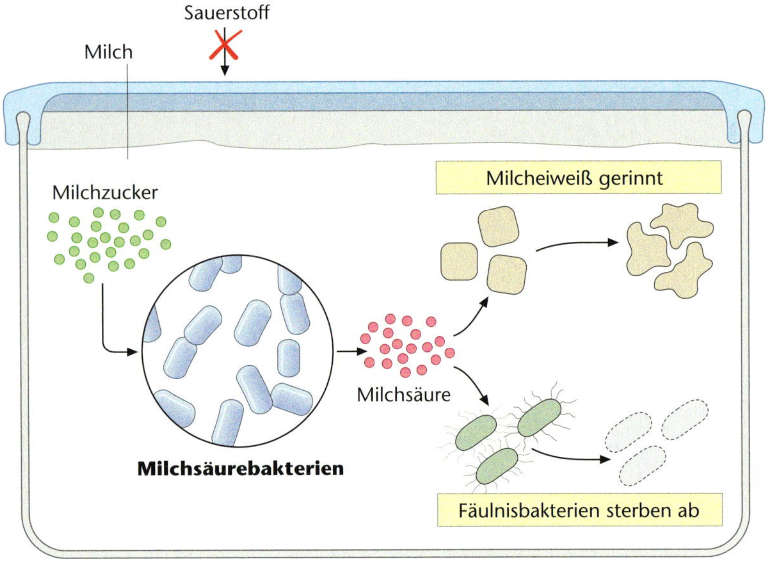

1 Gärgefäß mit luftdicht schließendem Deckel

Sauer macht haltbar

Die Nutzung von Bakterien ist keineswegs allein auf die Wissenschaft beschränkt. Schon seit Jahrtausenden werden Bakterien zur Herstellung von schmackhaften und vor allem länger haltbaren Nahrungsmitteln eingesetzt. Dabei war die Rolle der Bakterien bei diesem Prozess lange Zeit völlig unbekannt.

Heutzutage weiß man, dass **Milchsäurebakterien** für diese Veränderung verantwortlich sind (▷ B 1). Milchsäurebakterien kommen natürlicherweise in Milch vor und vermehren sich schnell, wenn die Milch nicht gekühlt wird. Die Bakterien können ohne Sauerstoff überleben und gewinnen ihre Energie aus dem in der Milch vorkommenden **Milchzucker**. Bei diesem Stoffwechselprozess entsteht als Abfallstoff **Milchsäure**. Diese bewirkt, dass die Eiweiße der Milch verklumpen, die Milch wird dick. Außerdem verhindert die Säure, dass sich Fäulnisbakterien ausbreiten können, was die Milch ungenießbar machen würde. Durch gezielte Zugabe speziell gezüchteter Bakterienstämme und verschiedener Verarbeitungsverfahren kann gesteuert werden, welches Produkt entsteht (▷ B 3).

Milchsäurebakterien kommen jedoch nicht nur in der Milch vor, sondern auch in zahlreichen anderen Lebensmitteln. So entsteht durch die **Milchsäuregärung** in einem Gärtopf aus Weißkohl Sauerkraut. Sauerkraut ist nicht nur wegen seiner längeren Haltbarkeit, sondern auch wegen seiner besseren Verträglichkeit seit vielen tausend Jahren sehr beliebt.

In der Landwirtschaft wird das Grünfutter in luftdichten **Silos** gelagert, in denen es die Milchsäurebakterien in **Silage** umwandeln. Diese kann den ganzen Winter über als Viehfutter genutzt werden.

Ohne Sauerstoff wandeln Milchsäurebakterien den Milchzucker in Energie und Milchsäure um. Die Milchsäure lässt das Milcheiweiß gerinnen und sorgt für eine längere Haltbarkeit.

Aus Wein wird Essig

Neben den Milchsäurebakterien gibt es weitere Bakterien, die Säure herstellen. Lässt man Wein längere Zeit offen stehen, so wird auch dieser sauer. Der im Wein enthaltene Alkohol wird von den **Essigsäurebakterien** als Energiequelle genutzt. Diese benötigen dazu jedoch Sauerstoff und scheiden **Essigsäure** als Stoffwechselendprodukt aus. Den entstandenen **Essig** kann man vielseitig einsetzen, zum Beispiel als Würze am Salat oder zum Einlegen von Gemüse, um dessen Haltbarkeit zu verlängern (▷ B 2). [System, S. 136]

Essigsäurebakterien benötigen Sauerstoff, um Alkohol in Essigsäure umzuwandeln.

2 Essiggurken

3 Milchprodukte

Aufgaben

1 Untersuche drei verschiedene Milchprodukte auf Aussehen, Geschmack und Haltbarkeit. Informiere dich über den genauen Herstellungsprozess und berichte.

2 Einmal aufgekochte Milch verwandelt sich durch Stehenlassen nicht mehr in Dickmilch. Begründe.

Milchsäurebakterien und ihre Wirkung

1 Herstellung von Dickmilch

Material

250 ml zimmerwarme H-Milch, 1 Becher frische Dickmilch, sauberes Gefäß mit Deckel, das etwa 300 ml fasst

Versuchsanleitung

Spüle das Gefäß und den Deckel sorgfältig mit heißem Wasser aus. Gib die Milch gemeinsam mit einem Löffel Dickmilch in das Gefäß und schraube den Deckel fest zu. Lasse das Gefäß bei Zimmertemperatur bis zum nächsten Tag ruhen. Es darf bis dahin nicht bewegt werden.

2 Herstellung von Joghurt

Auch Joghurt lässt sich recht einfach zuhause herstellen. Die nötigen Milchsäurebakterien kann man einem gekauften Joghurt entnehmen.

Material

250 ml H-Milch, 1 Becher Naturjoghurt, Thermometer, Kochtopf, Herdplatte, Wärmegerät (Backofen, Heizung, Joghurtbereiter), sauberes Gefäß mit Deckel, das etwa 300 ml fasst

Versuchsanleitung

Spüle das Gefäß und den Deckel sorgfältig mit heißem Wasser aus. Gib die Milch in einen Topf und erwärme sie auf 42 °C. Kontrolliere die Temperatur mit dem Thermometer. Gib 1–2 Teelöffel Naturjoghurt in das Glas. Fülle dieses anschließend bis etwa 1 cm unter den Rand mit der erwärmten Milch auf und rühre gut um.

Schraube den Deckel fest auf das Gefäß und stelle es an einen warmen Ort. **Hinweis**: es darf nicht zu heiß werden! Geeignet ist z. B. eine warme Heizung, wenn du sie mit der Hand völlig schmerzfrei längere Zeit anfassen kannst. Falls die Heizung zu warm ist, stelle

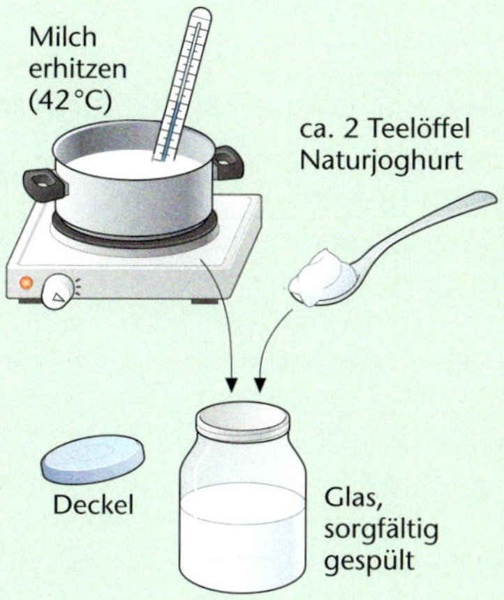

1 Joghurtherstellung

das Gefäß in geeignetem Abstand dazu. Optimal sind 42 °C. Nach etwa 12 Stunden stellst du das Gefäß in den Kühlschrank. Lasse den Ansatz 1–2 Tage im Kühlschrank stehen.

3 Säurenachweis

Die Veränderungen, die dabei in der Milch stattfinden, kann man auch durch einen Versuch nachweisen.

Material

Selbst hergestellte Dickmilch aus Experiment 1, selbst hergestelltes Joghurt aus Experiment 2, Teelöffel, Becherglas, destilliertes Wasser, Pinzette, pH-Indikatorpapier mit Farbskala

Versuchsanleitung

Öffne beide Gefäße, rieche daran und beschreibe den Geruch so genau wie möglich. Falls der Ansatz unangenehm verdorben

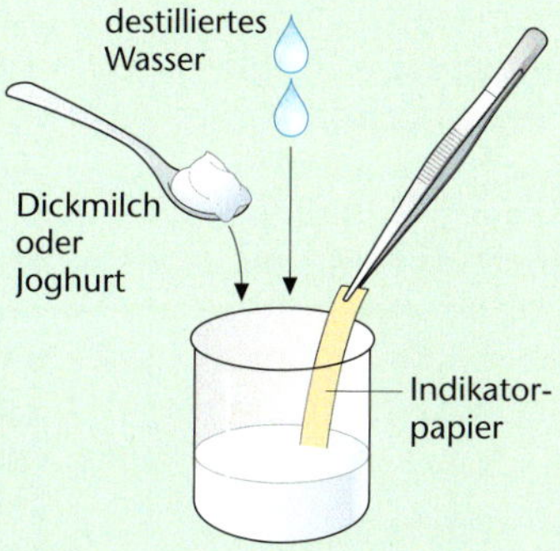

2 Säuregehalt mit Indikatorpapier prüfen

riecht, schraube das Glas zu und wirf es weg. In diesem Fall hast du vermutlich nicht sauber genug gearbeitet und die Milch ist durch Fäulnisbakterien verdorben. Nimmst du einen säuerlichen Geruch wahr, probiere und beschreibe den Geschmack so genau wie möglich.

Gib anschließend zwei Teelöffel des selbst hergestellten Joghurts in das Becherglas und verdünne mit derselben Menge destilliertem Wasser. Reiße ein Stück pH-Indikatorpapier ab und tauche es mithilfe der Pinzette in die Lösung. Nimm das Papier nach wenigen Sekunden wieder heraus und vergleiche die Farbe mit der Skala. Verfahre mit der selbst hergestellten Dickmilch genauso. Vergleiche beide Ergebnisse miteinander.

4 Gerinnung der Milch

Ist wirklich die Säure für diese Veränderung verantwortlich? Finde es heraus, indem du folgendes Experiment durchführst.

Material

Vollmilch, verdünnte Säure (z. B. 0,1 M Salzsäure), Pipette, Petrischale, Schutzbrille

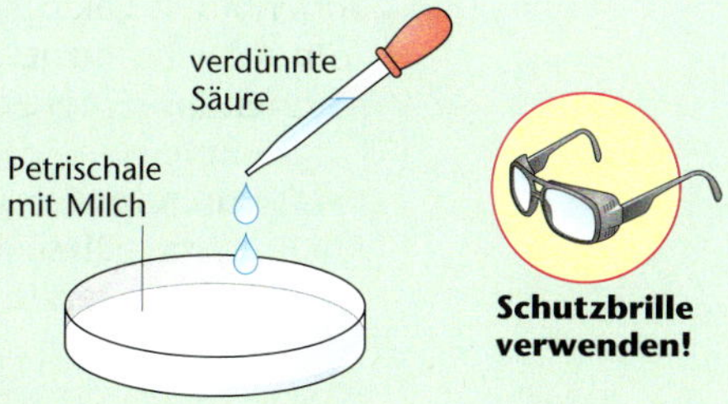

3 Milchgerinnung

Versuchsanleitung

Setze die Schutzbrille auf! Fülle die Petrischale so mit Milch, dass der Boden gerade bedeckt ist. Tropfe mit der Pipette vorsichtig etwas Salzsäure hinzu und beobachte genau, was passiert. Sei bei Umgang mit der Säure sehr vorsichtig und achte darauf, dass nichts davon auf deine Kleidung oder den Tisch tropft.

Die Veränderung von Lebensmitteln spielt in der heutigen Zeit eine immer größere Rolle. Dabei ist aber nicht mehr vorwiegend die Haltbarkeit von Interesse, sondern mehr und mehr die gezielte Verbesserung von Leistungsfähigkeit und Gesundheit des menschlichen Körpers. Lebensmittel, die speziell auf eine solche Wirkung zugeschnitten sind, werden als funktionelle Lebensmittel oder **Functional Food** bezeichnet. Man kann diese in vier verschiedene Gruppen unterteilen:

- mit Vitaminen und Mineralstoffen angereicherte Lebensmittel
- mit sekundären Pflanzenstoffen (Duft-, Farb- und Aromastoffe) angereicherte Lebensmittel
- Energiegetränke
- Probiotische und prebiotische Lebensmittel

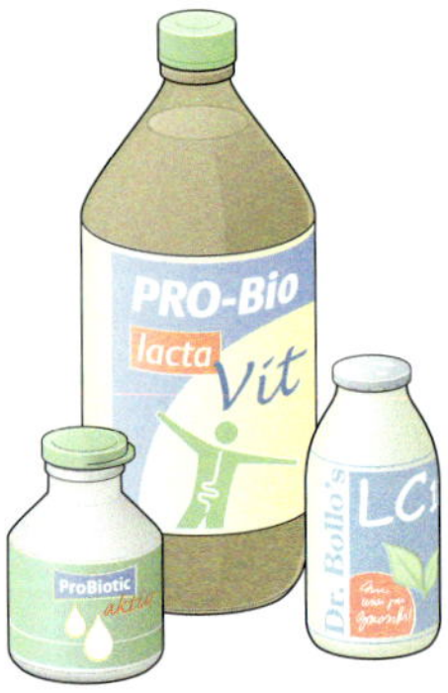

1 Probiotische Milchprodukte enthalten Humanbakterien

Probiotische Milchprodukte
Probiotische Milchprodukte enthalten zusätzlich oder anstelle der üblichen Milchsäurebakterien besonders gezüchtete Bakterienstämme. Sie zeichnen sich dadurch aus, dass sie besonders widerstandsfähig sind. Magen- und Gallensäure machen ihnen nicht so viel aus. Dies ist wichtig, denn um im menschlichen Darm positiv wirken zu können, müssen sie dort lebend und in möglichst großer Anzahl ankommen. Nur so tragen sie zum Erhalt der natürlichen Darmflora bei. Sie fördern die Verdauung von Milchzucker, wirken gegen Durchfall, verdrängen Krankheitserreger, sollen das Immunsystem stärken und sogar vorbeugend gegen Darmkrebs wirken.

2 Auch für Haustiere: Prebiotische Ernährung

Prebiotische Lebensmittel
Prebiotische Lebensmittel dagegen enthalten keine besonderen Bakterienstämme, sondern Stoffe, die die im Darm lebenden Bakterien unterstützen sollen. Die Produkte werden mit speziellen Kohlenhydraten angereichert, beispielsweise mit Inulin oder mit Oligofructose. Diese Stoffe können wir nicht verdauen. Sie gelangen unverändert in unseren Dickdarm und dienen dort den Darmbakterien als Nahrung. Durch den Abbau dieser Stoffe wird unter anderem die Verdauung reguliert und die Aufnahme von Calcium gefördert.

Nachgedacht
Functional Food hat aber nicht nur Vorteile: der menschliche Körper verträgt nur eine bestimmte Menge probiotischer Zusatzstoffe. So führen größere Mengen Inulin z. B. zu Durchfall.

Die zugeführten Milchsäurebakterien siedeln sich nur für wenige Tage im Darm an. Probiotische Lebensmittel entfalten ihre Wirkung also nur, wenn sie dauerhaft eingenommen werden. Zu bedenken ist, dass herkömmliche Milchprodukte in entsprechender Menge, z. B. täglich ein Glas Naturjoghurt, dieselbe Wirkung erzielen. Auch Inulin müsste nicht über Functional Food zugeführt werden, denn es kommt in verschiedenen Gemüsesorten, wie Spargel oder Zwiebeln, natürlicherweise vor.
[Entwicklung, S. 134]

Gesund ernährt durch Functional Food?

Experten der deutschen Gesellschaft für Ernährung raten nicht zu Functional Food, sondern zu einer vollwertigen, ausgewogenen Ernährung mit viel Gemüse und Obst. Diesen Rat sollte man zumindest solange befolgen, bis ausreichende wissenschaftliche Daten über die Wirkungen von Functional Food vorliegen. Da es sich bei Functional Food nicht um Arzneimittel handelt, sind keine ausführlichen Untersuchungen vor der Vermarktung vorgeschrieben. Manche Werbebehauptung ist also nicht unbedingt wissenschaftlich belegt.

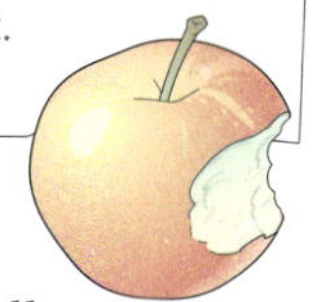

Als Functional Food bezeichnet man Lebensmittel, die aufgrund von Zusatzstoffen eine gesundheitsfördernde Wirkung versprechen.

Aufgaben

1 Functional Food kritisch betrachtet.
a) Vergleiche in einem Supermarkt die Preise von herkömmlichem und probiotischem Joghurt und versuche, den Preisunterschied zu erklären.
b) Erstelle eine Tabelle, die die Vor- und Nachteile des probiotischen Joghurts zeigt. Diskutiere mit deinem Banknachbarn die Vor- und Nachteile.

2 Untersuche die TV- und Radio-Werbung auf Functional Food und beantworte folgende Fragen:
a) Welche Produkte werden beworben?
b) Welche Wirkung wird versprochen?
c) Welche Zielgruppen werden angesprochen?

Schnittpunkt

Technik: Biogasanlagen

Die Biogasanlage

In einer Biogasanlage wird **Biomasse** unter Sauerstoffabschluss von Bakterien abgebaut (siehe S. 24). Die verschiedenen **organischen Abfälle**, z. B. Gülle, Speisereste, Schlachtabfälle oder Klärschlamm, und sogenannte **Energiepflanzen**, wie Mais, Getreide und Gras, werden in großen Faulbehältern von **Methanbakterien** zersetzt. Dabei entsteht ein Gasgemisch, welches als **Biogas** bezeichnet wird und zu einem großen Teil aus Methan besteht. Diesen Vorgang nennt man auch **Fermentation**. Das Gas wird gereinigt und in einem Gasbehälter aufgefangen. Von dort gelangt es meist direkt in ein Heizkraftwerk, wo es in einem Motor verbrannt wird, der wiederum einen Generator antreibt. Auf diese Weise wird **Strom** erzeugt. Das Biogas kann jedoch auch als **Heizgas** oder als **Treibstoff** für PKW und LKW genutzt werden.

Die Vorteile der Biogasanlage

Für den Betrieb von Biogasanlagen werden **nachwachsende Rohstoffe** und häufig **Abfallprodukte** eingesetzt. Ein zusätzlicher Vorteil der Biogasanlagen besteht darin, dass nach dem Ausfaulen der Biomasse ein sogenannter **Gärrest** zurückbleibt. Dieser ist nahezu geruchsfrei, reich an Mineralstoffen und kann als wertvoller Naturdünger in der Landwirtschaft genutzt werden.

Die Schattenseiten der Biogasanlage

Große Biogasanlagen benötigen ausreichende Mengen an **Biomasse**. Um diese heranzuschaffen, kommt es z. T. zu erheblichen Transportwegen – wobei viel Treibstoff verbraucht wird. Auch gelangen trotz strenger Bestimmungen Stoffe in manche Anlagen, die dort nicht hingehören und schon gar nicht als Dünger auf den Feldern landen sollten.

Um mehr Biomasse für die Biogasanlagen zu erzeugen, werden seit einigen Jahren gezielt **Nutzpflanzen**, wie z. B. Mais und Raps, angepflanzt. Die für diese **Energiepflanzen** genutzten Anbauflächen fehlen der Sicherung der Ernährung. Kritiker warnen vor der Abholzung von Waldflächen, vor Wassermangel und der Überdüngung von Meeresgebieten infolge des übermäßigen Anbaus von Energiepflanzen.

1 Energiepflanze Mais

2 In einer Biogasanlage wird Biomasse mithilfe von Methanbakterien unter Sauerstoffabschluss zu Biogas umgesetzt.

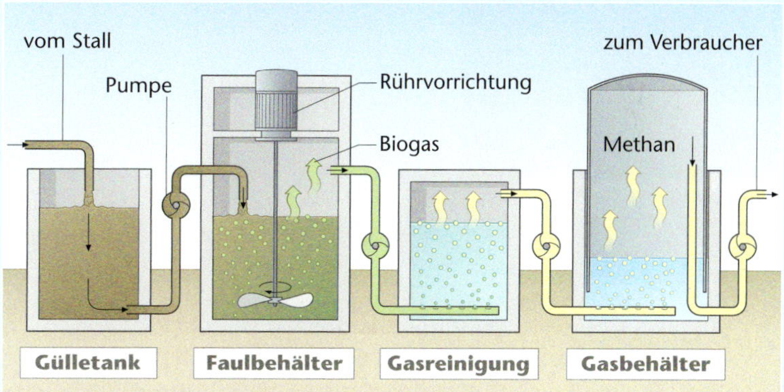

3 Funktionsprinzip Biogasanlage schematisch

Aufgabe

1 Eine Kuh erzeugt pro Tag etwa 10–20 kg Biomasse. Aus einer Tonne Biomasse können 100–160 m³ Biogas erzeugt werden, was etwa 60 l Heizöl ersetzt.
a) Berechne, wie viel Biomasse eine Kuh pro Jahr maximal erzeugt und wie viel Biogas daraus hergestellt werden kann.
b) Berechne, wie viel Liter Heizöl dadurch eingespart werden können.

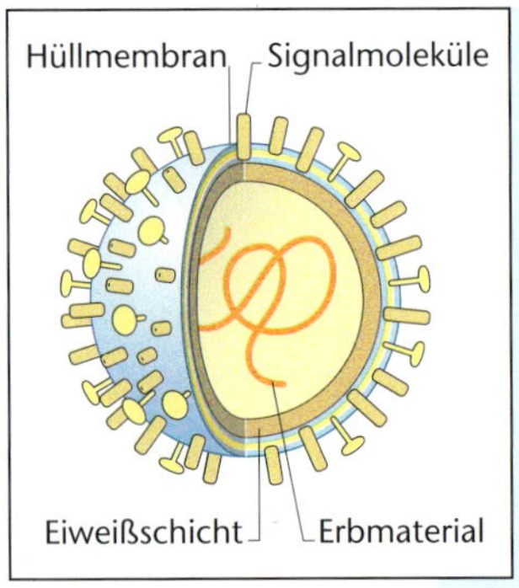

Aufbau eines Virus

Grippe-Viren

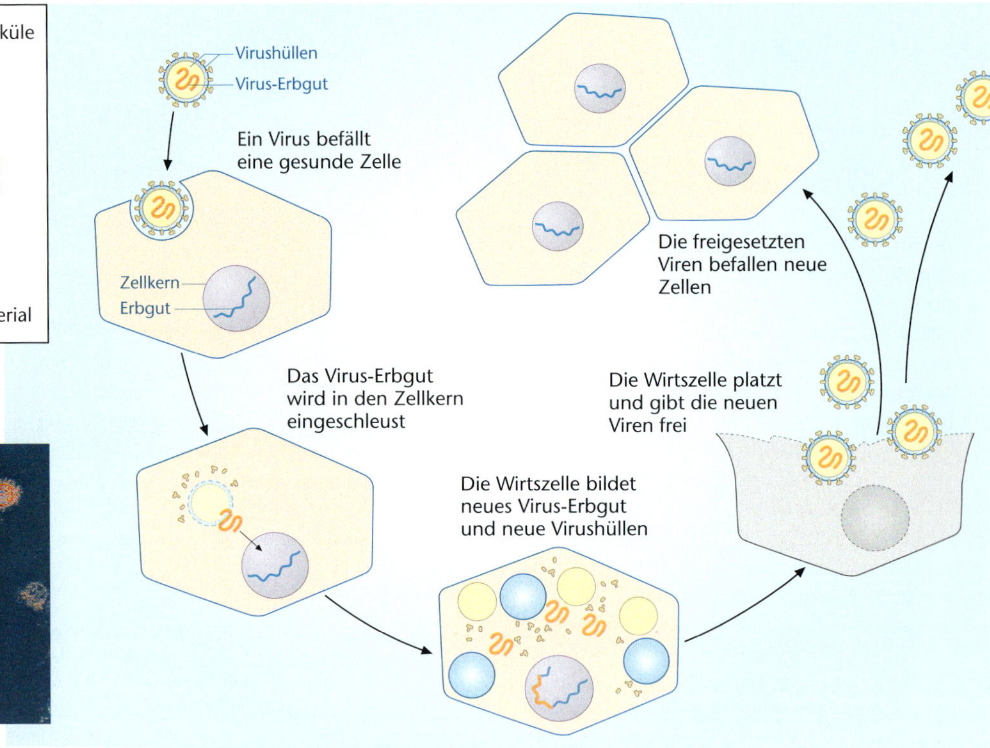

1 Vermehrungszyklus eines Virus

Winzige Erreger
Das kennst du bestimmt: die Nase juckt, man muss ständig niesen und schließlich „läuft“ die Nase für einige Tage. Die Ursache für diesen Schnupfen sind meist **Viren**, die die Nasenschleimhaut befallen. Sie sind sehr klein, ihr Durchmesser erreicht nur 0,02 – 0,3 µm (1 µm = 1 Mikrometer = 1/1000 mm), weshalb man sie nur unter einem Elektronenmikroskop sehen kann. Sehr viele Erkrankungen werden von Viren verursacht, wie z. B. Herpes, die Echte Grippe, Hepatitis, AIDS und einige Kinderkrankheiten, wie Masern, Windpocken und Mumps.

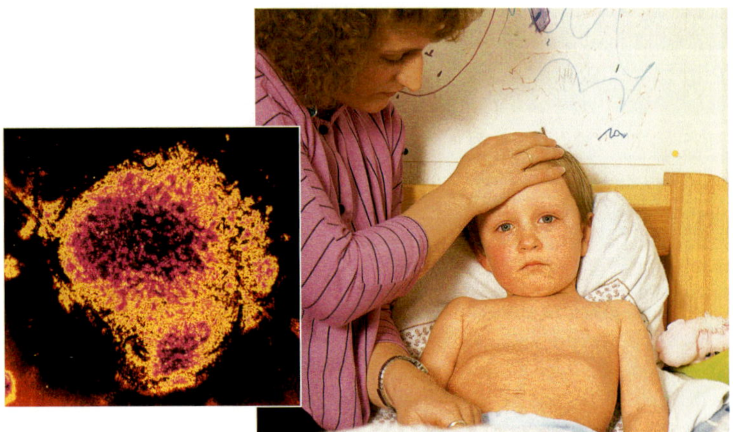
2 Kind mit Röteln, Rötelnvirus links

Viren brauchen Wirtszellen
Viren bestehen größtenteils aus **Erbmaterial**, das von einer **Eiweißhülle** umschlossen wird (▷ B 1). Sie zeigen keines der fünf Kennzeichen des Lebendigen: Sie wachsen nicht, bewegen sich nicht selbstständig, sind nicht reizbar und haben keinen eigenen Stoffwechsel. Gibt man Viren in eine Nährlösung, so vermehren sie sich im Gegensatz zu Bakterien nicht. Denn sie sind auf andere Zellen, ihre **Wirtszellen**, angewiesen, um sich fortzupflanzen.
[Struktur und Funktion, S. 132]

Warum machen Viren uns krank?
Hat ein Virus eine Wirtszelle gefunden, so schleust es seine Erbinformation in diese ein (▷ B 1). Die befallene Zelle stoppt daraufhin ihren eigenen Stoffwechsel und beginnt sofort, nach den Vorgaben der viralen Erbinformation, neue Virusbauteile herzustellen. Diese verbinden sich zu neuen Viren und bringen die Zelle schließlich zum Platzen. Tausende neuer Viren werden so freigesetzt und befallen weitere Zellen, deren Erbinformation ebenfalls „umprogrammiert“ wird. Viren zerstören

Aufgaben

1 Viren sind so klein, dass sie sogar Bakterien befallen können. Informiere dich im Internet über die sogenannten Bakteriophagen und zeichne ein Schema ihres Vermehrungszyklus.

2 „Viren sind keine Lebewesen." Begründe diese Aussage.

3 Antibiotika helfen bei Krankheiten, die von Bakterien oder Pilzen ausgelöst werden, aber nicht bei Virusinfektionen. Erkläre.

also die Zellen des Organismus und schädigen ihn. Häufig kommt es zusätzlich zu Folgeerkrankungen, den sogenannten **Zweit-** oder **Sekundärinfektionen**: Da der Körper aufgrund der Bekämpfung der Viren bereits geschwächt ist, können Bakterien leichter in den Körper eindringen und sich vermehren. [System, S. 136]

Röteln – Keine harmlose Kinderkrankheit

Auch **Röteln** werden von Viren hervorgerufen. Das **Röteln-Virus** (▷ B 2) vermehrt sich in den Zellen der oberen Atemwege und gelangt danach ins Blut. Nach 2 bis 3 Wochen Inkubationszeit (s. Seite 58) treten leichtes Fieber und Halsschmerzen auf und der typische Ausschlag (▷ B 2) breitet sich vom Kopf über den ganzen Körper aus. Doch schon eine Woche, bevor die ersten roten Flecken auftreten, kann das Röteln-Virus durch **Tröpfcheninfektion** übertragen werden.

Für Kinder sind Röteln relativ harmlos, denn der lästige Hautauschlag und das Fieber gehen meist bereits nach wenigen Tagen wieder zurück. Gefürchtet ist eine Rötelninfektion jedoch während einer Schwangerschaft. Es kann zu Fehlgeburten oder zu schweren Schäden beim Ungeborenen kommen. Dabei sind meistens Herz, Gehör und Augen des Fetus betroffen. Mädchen sollten daher spätestens zu Beginn der Pubertät gegen Röteln **geimpft** sein.

▶ Viren bestehen aus Erbmaterial und einer Eiweißhülle. Für ihre Fortpflanzung nutzen sie Wirtszellen. Viren verursachen viele verschiedene Krankheiten.

Schnittpunkt

Medizin: Die Echte Grippe kann sehr gefährlich sein

Erkältung oder Echte Grippe?

Sowohl die Erkältung als auch die Echte Grippe sind Viruserkrankungen der oberen Atemwege. Während eine Erkältung zwar lästig ist, aber zumeist problemlos ausheilt, kann die Echte Grippe (**Influenza**) mit lebensgefährlichen Komplikationen einhergehen. Das hoch ansteckende Influenza-Virus wird durch **Tröpfcheninfektion** übertragen. Wenige Stunden bis zu drei Tage nach der Ansteckung treten plötzlich hohes Fieber, Kopf-, Muskel- und Gliederschmerzen, Schüttelfrost und trockener Husten auf. Nach 7–14 Tagen ist die Grippe meist überwunden. Durch Sekundärinfektionen kann es jedoch vor allem bei älteren oder geschwächten Menschen zu Herzversagen, Kreislaufkollaps oder Lungenentzündung kommen. Daran sterben in Deutschland jährlich bis zu 8 000 Menschen. Im Winter 1995/96 starben in Deutschland etwa 20 000 Menschen, bei einer großen Grippewelle 1918/19 weltweit sogar über 40 Millionen Menschen.

Nicht nur Menschen erkranken an Grippe

Eine große Grippewelle konnte 1997 in Hongkong gestoppt werden: Der Erreger, ein gefährliches **Tier-Influenza-Virus**, wurde durch Töten von 1,5 Mio. Hühnern unter Kontrolle gebracht. Verschiedene Influenza-Viren befallen nicht nur Menschen, sondern auch Vögel („Vogelgrippe") und Schweine („Schweinegrippe"). Durch eine Kombination des Erbmaterials von Menschen- und Tiervirus kann ein neues, sehr ansteckendes und für Menschen oft tödliches **Mischvirus** entstehen (▷ B 1).
Da sich Influenza-Viren schnell verändern, sammeln Fachleute weltweit Informationen über die aktuellen Viren und deren Veränderungen. Entsprechend werden jedes Jahr neue Impfstoffe hergestellt.

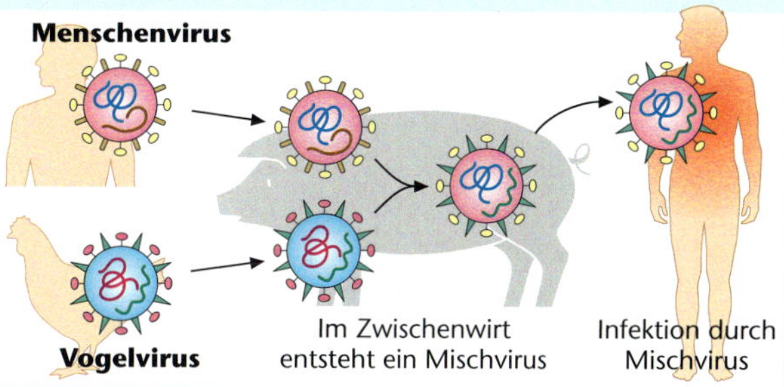

1 Mischvirus

Mikroorganismen und Viren in der Biotechnologie

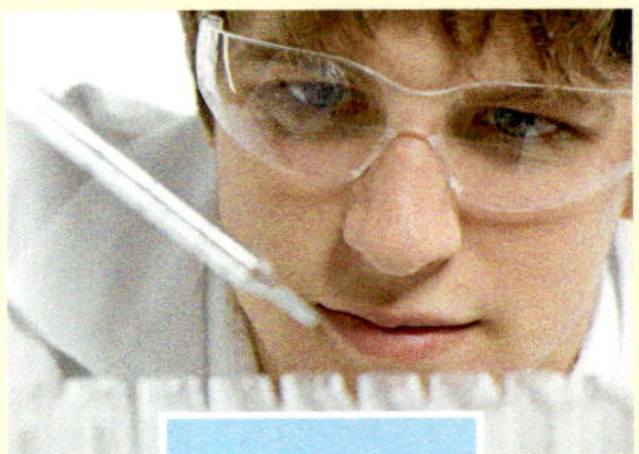

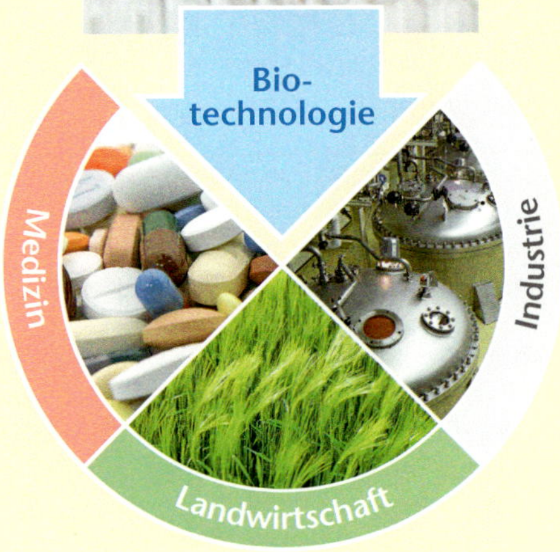

Was ist eigentlich Biotechnologie?
Der Begriff Biotechnologie erscheint oft in der Presse, kann aber ganz unterschiedliche Dinge meinen. Die Biotechnologie vereint verschiedene Forschungsbereiche miteinander. Biologen, Physiker, Chemiker, Verfahrenstechniker, Materialwissenschaftler und Informatiker arbeiten hier eng zusammen. Die moderne Biotechnologie entwickelt Methoden und Verfahren, um biologische Systeme, wie Enzyme, Zellen oder auch ganze Organismen, zu erforschen und sie technisch nutzen zu können oder um neue Produkte herzustellen.
Die Einsatzmöglichkeiten der Biotechnologie sind daher sehr vielfältig. Die verschiedenen Anwendungsgebiete werden in drei Bereiche aufgeteilt. Unterschieden wird zwischen der roten (Medizin), grünen (Landwirtschaft) und weißen (Industrie) Biotechnologie. [System, S. 136]

- Wo begegnet dir die Biotechnologie im Alltag? Welche Produkte werden mithilfe der Biotechnologie hergestellt und welche deutschen Firmen sind daran beteiligt? Informiere dich und ordne Produkte und Firmen den verschiedenen Bereichen der Biotechnologie zu.

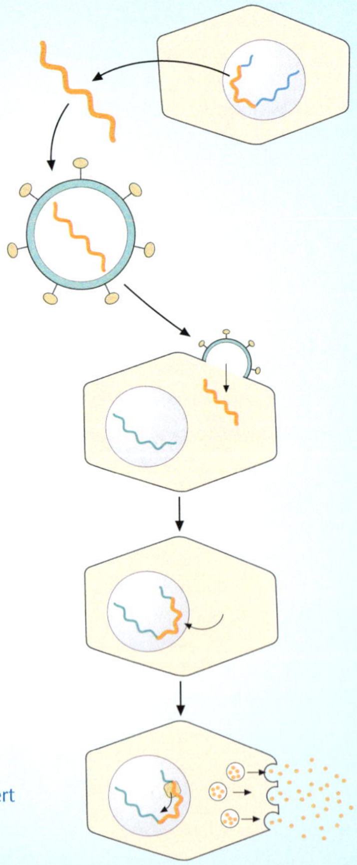

Viren als Werkzeuge der Biotechnologie
Ein Teilgebiet der Biotechnologie ist die **Gentechnik**. Hier wird gezielt das Erbmaterial eines Organismus verändert. Gentechniker nutzen zum Beispiel die Fähigkeit der Viren, Erbinformation in andere Organismen einzuschleusen. Das Virus dient dabei lediglich als „Taxi" für eine bestimmte Information. Die gewünschte Erbinformation wird zunächst in eine Virushülle verpackt. Anschließend wird der Zielorganismus mit den veränderten Viren infiziert. Die Viren übertragen die Erbinformation und bringen ihre Wirtszellen so dazu, das gewünschte Produkt herzustellen. Menschen, die an unheilbaren Erbkrankheiten leiden, könnte geholfen werden, indem man in den Zellen des Patienten die defekte Erbinformation durch die richtige ersetzt. Einige dieser Gentherapien mit Viren sind bereits so weit fortgeschritten, dass sie in klinischen Tests am Menschen erprobt werden.

- Welche Gefahren birgt diese Technologie? Informiert euch über die Argumente von Befürwortern und Gegnern der Gentherapie und diskutiert in der Klasse.

Gentechnisch veränderte Bakterien
Unbewusst wurden Bakterien schon vor Tausenden von Jahren biotechnologisch genutzt und mit ihrer Hilfe aus Milch Joghurt, aus Kohl Sauerkraut oder aus Wein Essig hergestellt. Um gezielt bestimmte Stoffe gewinnen zu können, wird heute mit gentechnischen Methoden das Erbgut der Bakterien verändert.

Der erste Wirkstoff, der gentechnisch erzeugt werden konnte, war **Insulin**. Dieses Hormon wird normalerweise in der Bauchspeicheldrüse gebildet und reguliert im Körper den Blutzuckerspiegel. Diabetiker können kein eigenes Insulin bilden und sind daher auf Fremd-Insulin angewiesen. Lange Zeit wurde dies hauptsächlich aus den Bauchspeicheldrüsen von geschlachteten Schweinen gewonnen. 1982 gelang es, das Erbgut von Bakterien derart zu verändern, dass sie das menschliche Insulin herstellen und in ihre Umgebung abgeben. Auf diese Weise lässt sich Insulin heutzutage relativ günstig in großen Mengen und in bester Qualität gewinnen.

- Welche Vorteile hat die neue Art der Insulinherstellung gegenüber der alten? Sammle Argumente.

- Viele weitere Medikamente werden auf diese Weise hergestellt. Informiere dich und berichte.

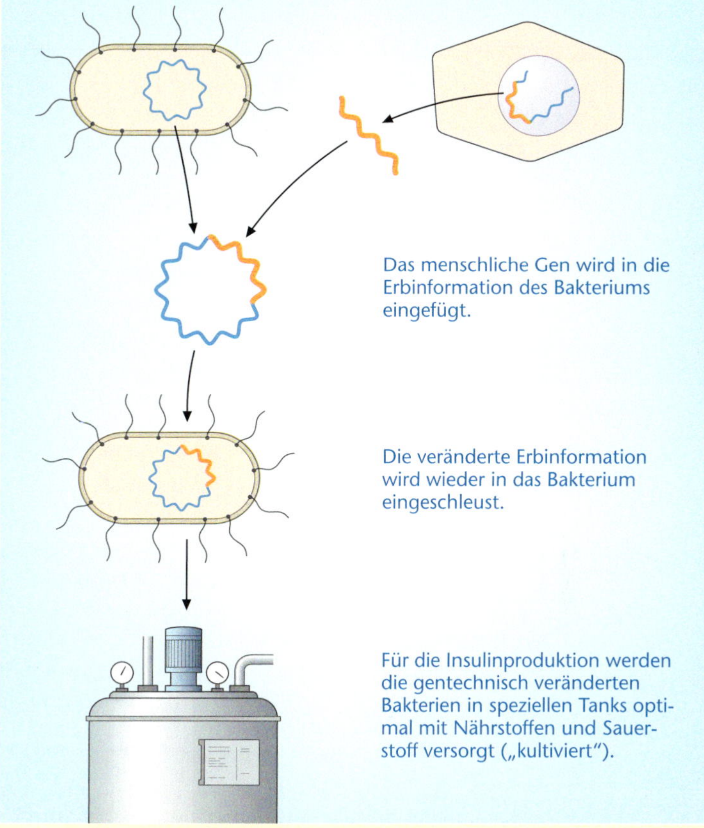

Auch Schimmelpilze werden biotechnologisch genutzt
Unter der Bezeichnung E330 „versteckt“ sich auf vielen Zutatenangaben von Lebensmittelverpackungen die **Citronensäure**. Nicht nur wegen ihres sauren Geschmacks, sondern auch als Konservierungsmittel findet sie in der Nahrungsmittelindustrie Verwendung. Ebenso enthalten Entkalker für Küche und Bad große Mengen an Citronensäure. Früher gewann man Citronensäure ausschließlich aus Zitrusfrüchten wie Zitronen oder Orangen. Jedoch wurde der Bedarf so groß, dass man nicht nur auf Zitronen zurückgreifen konnte. Heute wird Citronensäure mithilfe des Schimmelpilzes Aspergillus niger biotechnisch hergestellt.

- Finde heraus, wie man heute den großen Bedarf an Citronensäure decken kann. Recherchiere dazu im Buch oder im Internet über die Citronensäure und den Schimmelpilz Aspergillus niger.

- Die biotechnisch gewonnene Citronensäure muss aufwendig vom Schimmelpilz und weiteren Stoffwechselprodukten getrennt werden. Begründe.

- Recherchie im Internet über weitere Nutzungsmöglichkeiten von Schimmelpilzen in der Biotechnologie und berichte darüber.

Wo finde ich mehr Informationen?

Internet
- Bundesministerium für Bildung und Forschung (www.biotechnologie.de)
- DIB, Deutsche Industrievereinigung Biotechnologie (www.dib.org)

Universitäten
- Friedrich-Alexander-Universität, Erlangen
- Ludwig-Maximilians-Universität, München
- Julius-Maximilians-Universität, Würzburg
- Universität Bayreuth

Berufliche Schulen
- Chemieschule Dr. Erwin Elhardt, München (BTA)
- Berufsfachschule für biologisch-technische Assistenten Straubing

Mikroorganismen und Viren

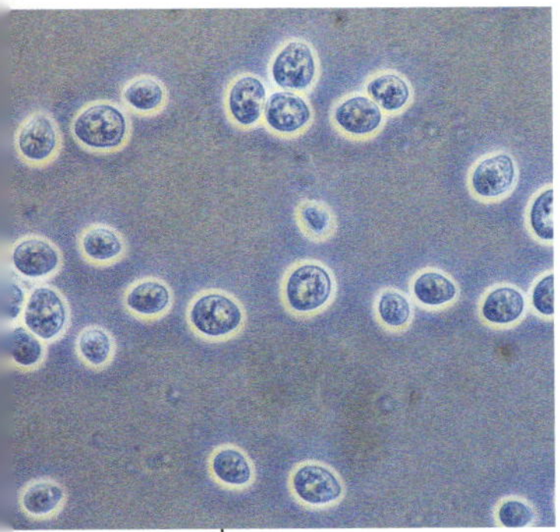
1 Hefezellen

2 Hefe lässt den Teig „gehen“

Hefen
Hefen sind einzellige Mikroorganismen aus dem Reich der Pilze. Sie vermehren sich durch Sprossung. Unter Sauerstoffabschluss gewinnen sie ihre Energie durch alkoholische Gärung. Diesen Stoffwechselvorgang nutzt man sowohl bei der Bier- und Weinherstellung, als auch beim Backvorgang.

Schimmelpilze
Schimmelpilze bilden aus Hyphen ein Mycel. Die oft sichtbaren Sporenträger enthalten Sporen zur Vermehrung. Als Zersetzer spielen Schimmelpilze im Haushalt der Natur eine wichtige Rolle. Von Schimmelpilzen befallene Lebensmittel gefährden die Gesundheit und müssen entsorgt werden! Für uns ungefährliche Schimmelpilzarten werden dagegen zur Veredelung von Lebensmitteln oder zur Herstellung von Antibiotika genutzt.

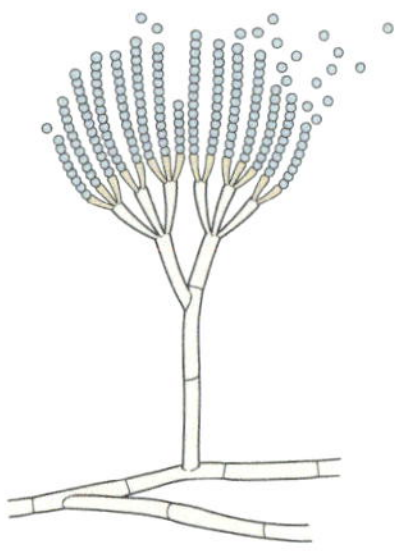
Schimmelpilz

Bakterien
Bakterien sind Einzeller ohne Zellkern, die sich ungeschlechtlich durch Zellteilung vermehren. Als Zersetzer und auch als Krankheitserreger spielen sie eine wichtige Rolle für den Erhalt des biologischen Gleichgewichts.

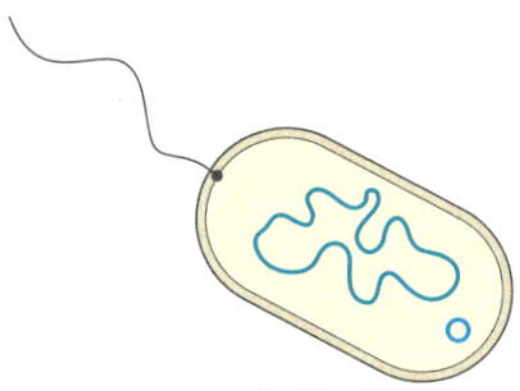
Bakterium

Viren
Viren werden oft nicht als Lebewesen bezeichnet, denn sie bestehen nur aus Erbmaterial und einer Eiweißhülle und nutzen Wirtszellen für ihre Fortpflanzung. Durch Viren werden viele verschiedene Krankheiten hervorgerufen.

Virus

Antibiotika
Antibiotika sind Stoffwechselprodukte von Bakterien oder Schimmelpilzen, die andere Mikroorganismen im Wachstum hemmen oder töten. Sie werden als Medikamente genutzt.

Gärung
Abbau organischer Stoffe unter Sauerstoffausschluss. Hefen und Milchsäurebakterien gewinnen so die für ihre Lebensprozesse notwendige Energie. Dabei entstehen Stoffwechselprodukte wie Alkohol (alkoholische Gärung) oder Milchsäure (Milchsäuregärung).

Weinherstellung
Zur Herstellung von Wein werden Trauben gepresst. Die Maische wird häufig mit Reinzuchthefen versetzt. Die Hefepilze vergären den Zucker des Fruchtsaftes. Der Gärprozess dauert mehrere Tage bis zu Monaten.

Bierbrauen
Nach dem deutschen Reinheitsgebot dürfen zum Bierbrauen ausschließlich Gerste, Hopfen und Wasser verwendet werden. Die Gerste wird zu Malz verarbeitet, das den für die Gärung der Bierhefen nötigen Malzzucker enthält. Hopfen dient als Aroma- und Konservierungsmittel.

Biogasanlagen
Mithilfe von Methanbakterien wird Biomasse unter Sauerstoffabschluss zu Biogas umgesetzt. Diese erneuerbare Energie kann zum Heizen und als Treibstoff eingesetzt werden.

Functional Food
Probiotische Lebensmittel enthalten speziell gezüchtete Bakterienstämme, die besonders widerstandsfähig gegen Magen- und Gallensäure sind. Sie tragen zum Erhalt der natürlichen Darmflora bei, fördern die Verdauung, wirken gegen Durchfall und verdrängen Krankheitserreger.
Prebiotische Lebensmittel enthalten Stoffe, die die im Darm lebenden Bakterien unterstützen.

Aufgaben

1 In einem Experiment misst man die Volumenzunahme von verschiedenen Hefeteigansätzen während des „Gehens".

Alle Ansätze enthalten **Mehl** und …

A: Wasser, Zucker, Hefe (Aufbewahrung im **Kühlschrank**)

B: Wasser, Hefe (Aufbewahrung auf der **Heizung**)

C: Wasser, Zucker, Hefe (Aufbewahrung auf der **Heizung**)

D: Zucker, Hefe (Aufbewahrung auf der **Heizung**)

a) Bei welchem der Ansätze A–D kannst du eine Volumenzunahme beobachten? Begründe.

b) Formuliere eine Frage, die sich die Wissenschaftler vor der Durchführung des Experimentes gestellt haben könnten.

2 Oft beginnt auch frisch gebackenes und verpacktes Toastbrot nach einigen Tagen zu schimmeln.
a) Beschreibe, wie der Schimmelpilz in die Verpackung gelangt sein könnte.

b) Brotkasten oder luftdicht verschließbare Brotdose? Erläutere die Vor- und Nachteile der beiden Aufbewahrungsformen.

3 Vergleiche Hefen, Schimmelpilze, Bakterien und Viren miteinander.
a) Erstelle eine Tabelle, die zeigt, wie sie sich voneinander unterscheiden.

b) Suche dir passende Alltagsgegenstände und bastle einfache Modelle.

c) Vergleicht eure Modelle untereinander und findet Möglichkeiten, sie zu verbessern.

4 Auf dem Schulfest im Sommer sollen Bratwürste verkauft werden.
a) Die rohen Bratwürste müssen im Kühlschrank aufbewahrt werden. Begründe.

b) Beschreibe, was ohne die Kühlung passieren würde.

c) Fertige ein Diagramm an, das die Vermehrung der Bakterien mit und ohne Kühlung zeigt.

d) Finde weitere Regeln, die beim Umgang mit den rohen Bratwürsten unbedingt eingehalten werden sollten.

5 Drei Schüler streiten sich. Wer von ihnen hat Recht?
Hannah: „Händewaschen mit kaltem Wasser ist völlig ausreichend."
Timo: „Niemals, man muss warmes Wasser und Seife verwenden."
Sahra: „Wenn ihr wirklich saubere Hände haben wollt, müsst ihr nach dem Waschen Desinfektionsmittel verwenden."

a) Überlege dir eine passende Versuchsreihe. Dir stehen Petrischalen mit Nährboden, Wasser, Seife und Desinfektionsmittel zur Verfügung.

b) Führe die Versuche durch und erstelle dazu ein Versuchsprotokoll mit allen fünf Arbeitsschritten:
1. Fragestellung
2. Hypothese
3. Versuchsplanung
4. Beobachtung
5. Interpretation.

6 Lies dir die Geschichte „Feindliche Übernahme" genau durch und finde Übereinstimmungen mit dem Vermehrungszyklus der Viren. Schreibe die Geschichte für Viren passend um und nutze die entsprechenden Fachbegriffe.

7 Die Viruskonzentration im Zellsaft einer mit der Tabakmosaikkrankheit infizierten Pflanze wurde gemessen und in einem Diagramm (▷ B 3) dargestellt.
a) Gib alles an, was aus dem Diagramm abzulesen ist.

b) Erkläre den stufenartigen Verlauf der Kurve.

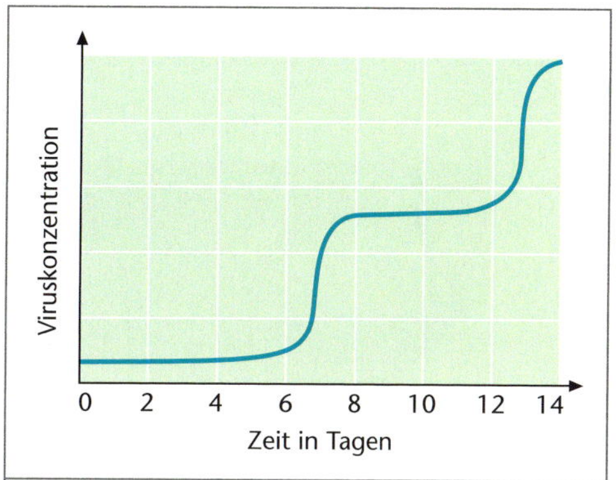

3 Vermehrungszyklus von Viren

Feindliche Übernahme!

In einer kleinen Fabrik arbeiteten viele Angestellte daran, Bauteile für andere Fabrikgebäude herzustellen. Die Pläne dafür lagen im Büro der Fabrik auf einem Tisch und jeder Mitarbeiter hatte die Anweisung, sich stets genau an diese Pläne zu halten.

Eines Tages bohrte ein winziger Roboter ein Loch in die Mauer der Fabrik und schlich sich hinein. Er schob die Pläne der Fabrik vom Tisch und legte seine eigenen an deren Stelle. Die Mitarbeiter hielten sich nun an diese Pläne und produzierten die Bauteile für viele weitere Roboter.
Als so viele Roboter produziert waren, dass das Lager der Fabrik überfüllt war, sprengten die Roboter die Mauern der Fabrik, um in die Welt zu ziehen und andere Fabriken zu übernehmen.

Das Schutz- und Abwehrsystem des Menschen

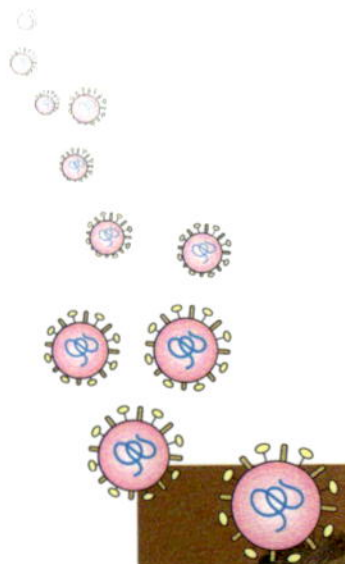

Wie wichtig die Gesundheit ist, merkt man immer erst, wenn man krank ist.

Bakterien, Viren und Pilze sind unsere allgegenwärtigen „Begleiter". Umso erstaunlicher ist es, dass unser Körper nur selten krank ist. Wie ist es möglich, dass ihm die Millionen von Krankheitserregern, mit denen er täglich konfrontiert wird, meist nichts anhaben können? Was geht in unserem Körper vor, wenn wir doch einmal mit Schnupfen und Fieber das Bett hüten müssen? Wie kann man dazu beitragen, den Körper im Kampf gegen Viren & Co. zu unterstützen, um möglichst gesund zu bleiben?

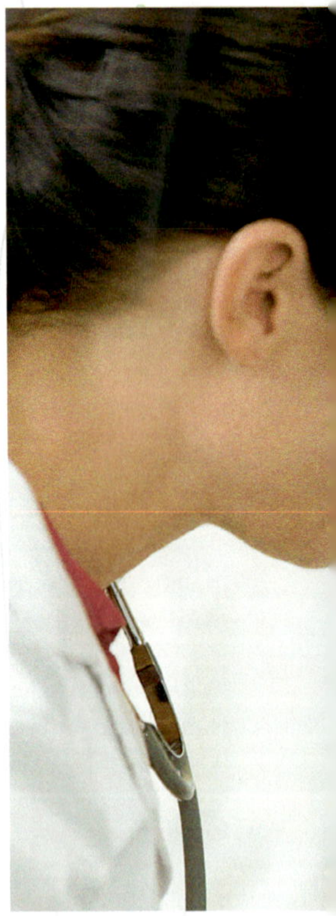

Auf diese und andere Fragen wirst du im folgenden Kapitel Antworten finden – und manchmal sicher erstaunt sein, welche Prozesse in dir vorgehen, ohne dass du selbst etwas davon merkst.

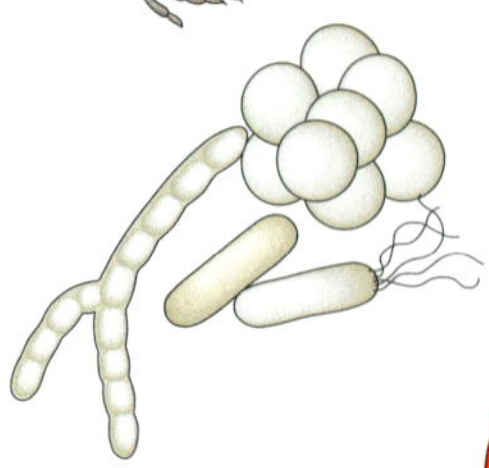

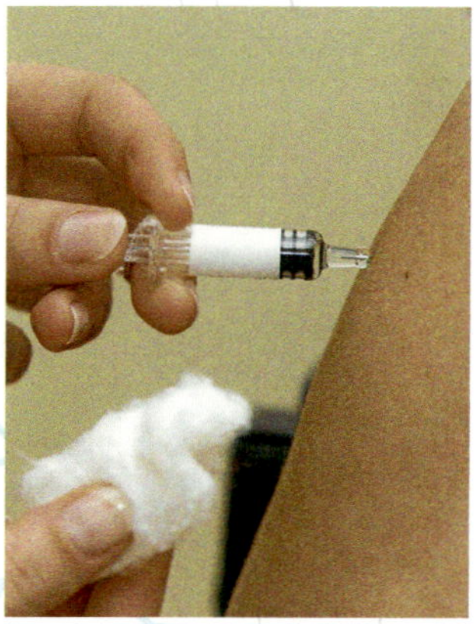

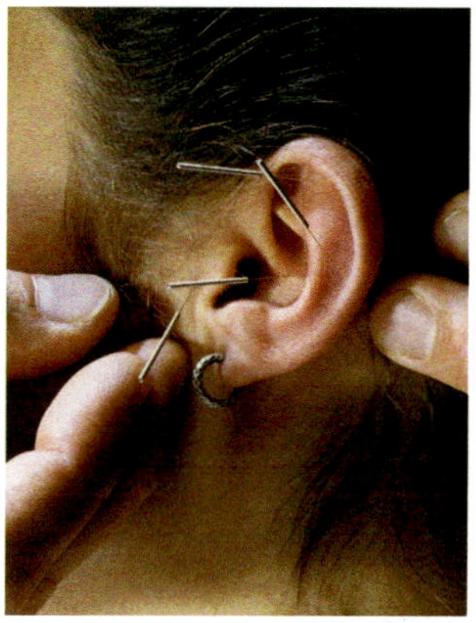

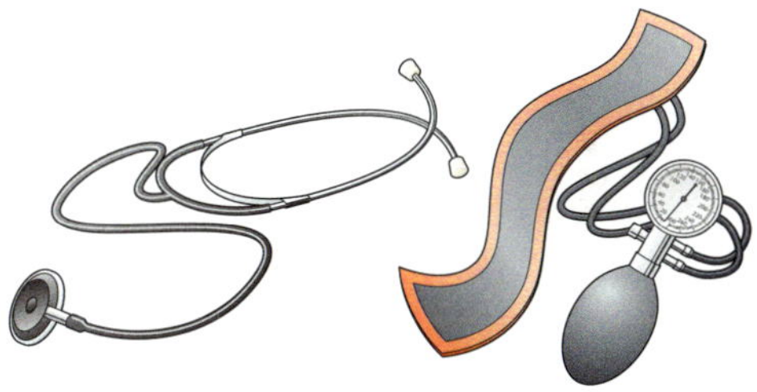

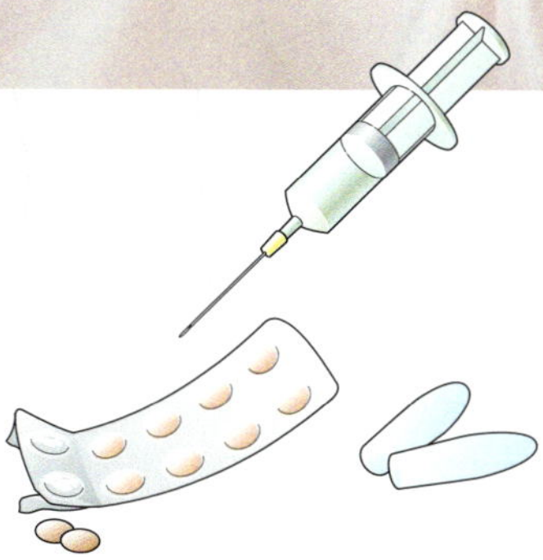

Fall 1

Plötzlich Witwer

Aykut B.

Aykut B. lebt zufrieden und glücklich mit seiner Frau in einer kleinen Gemeinde in der Nähe von Regensburg. Doch an einem Donnerstag verändert sich sein Leben schlagartig. Als er von der Arbeit zurückkommt, warten schon die Nachbarn mit einer entsetzlichen Nachricht auf ihn. Seine Frau wurde bei einem Verkehrsunfall schwer verletzt und liegt auf der Intensivstation der Universität Regensburg. Wenig später erliegt sie ihren Verletzungen.

Fall 2

Multiple Sklerose

Johannes R.

Bis zu seinem 19. Lebensjahr lebte Johannes R. so unbeschwert wie viele andere junge Erwachsene. Er hatte seine Ausbildung abgeschlossen, hatte eine Freundin und einen intakten Freundeskreis. Wegen Sehstörungen suchte er eines Tages einen Arzt auf. Die Diagnose lautete Multiple Sklerose – eine Erkrankung, bei der es zu Entzündungen im ZNS kommt.
Heute ist Johannes 42, verheiratet und hat ein Kind. Er hat gelernt, mit der Krankheit zu leben. Trotz der häufig auftretenden Schmerzen und Lähmungen fühlt sich Johannes glücklich.

Fall 3

Burnout-Syndrom

Andrea M.

Andrea M., Musterstudentin der Betriebswirtschaftslehre, hatte einen Bilderbuchstart ins Berufsleben: Ausgestattet mit einem üppigen Jahresgehalt, leistete sie sich eine schicke Wohnung und teure Kleidung als Ausgleich für den 14-Stunden-Tag. Wochenende, Freunde und Hobbies mussten zu Gunsten der Karriere zurückstehen. Nach vier Jahren bekam Andrea M. schwere Schlafstörungen, verlor die Lust an der Arbeit, machte nur noch „Dienst nach Vorschrift" und litt unter Selbstzweifeln und Angstzuständen. Sie wurde gekündigt und musste für mehrere Monate in die Psychatrie.

Bist du gesund?
„Gut, dass du wieder gesund bist!" Diesen Satz hast du sicher auch schon einmal gehört, wenn du wegen Fieber oder Durchfall in der Schule oder im Verein gefehlt hast. Hast du zuvor mit 40 °C Fieber, Kopfschmerzen und Halsweh im Bett gelegen, so weißt du, wie wichtig ein gesunder Körper ist. Doch ist man tatsächlich gesund, nur wenn man nicht das Bett hüten muss?

Gesundheit ist mehr
Lange Zeit hat man unter „Gesundheit" das Fehlen einer körperlichen Erkrankung verstanden. Erst seit einigen Jahrzehnten herrscht ein neues Verständnis von Gesundheit. Die Weltgesundheitsorganisation (WHO; World Health Organization) hat Gesundheit folgendermaßen definiert:

> Gesundheit ist vollkommenes körperliches, geistiges und soziales Wohlergehen.

Damit wird klar, dass Gesundheit weit über körperliches Wohlbefinden hinausgeht und dass keine der Personen, die in den Fallbeispielen vorgestellt werden, wirklich gesund ist. Die Angst, den Erwartungen in der Schule oder am Arbeitsplatz nicht gewachsen zu sein, kann unser Wohlbefinden genauso oder sogar stärker beeinflussen wie eine fiebrige Erkältung. Die Zunahme von **psychischen Erkrankungen** in der heutigen Arbeitswelt ist dramatisch (▷B 3). Aber auch das Gefühl „niemand mag mich" kann für manche Menschen quälender sein als ein Schnupfen oder Husten. [System, S. 136]

Die Einstellung ist wichtig

Ob wir uns gesund oder krank fühlen, hängt häufig von unseren ganz persönlichen **Lebenseinstellungen** ab. Menschen, die durch eine Erkrankung oder einen Unfall auf einen Rollstuhl angewiesen sind, können sich nach einer Zeit der Umgewöhnung durchaus ähnlich wohl fühlen wie körperlich gesunde Menschen. Anders ausgedrückt: Entscheidend ist oft auch, wie man die eigene Lebenssituation wahrnimmt und bewertet.

Aktiv werden – Chancen nutzen

Ob wir gesund sind beziehungsweise bleiben, können wir in vielen Fällen und bis zu einem bestimmten Grad selbst beeinflussen. Jeder von uns ist mit einer Vielzahl von **Schutz-**, aber auch **Risikofaktoren** ausgestattet. Je nachdem, welche Faktoren überwiegen, bleiben wir gesund oder werden krank. Somit ist Gesundheit ein lebenslanger Prozess, für den wir selbst etwas tun können (▷ B 2). Wir müssen lernen, unsere Schutzfaktoren zu stärken und mögliche Risiken zu minimieren.

Aufgaben

1 a) Schreibe einen kurzen Text, in dem du den Inhalt von (▷ B 3) wiedergibst.

b) Schließe das Buch und erstelle die Abbildung mithilfe des von dir geschriebenen Textes.

2 Lies die drei Fallbeispiele. Entscheide anhand der WHO-Definition, ob die Personen krank oder gesund sind. Begründe deine Entscheidung.

3 „In einem gesunden Körper wohnt ein gesunder Geist!" Nimm kritisch zu dieser Aussage Stellung.

4 Erstelle eine Liste mit körperlichen, sozialen und geistigen Risikofaktoren.

5 a) Zeichne das Gesundheitsmodell (▷ B 1) in dein Heft.

b) Überlege dir mithilfe des Textes, welche Schutz- und Risikofaktoren auf dich zutreffen, und zeichne deine Position in die Grafik ein.

c) Nenne Faktoren, die du beeinflussen kannst, um deine Position in Richtung Gesundheit zu verschieben.

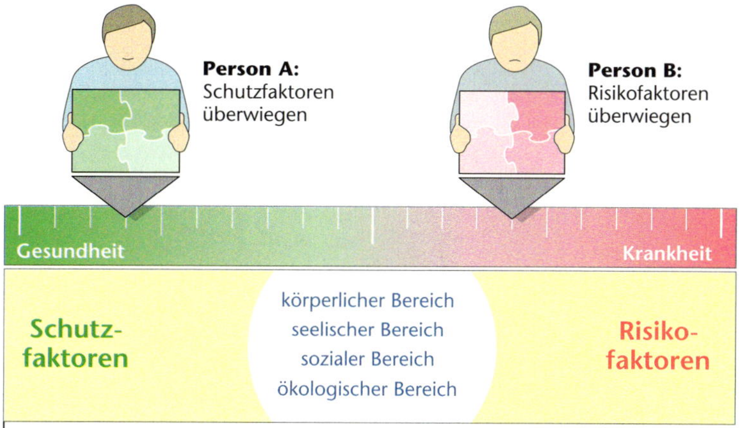

1 Schutz- und Risikofaktoren und ihre Bedeutung für die Gesundheit

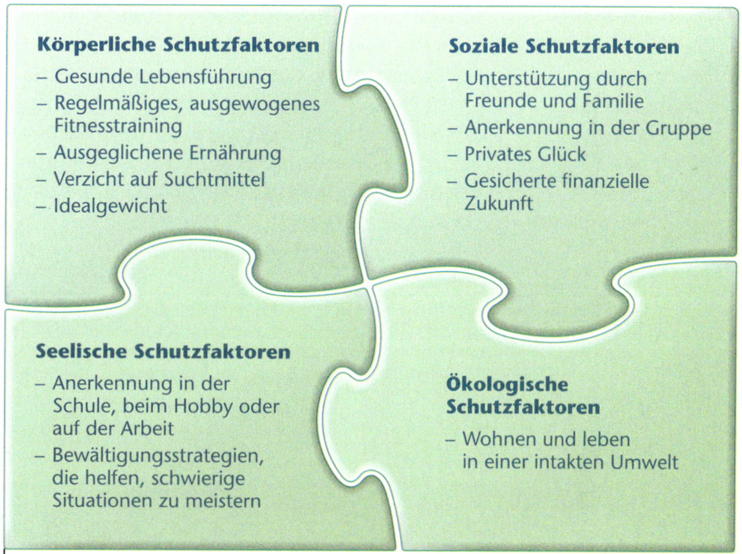

2 Schutzfaktoren wirken zusammen

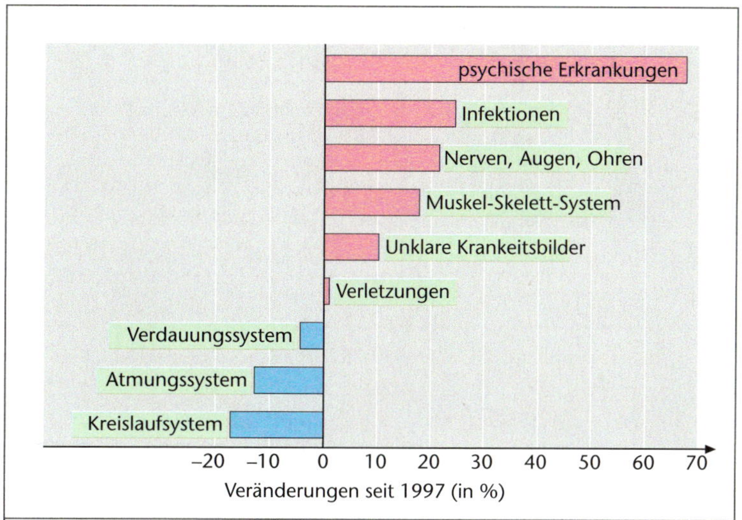

3 Krankheitstage und ihre Ursachen

Ein Organ mit besonderen Aufgaben
Mit circa 2 m^2 Fläche und 10 kg Gewicht ist die Haut das größte **Organ** unseres Körpers. Sie erfüllt gleichzeitig zwei Aufgaben, die unterschiedlicher nicht sein könnten: Einerseits nehmen wir über die Haut zahlreiche Umweltreize auf, andererseits schützt uns die Haut vor zahlreichen Umwelteinflüssen, wie z. B. Kälte und Krankheitserregern.

Drei Schichten
Die Haut ist aus drei Schichten aufgebaut: Oberhaut, Lederhaut, Unterhaut.

Die Oberhaut
Die Oberhaut ist etwa so dünn wie eine Buchseite. Ihre äußerste Lage, die **Hornschicht**, besteht aus abgestorbenen, verhornten Zellen. Diese sind so übereinander angeordnet, dass ein Eindringen von Krankheitserregern und Umweltgiften in den Körper erschwert wird. Andererseits bildet die Hornschicht einen wirksamen **Verdunstungsschutz** vor zu viel Wasserverlust des Körpers.

a Hornschicht
b Keimschicht
c Pigmentschicht
d Haar
e Pore
f Tastkörperchen
g Wärmekörperchen
h Lamellenkörperchen
i Kältekörperchen
j freie Nervenenden
k Schweißdrüse
l Talgdrüse
m Arterie und Vene
n Unterhautfettgewebe

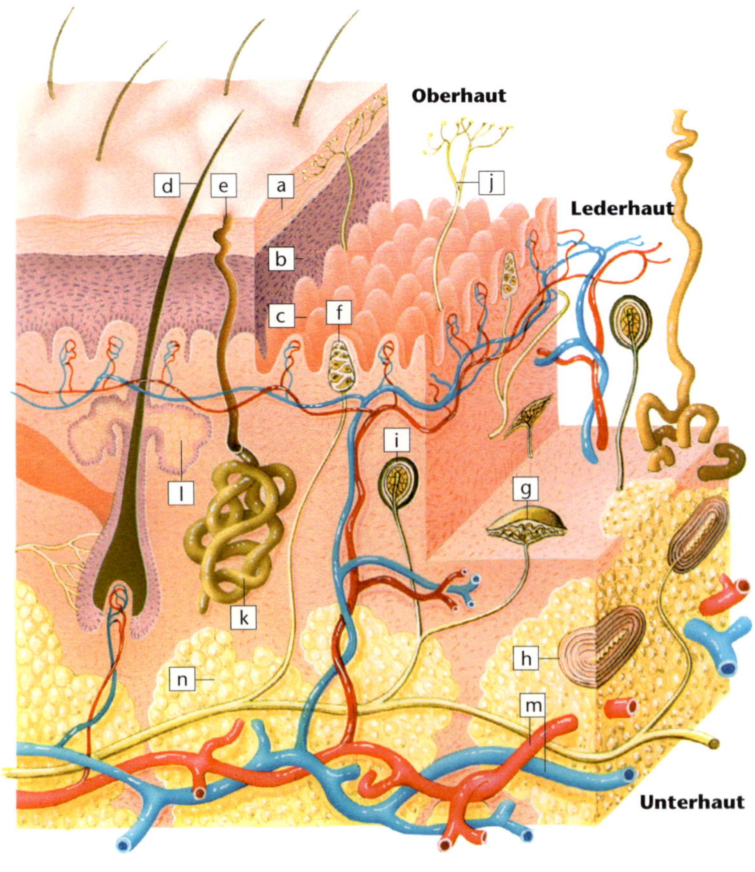

1 Aufbau der menschlichen Haut (Schema)

Insbesondere an Händen und Füßen ist die Hornschicht besonders dick, denn hier ist die Haut besonderen Beanspruchungen ausgesetzt (▷ B 2).

Pro Tag verlieren wir ca. 10 g Hornschüppchen. Diesen Verlust gleicht die unter der Hornschicht liegende **Keimschicht** aus, die ständig neue Zellen produziert.
In der Keimschicht liegen zudem Zellen, die Farbstoffkörnchen produzieren können. Diese **Pigmente** lassen unsere Haut bei Sonneneinstrahlung braun werden und verhindern, dass schädliche **UV-Strahlung** tiefer in den Körper eindringt. Durch die Zunahme der Strahlungsintensität der Sonne auf der Erdoberfläche reicht diese **Schutzeinrichtung** der Oberhaut jedoch oft nicht aus, sodass wir unsere Haut zusätzlich durch Kleidung oder Sonnencremes vor zu viel Sonne schützen müssen.

Die Oberhaut schützt vor Krankheitserregern, Umweltgiften, Austrocknung und UV-Strahlung.

Die Lederhaut
Die zweite Hautschicht ist die Lederhaut. Sie ist ungefähr 1 mm dick, zäh und reißfest. In ihr verlaufen viele Blutkapillaren mit einer Gesamtoberfläche von ca. 7 000 m^2. Das entspricht etwa der Fläche eines Fußballfeldes. Über diese gewaltige Oberfläche kann der Körper seine **Temperatur regeln**: Bei ansteigender Körpertemperatur, z. B. bei einer anstrengenden Tätigkeit, weiten sich die Gefäße. Das bewirkt eine verstärkte Durchblutung und Körperwärme wird vermehrt abgegeben. Bei Kälte verengen sich die Blutgefäße in der Lederhaut und es wird weniger Blut durch die Kapillaren transportiert. Damit gelangt auch weniger Wärme an die Körperoberfläche. Dadurch wird eine unnötige Abgabe von Energie vermieden.

Zudem liegen in der Lederhaut noch zahlreiche **Schweißdrüsen**. Bei Hitze geben sie Schweiß ab, der auf der Körperoberfläche verdunstet und so für Kühlung sorgt. In der Lederhaut liegen außerdem die **Haarwurzeln**, in denen die **Haare** gebildet werden. Während für uns Menschen Haare kaum eine Rolle spielen, sind sie als Fell bei vielen Säugetieren ein effektiver **Kälteschutz**. Daneben befinden sich in der Lederhaut noch **Talgdrüsen**. Diese produzieren Talg, der die Haare und die

Oberhaut geschmeidig hält. Zusammen mit dem Schweiß sorgt der Talg dafür, dass die Oberfläche unserer Haut mit einem dünnen, leicht saurem Schutzfilm überzogen ist. Dieser **Säureschutzmantel** schützt uns vor den Bakterien und Krankheitserregern, die in einer sauren Umgebung nicht überleben können.

Die Lederhaut schützt vor Unterkühlung, Überhitzung und produziert einen Säureschutzmantel, der vor Krankheitserregern schützt.

Die Unterhaut

Die Unterhaut ist die dickste der drei Hautschichten. Durch Fetteinlagerungen schützt sie einerseits vor Kälte, andererseits vor Stößen und Schlägen. Das eingelagerte Fett dient außerdem als Energiereserve.

Die Haut – ein Sinnesorgan

Wenn du schon einmal mit verbundenen Augen über einen Barfußpfad gelaufen bist (▷B2), weißt du, dass die Haut noch weit mehr leistet als dich zu schützen. Sie ermöglicht es, dass wir Reize wie Kälte, Wärme, Druck oder Schmerz aus der Umwelt aufnehmen. Um diese Funktion zu erfüllen, hat die Haut unterschiedliche Strukturen, die Reize wahrnehmen können:

- Freie Nervenendigungen registrieren Schmerz, Druck und Temperatur.
- Kälte- und Wärmekörperchen sprechen auf Veränderungen der Temperatur an.
- Schwingungen werden von Lamellenkörperchen registriert.
- Druck wird durch Tastkörperchen wahrgenommen.

Aufgabe

1 a) Überlegt euch einen Versuch, mit dem ihr die isolierende Wirkung von Fett zeigen könnt. Folgende Materialien stehen dafür zur Verfügung: 2 Thermometer, 2 Reagenzgläser mit warmem Wasser, Fett (z. B. Butter, Vaseline etc.), kaltes Wasser, Wanne, Stativ.
b) Formuliert zu dem Versuch eine passende Fragestellung, eine Hypothese und die geplante Vorgehensweise.
c) Führt den Versuch durch und notiert eure Ergebnisse sowie eine mögliche Interpretation.

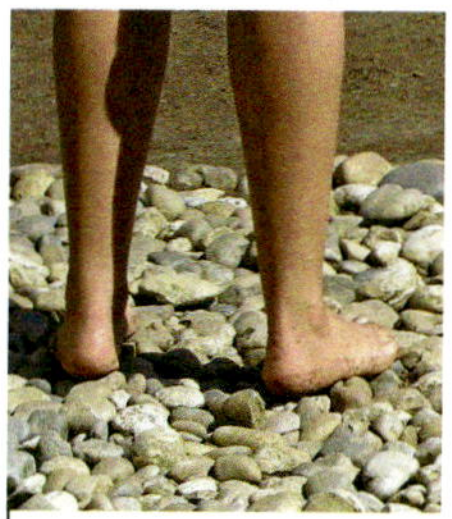

2 Auf dem Barfußpfad

Schnittpunkt

Gesellschaft: Die Haut als Kunstwerk

1 Tätowierung

2 Piercings

Schon immer haben Menschen sich bemüht, ihren Körper zu schmücken. Bei den Eingeborenen der Südseeinseln hatten die **Tätowierungen** religiöse Bedeutung und kennzeichneten die Stammeszugehörigkeit (▷B1). In Europa ließen sich früher Seeleute christliche Motive in die Haut tätowieren. Sie wollten sicher sein, ein christliches Begräbnis zu erhalten, falls sie tot an eine Küste gespült werden sollten. Heute sind **Tattoos** bei jungen Menschen aktuell. Jeder sollte aber bedenken, dass die schönen Bilder nicht einfach wieder beseitigt werden können. Auch **Piercing** ist bei vielen Jugendlichen „in" (▷B2). Es hat vor dem Tattoo den Vorteil, dass es wieder rückgängig gemacht werden kann.

Sowohl beim Tätowieren als auch beim Piercen bestehen Risiken für die Gesundheit. In beiden Fällen können Infektionen und Allergien auftreten. Beim Piercen kommt es mitunter auch zu schmerzhaften Entzündungen oder Schädigungen von Nerven. Daher sollte man die Verzierungen seiner Haut keinesfalls aus einer Laune heraus durchführen lassen, sondern gezielt ein Studio aufsuchen, das auf die Einhaltung hygienischer Standards Wert legt und genügend Erfahrung besitzt. Schließlich geht es ja um die Verzierung eines wichtigen Organs.

Einfach schützenswert
Ob Kälte, trockene Heizungsluft, UV-Strahlung oder Krankheitserreger: Unsere Haut wird täglich einer Vielzahl von Belastungen ausgesetzt. Meist gelingt es der Haut ganz von selbst, damit fertig zu werden – und das ein Leben lang. Mit dem Einhalten einiger Regeln kannst du dazu beitragen, dass die Haut diese Belastungen noch besser übersteht.

Jede Haut ist anders
Menschen unterscheiden sich nicht nur bezüglich ihrer Körpergröße und ihrer Haarfarbe. Auch die Eigenschaften der Haut sind von Mensch zu Mensch verschieden. Bei der Hautfarbe sind diese Unterschiede offensichtlich und kommen durch einen unterschiedliche hohen Anteil an **Pigmenten** in der Oberhaut zustande. Doch auch hinsichtlich der Menge an Talg, die die Haut produziert, und dem Feuchtigkeitsgehalt der Haut können Unterschiede auftreten. Man unterscheidet:

Normale Haut: Die Talgdrüsen funktionieren normal und der Säureschutzmantel ist intakt. Die Haut wird gut durchblutet und es treten kaum Unreinheiten auf.

Trockene Haut: Die Talgdrüsen produzieren zu wenig Talg und die Feuchtigkeit der Haut ist zu gering. Trockene Haut ist rau und juckt häufig.

Fettige Haut: Bei diesem Hauttyp produziert die Haut zu viel Talg. Die Haut wirkt fettig, glänzt und es entstehen häufiger Pickel und Mitesser.

Mischhaut: Bei diesem Hauttyp treten meist an der Stirn und der Nase fettige Hautpartien und gleichzeitig im Bereich des Kinns und der Wangen trockene Hautstellen auf.

Pickel und Mitesser
Während der **Pubertät** kommt es durch hormonelle Einflüsse zu einer verstärkten Talgproduktion der Haut. Sie wird fettiger und es können Pickel und Mitesser entstehen (▷B 1). Prägen sie das Hautbild, so nennt man dies **Akne**. Ist diese besonders stark, so sollte man einen Hautarzt aufsuchen, um die Haut richtig zu behandeln. Mit der Zeit verschwindet das Problem aber meist von alleine wieder.

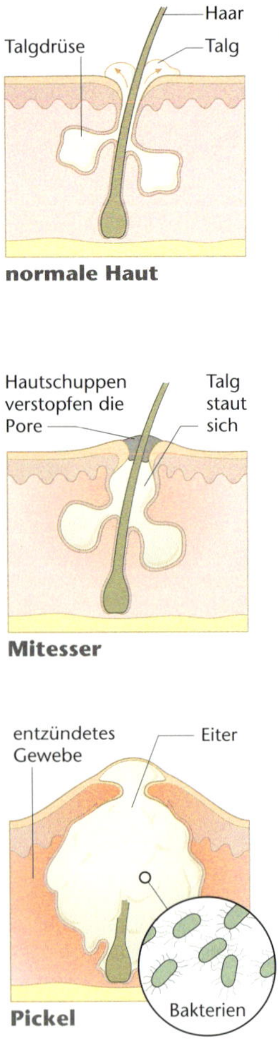

1 So entstehen Mitesser und Pickel

7 Tipps für eine gesunde Haut

1. Achte auf eine gesunde Ernährung.
2. Vermeide Stress.
3. Bewege dich viel an der frischen Luft.
4. Reinige die Haut regelmäßig und mit hautschonenden Pflegeprodukten, die den Säureschutzmantel nicht zerstören (ph-neutral).
5. Verwende eine Hautcreme, die für deinen Hauttyp geeignet ist.
6. Schütze deine Haut vor zuviel Sonne.
7. Trockne dich nach dem Duschen und Baden gründlich ab, da sich an feuchten Stellen leichter Krankheitserreger, wie z.B. Hautpilze, ansiedeln.

Pflege von innen und außen
Eine schöne Haut bekommt und behält man nur, wenn sie von innen und von außen richtig gepflegt wird. Ungesunde Ernährung, Stress und zu wenig frische Luft schaden der Haut genauso wie Seifen, die den Säureschutzmantel der Haut zerstören. Die sieben wichtigsten **Pflegetipps** findest du in der Liste oben.

Erschreckende Zahlen
Heute gilt braune Haut als schick. Vor 100 Jahren war Bräune dagegen ein Zeichen für das „einfache Volk“, das sein Geld mit körperlicher Arbeit im Freien verdiente. Veränderte Schönheitsideale, aber auch die höhere UV-Strahlung auf der Erde haben dazu geführt, dass immer mehr Menschen an **Hautkrebs** erkranken. Untersuchungen zeigen, dass in Deutschland jährlich 140 000 Menschen an Hautkrebs erkranken, davon sind ca. 22 000 Personen von dem besonders gefährlichen **Schwarzen Hautkrebs** betroffen.

Als Hautkrebs bezeichnet man krankhafte Veränderungen von Zellen, bei denen gesunde Zellen in bösartige Krebszellen umgewandelt werden. Diese **Melanome** zerstören nach und nach das gesunde Gewebe.

Die Ursache: Unsichtbare Strahlung
Mit unseren Augen können wir nur einen bestimmten Bereich des Lichts wahrnehmen. Von der Sonne gelangen aber auch **UV-A-** und **UV-B-Strahlen** auf die Erde. Beide Strahlungen können in die Haut gelangen und dort den Prozess der Zellbildung negativ beeinflussen.

Risiken erkennen und vermeiden
Sonnenlicht steigert unser Wohlbefinden. Doch auch Gutes kann zu viel sein. Damit du nicht mehr Sonne abbekommst als dir gut tut, solltest du einige Verhaltensregeln beachten:

- Je heller deine Haut ist, desto kürzer darfst du ungeschützt in die Sonne!
- Verwende eine Sonnencreme mit ausreichend hohem Lichtschutzfaktor.
- Achte beim Baden darauf, dass deine Sonnencreme wasserfest ist!
- Trage im Freien lange Kleidung, einen Hut oder eine Schirmmütze!
- Vermeide ein Sonnenbad in der Mittagszeit!
- Trage eine Sonnenbrille!
- Ab dem 35. Lebensjahr sollte jeder seine Haut von einem Arzt auf Veränderungen untersuchen lassen.

Der ABCD-Check
Ob eine Person Hautkrebs hat, kann nur vom Arzt festgestellt werden. Wenn du feststellst, dass z. B. ein Muttermal eines der Merkmale aus (▷ B 2) aufweist, solltest du unbedingt einen Arzt aufsuchen!

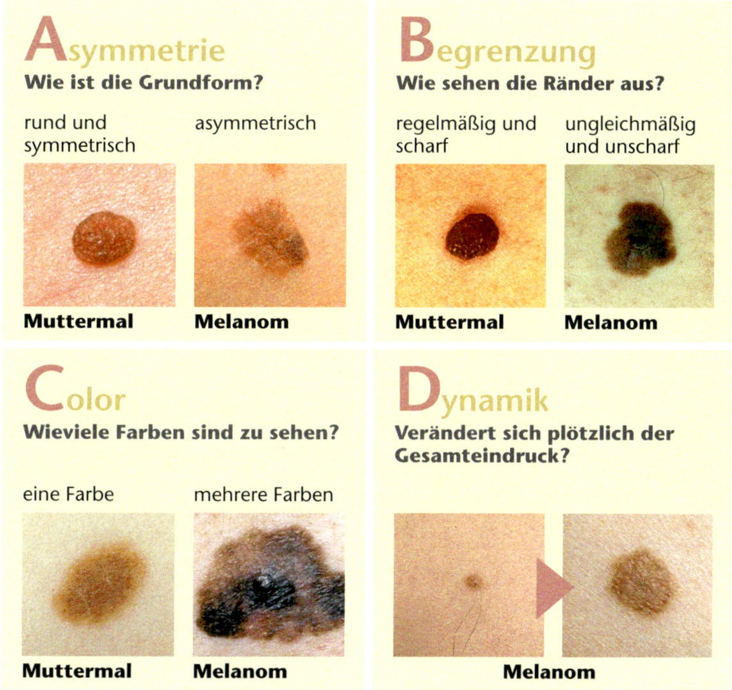

2 Mit dem ABCD-Check lassen sich Veränderungen erkennen

Aufgaben

1 Beschreibe mithilfe von (▷ B 1) die Entstehung eines Mitessers bzw. eines Pickels.

2 Lasse von einem dir vertrauten Menschen die Muttermale deines Körpers überprüfen.

Schnittpunkt

Recht: Jugendlichen ist der Besuch von Sonnenstudios verboten

Im Jahr 2009 hat das Bundeskabinett ein Gesetz beschlossen, das Jugendliche unter 18 Jahren vor zu viel UV-Strahlung durch Solarien schützen soll. Die Politiker handeln dabei mit gutem Grund: Von den **Sonnenbänken** geht eine noch höhere Gefahr für die Gesundheit aus, als dies bei einem Sonnenbad in Mitteleuropa normalerweise der Fall ist. Die Strahlungsstärke entspricht in etwa der am Äquator. Bei älteren Geräten sind die Strahlung und die damit verbundenen Risiken häufig noch viel höher.

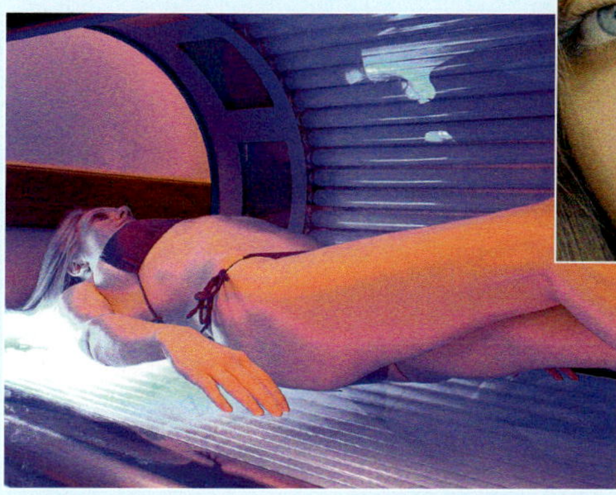

1 Gebräunte Haut ist nicht immer schick

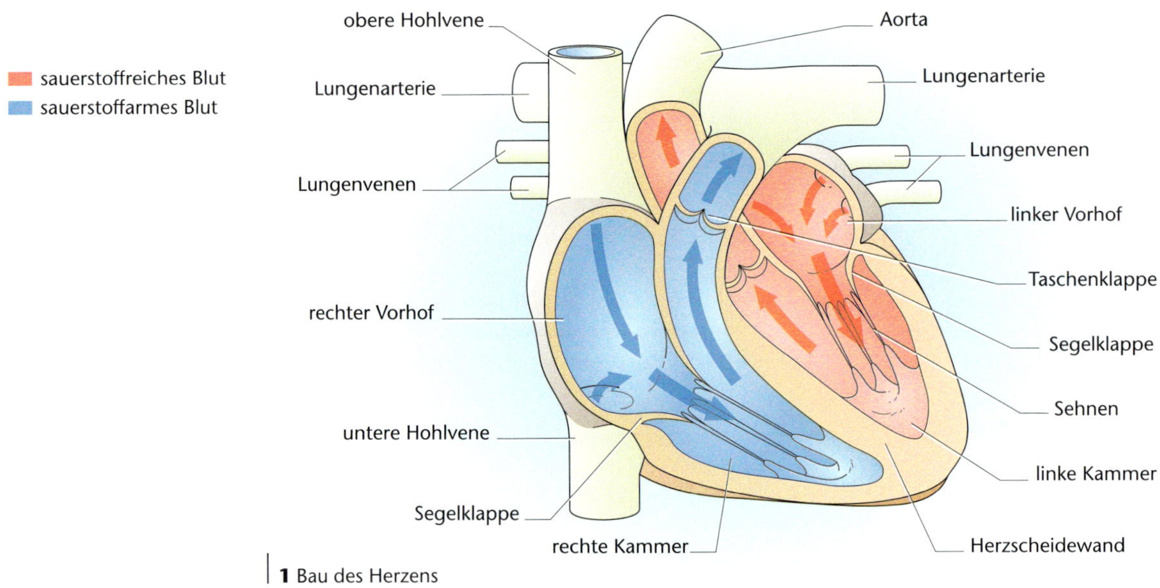

1 Bau des Herzens

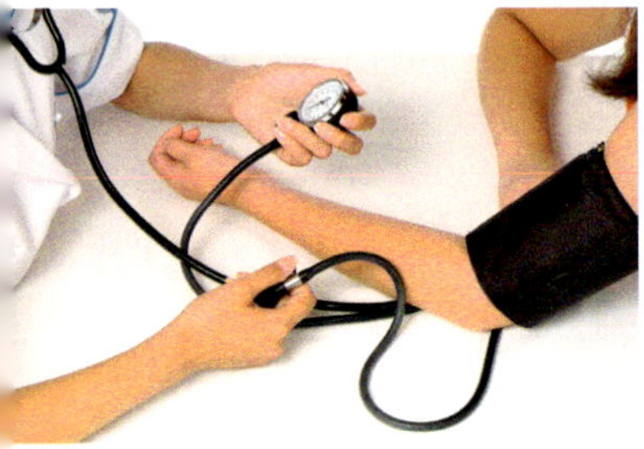

2 Blutdruckmessung bei einem Patienten

Mit der Einheit mmHg (Millimeter-Quecksilbersäule) wird der Druck angegeben.

150 000 km Adern und eine Hochleistungspumpe

Könnte man alle Blutgefäße unseres Körpers hintereinander legen, ließe sich mit ihnen der Äquator 3- bis 4-mal umspannen. Die Arbeit, die dabei die „Pumpe" **Herz** verrichtet, ist ebenso bemerkenswert: Pro Minute schlägt es 60- bis 70-mal und pumpt dabei ca. 5 Liter Blut durch den Körper, was pro Tag einer Wassermenge von 60 Vollbädern entspricht. Nur durch diese Höchstleistung ist es möglich, dass alle Zellen über das Blut mit Sauerstoff und Nährstoffen versorgt werden können.

Das Herz ist ein etwa faustgroßer **Hohlmuskel**, den die **Herzscheidewand** in eine linke und eine rechte Herzhälfte unterteilt. Jede der beiden Hälften wird noch mal durch **Segelklappen** in einen **Vorhof** und eine **Herzkammer** aufgegliedert (▷ B 1). Das Herz verrichtet seine Arbeit weitgehend selbstständig. Ursache hierfür sind bestimmte Zellen des Herzens, die über elektrische Impulse den Herzschlag auslösen. Man bezeichnet diese Zellen als **Sinusknoten**.
Wie oft das Herz schlägt, ist aber von vielen Faktoren abhängig. Ein erhöhter Sauerstoffbedarf des Körpers, z. B. beim Sport, lässt es schneller schlagen. Dabei verändert sich sowohl die gepumpte Blutmenge als auch der Druck, mit dem das Blut aus dem Herzen in die Gefäße gedrückt wird. Dieser **Blutdruck** lässt sich messen (▷ B 2) und liegt bei gesunden Jugendlichen in Ruhe bei etwa 110 zu 75 mmHg.

Ventile bestimmen die Fließrichtung

Die Segel- und Taschenklappen im Herzen (▷ B 1) arbeiten wie Ventile, indem sie das Blut nur in eine Richtung durchlassen. Dabei verhindern die **Segelklappen** ein Zurückfließen des Blutes in den Vorhof. Die **Taschenklappen** sorgen dafür, dass das Blut, das bereits in ein Blutgefäß gedrückt wurde, nicht ins Herz zurückströmt.

▶ Das Herz ist ein Hohlmuskel, der das Blut durch den Körper pumpt. Die Richtung des Blutstroms wird durch die Herzklappen geregelt. Der Sinusknoten steuert den Herzrhythmus.

Arterien, Venen und Kapillaren

Das beim Zusammenziehen des Herzens ausgeworfene Blut gelangt zunächst in **Arterien**. Diese Blutgefäße besitzen eine kräftige Muskelschicht (▷ B 5), die das Blut weiterpumpt, indem sie sich zusammenzieht. In den Arterien wird das Blut immer vom Herzen weg transportiert.

Je weiter die Arterien vom Herzen entfernt sind, desto mehr verästeln sie sich und werden schließlich zu **Kapillaren**. Deren Durchmesser beträgt nur ca. 0,0008 mm – ein Kopfhaar ist fast 10-mal so dick. Über die extrem große Oberfläche der Kapillaren findet der **Stoffaustausch** zwischen den Zellen und dem Blut statt: Sauerstoff und Nährstoffe gelangen in die Zellen, Kohlenstoffdioxid und Abfallstoffe werden aus den Zellen ins Blut abgegeben.
[System, S. 136]

Von den Kapillaren fließt das Blut über **Venen** zurück zum Herzen. Diese haben nur eine dünne Muskelschicht und können das Blut nicht aktiv transportieren – es wird durch Bewegungen anliegender Muskeln und den Puls der Arterien bewegt. Die Strömungsrichtung wird von Ventilen, den **Venenklappen**, vorgegeben (▷ B 4).

Ein doppeltes Kreislaufsystem

Die Herzscheidewand verhindert, dass sich im Herzen sauerstoffarmes und sauerstoffreiches Blut vermischen. Dadurch entsteht ein **doppeltes Kreislaufsystem**, das aus einem **Lungen-** und einem **Körperkreislauf** besteht (▷ B 3).

Von der rechten Herzkammer wird das Blut in die Lunge transportiert. Hier findet der **Gasaustausch** zwischen Lungenbläschen und Kapillaren statt: Sauerstoff wird aufgenommen, Kohlenstoffdioxid wird abgegeben.

Das sauerstoffreiche Blut gelangt über die Lungenvene zum linken Vorhof und von dort aus in die Herzkammer. Beim nächsten Zusammenziehen des Herzmuskels wird es in die **Aorta** gedrückt. Dieses größte Blutgefäß unseres Körpers führt durch den Brustkorb bis ins Becken. Auf dem Weg dorthin zweigen mehrere Arterien ab, die das Blut zu den Kapillaren der einzelnen Organe transportieren. Nachdem das Blut die Zellen versorgt hat, gelangt es über kleinere Venen schließlich zur **Hohlvene**, die in den rechten Vorhof mündet.

Aufgaben

1 Nicht alle Wirbeltiere haben eine durchgängige Herzscheidewand. Beschreibe, welchen „Vorteil" die geschlossene Herzscheidewand für Säugetiere bringt.

2 Beschreibe mithilfe von (▷ B 4) den Transport des Blutes durch die Venen.

3 a) Baut aus einfachen Materialien ein Herz-Modell. Legt dann mit Schnüren den Lungen- und Körperkreislauf.
b) Diskutiert euer Modell. Was wird gut, was weniger gut dargestellt? Formuliert Verbesserungsvorschläge.
c) Beschreibt anhand eures Modells und unter Verwendung der richtigen Fachbegriffe den Weg des Blutes.

4 Begründe mithilfe des Textes, wann einer Person ein Herzschrittmacher eingesetzt werden muss.

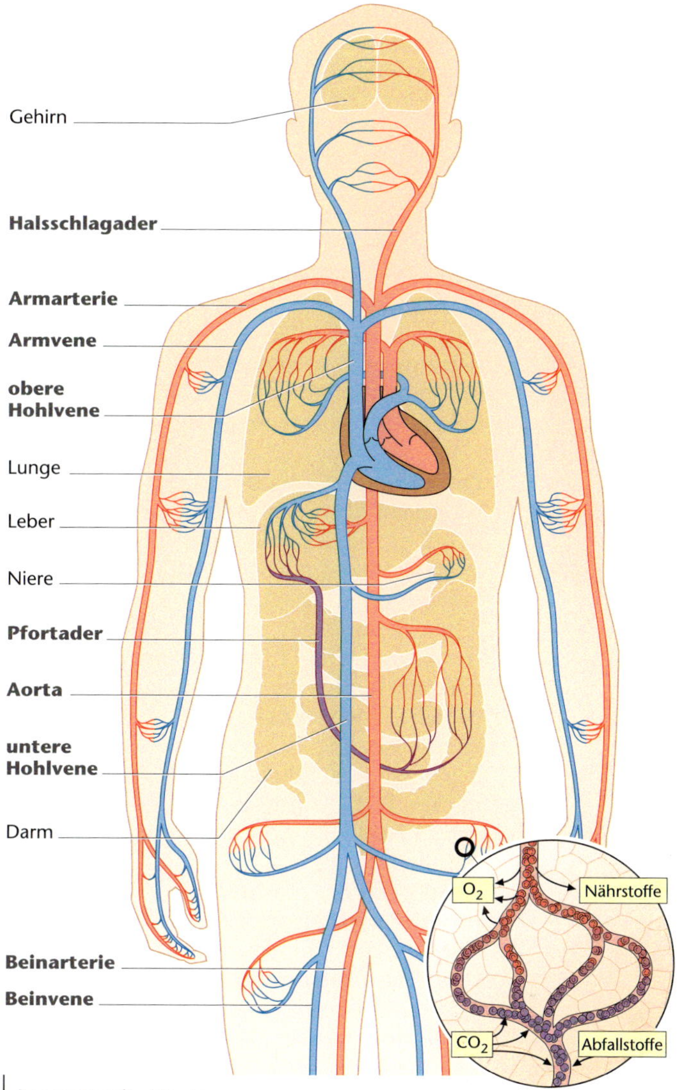

3 Herz-Kreislauf-System

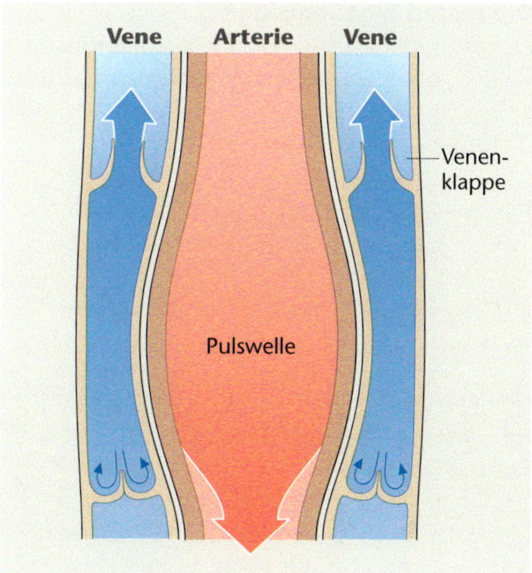

4 Bluttransport in den Venen

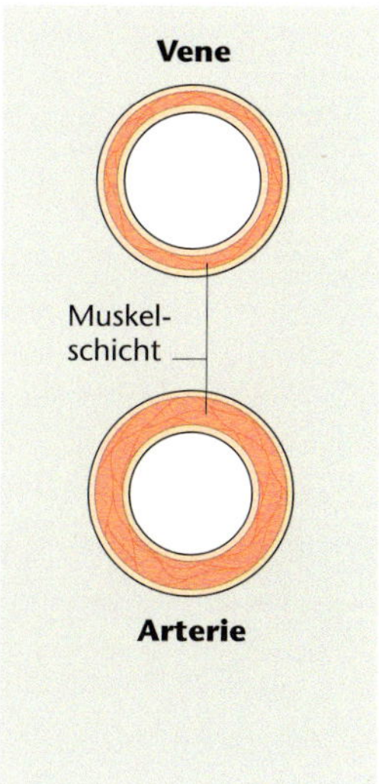

5 Arterien und Venen sind unterschiedlich gebaut

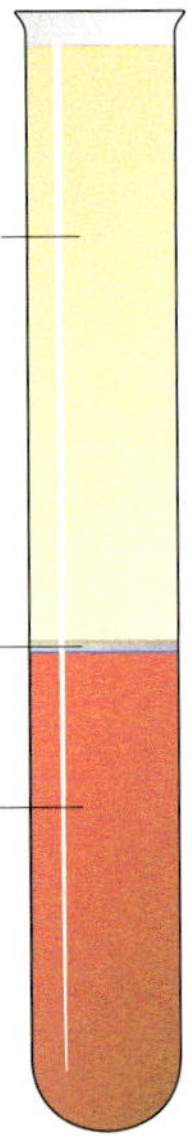

1 Zusammensetzung des Blutes

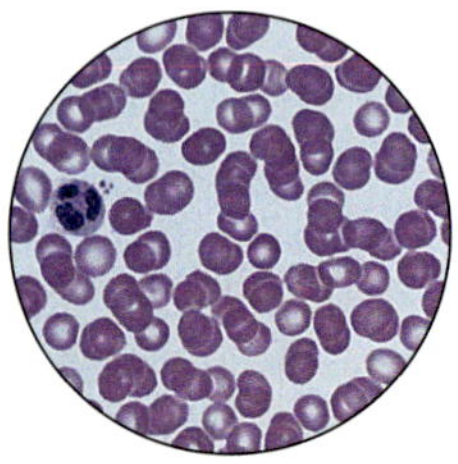

2 Blutausstrich

3 Bestandteile des Blutes

Mehr als eine rote Flüssigkeit

In unserem Gefäßsystem fließen ca. 5–7 Liter Blut. Mit dem Blutstrom werden Kohlenstoffdioxid und Abfallstoffe von den Zellen weg befördert, Nährstoffe und Sauerstoff gelangen zu den Zellen. Wird die Versorgung des Gehirns mit Sauerstoff nur für 4 Sekunden unterbrochen, so beginnen die ersten Hirnzellen abzusterben. Und unser Blut kann noch mehr. Es „transportiert" Wärme, bekämpft Krankheitserreger und verschließt Wunden. All das zeigt: Blut ist mehr als eine rote Flüssigkeit. [Struktur und Funktion, S. 132]

Zusammensetzung des Blutes

Lässt man Blut über einen längeren Zeitraum, bei niedriger Temperatur und unter Luftabschluss im Reagenzglas stehen, so verändert sich das Aussehen (▷ B 1): Die festen Bestandteile, die **Blutzellen**, sinken zu Boden. Darüber lässt sich eine gelbliche Flüssigkeit erkennen, das sogenannte **Blutplasma**. Dieses besteht zu 90 Prozent aus Wasser und zu 7 Prozent aus Eiweiß. Die restlichen 3 Prozent verteilen sich auf Zucker, Fett, Vitamine, Salze, Hormone, Abwehrstoffe gegen Krankheitserreger und Abfallstoffe aus den Zellen. Außerdem enthält das Blutplasma ein für die Blutgerinnung wichtiges Eiweiß, das **Fibrinogen**. Wird dies aus dem Blutplasma entfernt, so bleibt das **Blutserum** übrig.

▶ Blut besteht aus Blutplasma und Blutzellen. Blutplasma ohne Fibrinogen bezeichnet man als Blutserum.

Die festen Bestandteile

Betrachtet man Blut unter dem Mikroskop (▷ B 2), so lassen sich drei unterschiedliche Bestandteile erkennen: Am häufigsten sieht man die roten Blutzellen, die **Erythrocyten**. Zudem erkennt man im mikroskopischen Bild weiße Blutzellen, die **Leukocyten**, sowie die vergleichsweise winzigen Blutplättchen, die **Thrombocyten** (▷ B 3). Die drei Bestandteile besitzen jeweils unterschiedliche Aufgaben.

Die roten Blutzellen – Taxis für den Sauerstoff

Die roten Blutzellen sind flache, beidseitig eingedellte Scheibchen. Sie werden im roten **Knochenmark** gebildet. Die kernlosen Zellen werden nur 100 bis 120 Tage alt. In ihrem Inneren befindet sich der Blutfarbstoff **Hämoglobin**. An diesen kann sich Sauerstoff, der in den Lungenbläschen ins Blut gelangt, binden und zu den Zellen transportiert werden. Zudem sind die Erythrocyten am Kohlenstoffdioxidtransport beteiligt.

Die weißen Blutzellen – Gesundheitspolizei des Körpers

Neben den Erythrocyten lassen sich pro 1 mm^3 Blut noch 5 000 bis 8 000 weiße Blutzellen finden. Diese dienen der **Abwehr** von Krankheitserregern, die in den Körper eingedrungen sind. Sie besitzen einen Zellkern, können die Blutbahn verlassen und ins Gewebe gelangen. Dabei bewegen sie sich wie Amöben fort. Der Eiter in Wunden besteht zum größten Teil aus den weißen Blutzellen. Gebildet werden die Leukocyten aus **Stammzellen** im roten Knochenmark, aber auch in der Milz, den Mandeln und einigen anderen Organen des Lymphsystems (s. Seite 51). Ihre Lebensdauer schwankt zwischen einem Tag und mehreren Jahren.

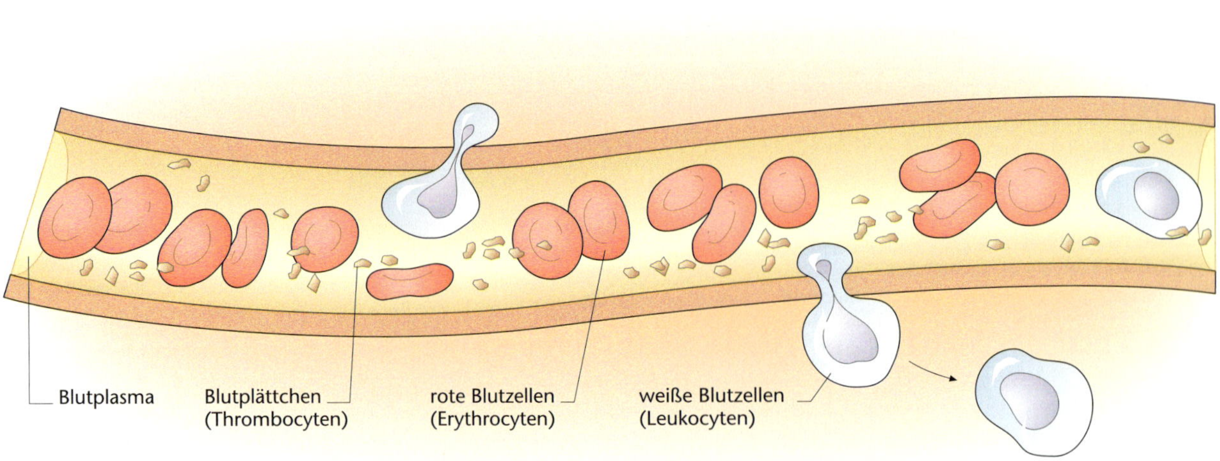

Die Blutplättchen – Helfer beim Wundverschluss

Die Thrombocyten sind Zellbruchstücke, die im Knochenmark entstehen und maximal 14 Tage alt werden können. Zusammen mit Fibrinogen und zahlreichen anderen Substanzen des Blutplasmas sind sie an der **Blutgerinnung** beteiligt.

Erythrocyten transportieren Sauerstoff zu den Zellen, Leukocyten bekämpfen Krankheitserreger und Thrombocyten sind an der Blutgerinnung beteiligt.

Regulation der Körpertemperatur

Darüber hinaus beeinflusst das Blut im Zusammenspiel mit dem Blutkreislauf die Körpertemperatur. Entsteht z. B. durch die Muskelarbeit beim Sport zu viel Wärme, so werden die Gefäße an der Körperoberfläche stärker durchblutet, was sich an einer rötlichen Hautfarbe erkennen lässt. Mit dem Blut gelangt auch die entstandene Wärme an die Körperoberfläche und kann an die Umgebung abgegeben werden. Bei Kälte findet der Prozess umgekehrt statt. Die Haut erscheint dann eher blass.

Blutzellen werden gebildet und abgebaut

Alle drei Arten der Blutzellen werden aus Vorläuferzellen, den **Stammzellen**, gebildet. Diese Zellen haben noch keine bestimmte Funktion, sondern können je nach Bedarf zu unterschiedlichen Zellen heranreifen. Welche Zellen dabei entstehen, wird von unterschiedlichen Faktoren beeinflusst. Bei einer Entzündung steigt beispielsweise die Anzahl der Leukocyten an. Durch Sauerstoffmangel des Körpers, wie er beim Joggen entsteht, wird die Bildung der Erythrocyten angeregt.
Da die Lebensdauer der Blutzellen sehr begrenzt ist, müssen funktionsuntüchtige Zellen ständig abgebaut werden. Dies findet überwiegend in der Milz (▷ B 4; B 5), zum Teil auch in der Leber statt.
[System, S. 136]

4 Blutzellen im Gewebe der Milz

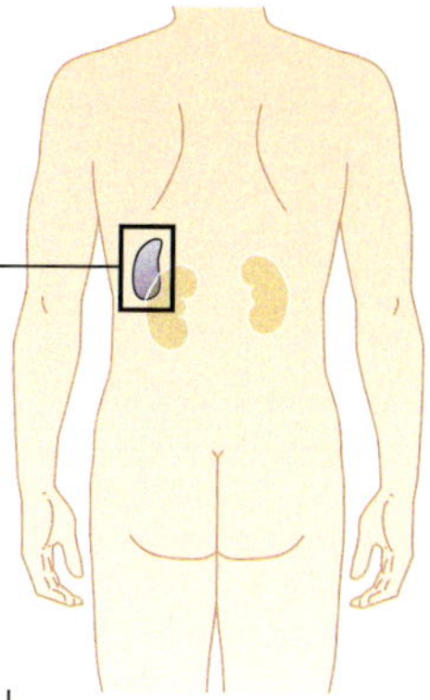

5 Lage der Milz im Körper

Aufgaben

1 Das menschliche Blut enthält ca. 5 Millionen rote Blutzellen pro mm^3. Berechne, wie viele Zellen täglich neu gebildet werden müssen, wenn die Lebensdauer einer Zelle 100 Tage beträgt.

2 Erstelle mithilfe des Textes eine Tabelle, aus der die Funktion, der Bau und der Bildungsort der einzelnen Blutzellen ersichtlich ist.

3 Manche Sportler nehmen das Hormon EPO illegal zu sich, um die Anzahl ihrer roten Blutzellen zu steigern. Dadurch steigt aber auch die Gefahr, dass Blutgefäße verstopfen. Bewerte mithilfe des „Urteilsverlaufes" auf S. 64/65 das Verhalten der Sportler a) aus Sicht des Trainers, b) aus Sicht des Athleten.

Schnittpunkt

Medizin: Leukämie – Weißes Blut

Leukämie („weißes Blut") wird umgangssprachlich auch als Blutkrebs bezeichnet. Ein Merkmal dieser Erkrankung ist die Überproduktion von unreifen Leukocyten. Gleichzeitig besteht ein Mangel an Erythrocyten und Thrombocyten. Die Folgen dieser fehlerhaften Blutbildung sind u.a. Blässe, erhöhte Blutungsneigung und Infektionsanfälligkeit.
Behandelt wird Leukämie häufig mit einer **Chemotherapie.** Hierbei versucht man, mithilfe bestimmter Stoffe die krankheitsverursachenden Zellen abzutöten. Allerdings kommt es dabei oft zu schweren Nebenwirkungen, da auch gesundes Gewebe zerstört wird. Eine erfolgversprechende Alternative ist die **Transplantation** von Knochenmark (vgl. S. 63), das dann wieder intakte Blutzellen bilden kann.

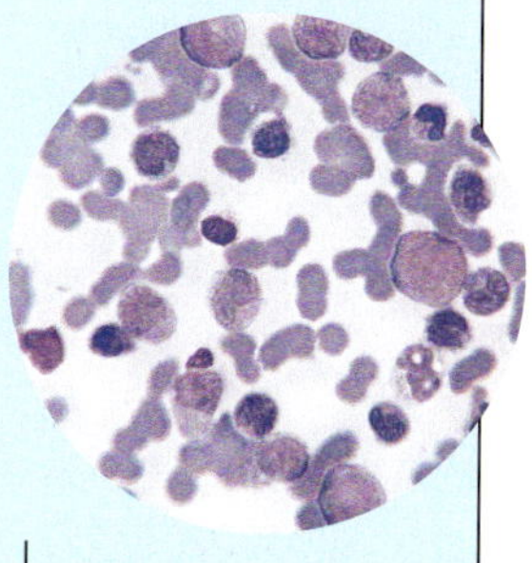

1 Blutbild bei Leukämie

Wir untersuchen Blut

Im Blut können sich viele Krankheitserreger befinden. Deshalb musst du bei allen Versuchen Folgendes beachten:
Trage stets Handschuhe! Wenn du dich trotzdem einmal verletzt, desinfiziere die Wunde sofort und melde den Vorfall deinem Biologielehrer oder deiner Biologielehrerin!

1 Blutausstrich

Material
2–3 ml Schweineblut, Tropfpipetten, 2 Objektträger, Deckglas, Mikroskop, Färbelösung (Methylenblau), Löschpapier, Handschuhe

Versuchsanleitung
a) Entnimm mit der Tropfpipette etwas Blut und gib vorsichtig einen Tropfen an den Rand des ersten Objektträgers.

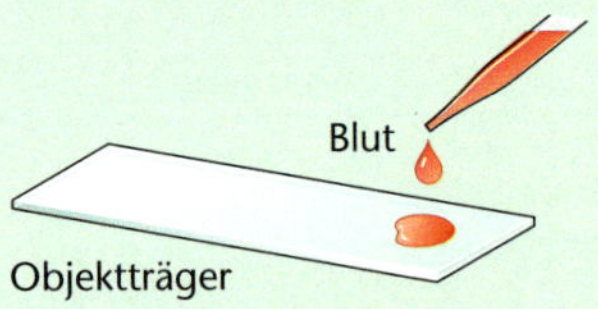

b) Nimm den zweiten Objektträger und setze ihn in einem Winkel von 70° an den Blutstropfen auf dem ersten Objektträger an, wie es unten dargestellt ist.

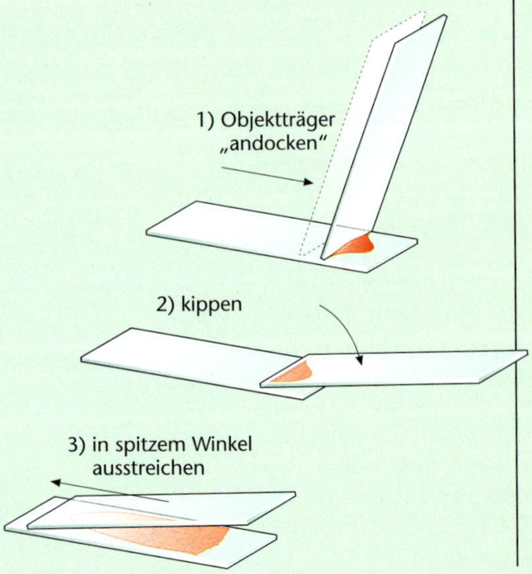

c) Ziehe den schräg aufgesetzten Objektträger langsam vom Blutstropfen weg. Beachte dabei, dass sich die zwei Objektträger immer berühren.
d) Lasse den Objektträger trocknen und gib dann einen Tropfen der Färbelösung darauf.

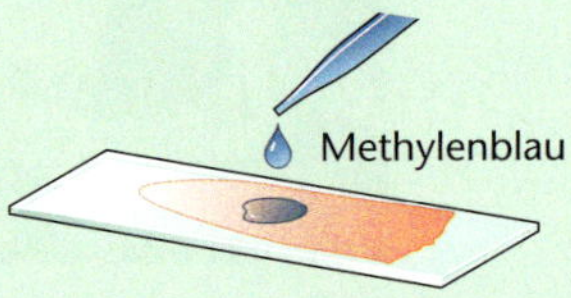

e) Warte 2 Minuten, gib einen Tropfen Wasser darauf und lege ein Deckglas auf. Sauge eventuell überschüssiges Wasser mithilfe des Löschpapiers ab.

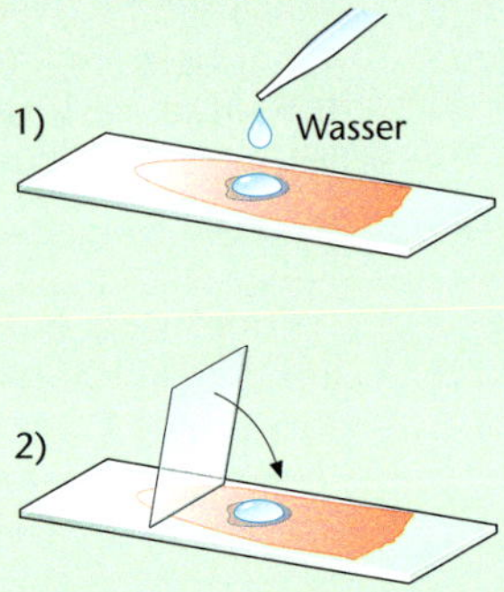

f) Mikroskopiere dein Präparat. Beginne zunächst mit der kleinsten Vergrößerung.

Aufgabe
Zeichne den betrachteten Ausschnitt möglichst groß. Woran kannst du die einzelnen Zellen erkennen?

2 Nachweis der Sauerstoff- und Kohlenstoffdioxidaufnahme

Material
Frisches Schweineblut, 2 Gaswaschflaschen, Stativmaterial, Gummischläuche, Kohlenstoffdioxid und Sauerstoff aus Gasflaschen, Handschuhe

Versuchsanleitung
a) Befestige die Gaswaschflasche mithilfe des Stativmaterials, sodass sie sicher steht.
b) Fülle ca. 3 cm hoch frisches Schweineblut ein.
c) Verbinde die Gaswaschflasche mit der Sauerstoff-Flasche.
d) Bitte deinen **Lehrer** oder deine **Lehrerin**, vorsichtig einige Minuten Sauerstoff in die Gaswaschflasche einzuleiten.
e) Fülle die zweite Gaswaschflasche auch mit Blut, diesmal wird aber Kohlenstoffdioxid aus der Gasflasche eingeleitet (**darf nur von der Lehrkraft durchgeführt werden!**).
f) Notiere deine Beobachtungen, die du bei den beiden Versuchen machst. Gib hierfür eine Erklärung.

Aufgabe
Überlege dir, was passiert, wenn du jetzt in die erste Gaswaschflasche Kohlenstoffdioxid und in die zweite Sauerstoff einleiten würdest?
Führe den Versuch anschließend gemeinsam mit deinem Lehrer oder deiner Lehrerin durch.

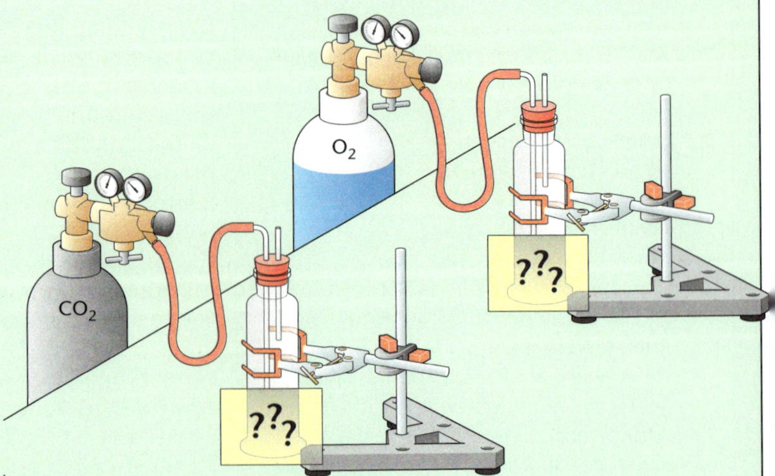

1 Zu Versuch 2

Versorgungsprobleme

Unser Körper besteht aus ca. 60 Billionen Zellen, die ständig mit Sauerstoff und Nährstoffen versorgt werden müssen. Dabei ist es undenkbar, dass jede Körperzelle einzeln an den Blutkreislauf angeschlossen ist. Vielmehr findet die Versorgung der Zellen im Zusammenspiel mit einem zweiten Gefäßsystem in unserem Körper statt, dem **Lymphsystem** (▷ B 1).

Lymphe entsteht

Die Wand der einzelnen Blutkapillaren ist durchlässig für Blutplasma und die weißen Blutzellen. Durch den Blutdruck wird das Plasma aus den Gefäßen ins umliegende Gewebe gedrückt. Die so entstandene Flüssigkeit nennt man **Zwischenzellflüssigkeit** oder **Lymphe** (▷ B 1). An einem Tag entstehen bis zu 20 Liter Lymphe, die die Zellen umfließen und sie versorgen. Gleichzeitig geben die Zellen Abfallstoffe und Kohlenstoffdioxid in die Lymphe ab. Auch Krankheitserreger aus dem Gewebe werden von der Lymphflüssigkeit aufgenommen. 90 Prozent der Lymphe gelangen wieder in die Kapillaren, 10 Prozent werden vom Lymphgefäßsystem abtransportiert.

Transport in Bahnen

Das **Lymphgefäßsystem** (▷ B 1) beginnt mit zahlreichen feinen **Lymphkapillaren**, die sich zu größeren Lymphgefäßen vereinigen. Diese münden in immer größer werdende Bahnen, die schließlich in Venen in der Nähe des Schlüsselbeins enden. Über diese großen Lymphbahnen wird die Lymphe dem Blutkreislauf wieder zugeführt. [System, S. 136]

Aufgaben

1 Beschreibe mithilfe von (▷ B 1), wie Lymphe entsteht.

2 Berechne mithilfe der Angaben im Text, wie viel Lymphe am Tag durch das Lymphsystem transportiert wird.

3 Ältere Menschen haben häufig Ansammlungen von Lymphflüssigkeit in den Beinen. Überlege, wodurch dies insbesondere bei älteren Menschen begünstigt wird.

4 Es gibt Würmer, die sich im Lymphsystem ansiedeln. Recherchiere darüber im Internet und berichte.

Der Transport der Lymphe erfolgt auf ähnliche Weise wie in den Venen (s. Seite 47). Die Wände der Lymphgefäße können sich zwar zusammenziehen, das alleine würde aber nicht ausreichen, um die Lymphe zu transportieren. Muskelbewegungen sowie die Pulswelle anliegender Arterien versetzen die Lymphe zusätzlich in Bewegung. Die Fließrichtung wird durch **Lymphklappen** vorgegeben.

Lymphknoten und Organe des Lymphsystems

Im gesamten Lymphsystem sind an unterschiedlichen Stellen im Körper **Lymphknoten** eingelagert. In ihnen sammelt sich die Lymphe aus den kleineren Lymphgefäßen. In den Lymphknoten selbst werden Krankheitserreger bekämpft. Zudem reifen hier bestimmte weiße Blutzellen heran, die im Knochenmark gebildet wurden. Diese Blutzellen bezeichnet man als **Lymphocyten**. Alle Lymphocyten des Körpers zusammen haben in etwa eine Masse, die der unseres Gehirns entspricht. Im Fall einer Infektion sind die Lymphknoten besonders aktiv, schwellen an und sind druckempfindlich.
Neben den Lymphknoten gibt es noch weitere Organe, in denen die Lymphocyten heranreifen: in den Mandeln, in der Milz, im Wurmfortsatz des Blinddarms und in der Thymusdrüse (▷ B 1).

▶ Das Lymphsystem dient dem Transport von Nähr- und Abfallstoffen. In den Lymphknoten reifen Lymphocyten und Krankheitserreger werden bekämpft.

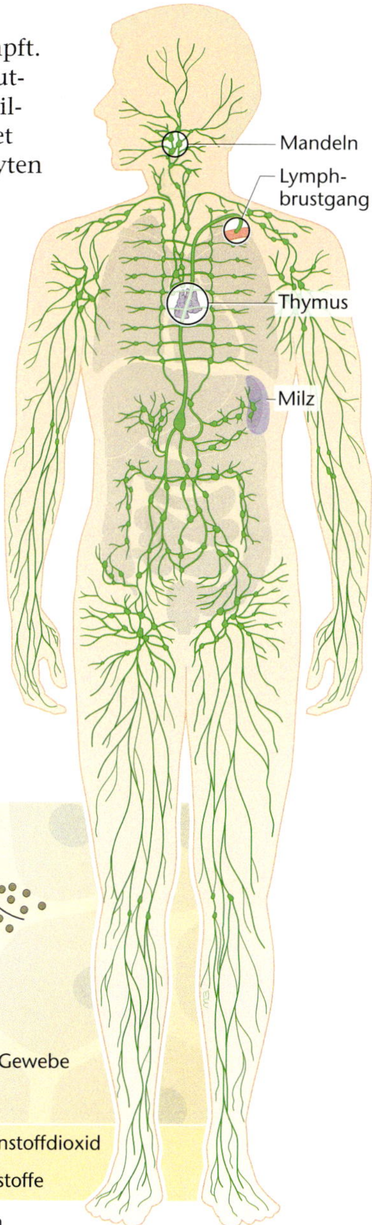

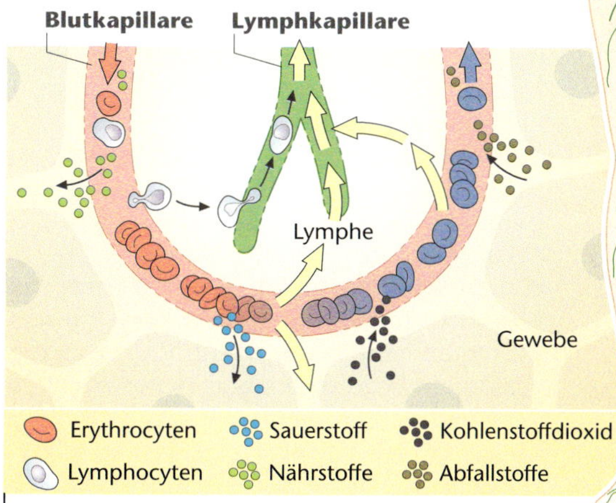

1 Entstehung der Lymphe und das Lymphsystem

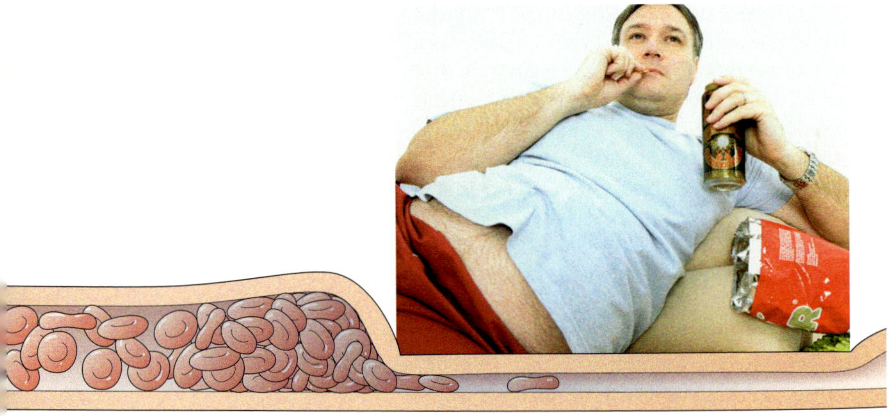

1 Diese Lebensweise macht auf Dauer krank

Wohlstand kann krank machen

Um 1900 verdienten die meisten Menschen ihren Unterhalt mit harter, körperlicher Arbeit. Ihre Ernährung bestand im Wesentlichen aus Obst, Gemüse, Getreide und wenig Fleisch. Heute essen wir mehr, ungesünder und bewegen uns gleichzeitig weniger (▷ B 1). Diese Lebensweise begünstigt Herz-Kreislauf-Erkrankungen und Krankheiten wie Diabetes. Da diese Krankheiten vermehrt in den reichen Industrienationen auftreten, nennt man sie auch **Wohlstands-** oder **Zivilisationskrankheiten**.

Todesursache Nummer 1

Betrachtet man die Todesursachen in den Industrienationen, so lassen sich mehr als 40 Prozent auf **Herz-Kreislauf-Erkrankungen** zurückführen. Besonders bedeutsam ist dabei die sogenannte Arterienverkalkung, die man in der Fachsprache auch **Arteriosklerose** nennt. Neben erblich bedingter Veranlagung spielen Bewegungsmangel, zu fetthaltige Nahrung, Rauchen, Übergewicht und Stress eine Rolle bei der Entstehung dieser Zivilisationskrankheit.

Bis der Arzt die Gefäßverkalkung feststellen kann, haben sich oft über viele Jahre Blutfette und andere Blutbestandteile auf der Innenseite der Arterienwand abgelagert. Man nennt diese Ablagerungen **Plaque**. Infolge der Plaque nimmt der Arteriendurchmesser ab und das Gefäß verliert seine Elastizität. Dadurch kann das Blut nicht mehr ungehindert fließen und die Organe mit Sauerstoff und Nährstoffen versorgen. Wird die Plaque dicker, so sammeln sich vermehrt Blutplättchen an, die allmählich ein **Blutgerinnsel** bilden. Dieses kann das Gefäß vollständig verschließen (▷ B 2).

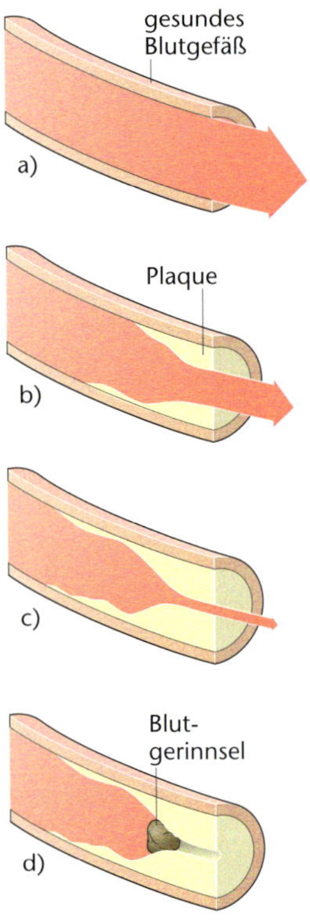

2 Entstehung der Arteriosklerose

Herzinfarkt und Schlaganfall

Schwerwiegende Folgen einer Arteriosklerose können **Herzinfarkt** und **Schlaganfall** sein. Beide Krankheiten verlaufen stets nach dem selben Mechanismus: Ein Gefäß verstopft und das umliegende Gewebe wird nicht mehr versorgt. Am Herz sterben Teile des Herzmuskels ab. Unbehandelt kann es zum Infarkt und Herzstillstand kommen. Bei einem Schlaganfall handelt es sich um ein Blutgerinnsel im Gehirn. Je nachdem welcher Hirnbereich betroffen ist, reichen die Folgen von Sprachstörungen bis zum Tod.

Vorbeugung

Inwieweit du von einer Arterienverkalkung in deinem Leben betroffen sein wirst, bestimmst zu einem großen Teil du selbst. Entscheidend ist es, dass du deine persönlichen Risikofaktoren reduzierst und deine Schutzfaktoren stärkst:

Ein paar herzensgute Tipps:

1. Höre auf zu rauchen oder beginne erst gar nicht damit!
2. Bewege dich viel im Alltag! Benutze z. B. die Treppen statt den Aufzug und treibe Sport!
3. Reduziere Fette, wie sie v. a. in Chips, Pommes und Keksen vorkommen!
4. Vermeide Übergewicht!
5. Lasse dich vom Arzt behandeln, falls dein Blutdruck zu hoch ist oder du an Diabetes leidest!
6. Gönne dir Pausen des Nichtstuns!
7. Erlerne eine Entspannungstechnik!

Aufgaben

1 Bei schwerer körperlicher Anstrengung lösen sich manchmal Blutgerinnsel und Plaque. Beschreibe, was dadurch passieren kann.

2 Schreibe einen kurzen Text, in dem du den Inhalt von (▷ B 2) erklärst.

3 Was sind deine Schutz- und Risikofaktoren? Beobachte deine Gewohnheiten eine Woche lang und notiere sie. An welcher Stelle des Gesundheits-Entstehungs-Modells auf Seite 41 würdest du dich einordnen? Beschreibe, wie du deine Position verbessern kannst.

Untersuchung von Herz und Kreislauf

Mit jedem Herzschlag werden zwischen 70 und 100 ml Blut vom Herzen in die Arterien gepumpt. Diese Menge führt dazu, dass sich die Gefäße weiten. Durch die Elastizität der Gefäßwände wird das Blut weitergedrückt. Es entsteht eine Wanderwelle, die wir an unterschiedlichen Stellen des Körpers als **Puls** messen können.

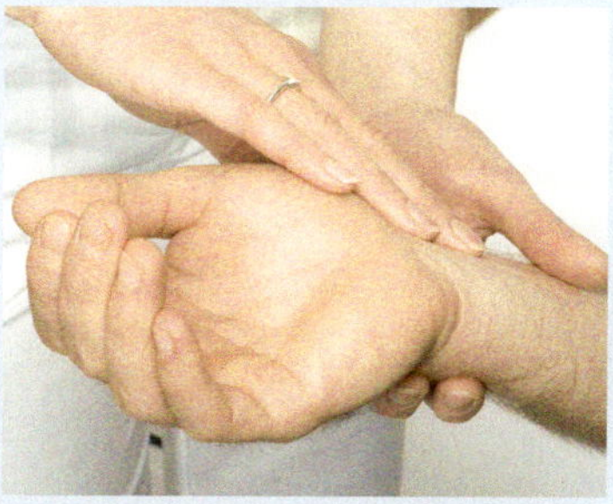

Am einfachsten lässt sich der Puls im Bereich der Speiche messen. Bei Gesunden lassen sich in Ruhe 60–70 Schläge pro Minute zählen. Beim Sport kann der Puls bis über 200 Schläge in der Minute erreichen. Ein Arzt kann anhand des Pulsschlags zahlreiche Fragen klären. Ist der Puls schwach und schnell, könnte dies der Hinweis auf eine Infektion sein. Schlägt das Herz unregelmäßig, so könnte eine Herzerkrankung vorliegen. Mithilfe des Ruhepulses lässt sich sogar eine Aussage zur Größe des Herzens treffen:

Puls	Größe des Herzens
70	600 ml
60	800 ml
50	1000 ml

Mithilfe einer **Blutdruckmessung** lassen sich wichtige Informationen über den Zustand des Herzens und Gefäßsystems gewinnen. Man unterscheidet dabei stets zwei Werte: Den **systolischen** und den **diastolischen** Druck.
Der systolische Wert gibt den Druck im Gefäß an, wenn die Wanderwelle es ausdehnt. Der diastolische Druck zeigt den Druck im

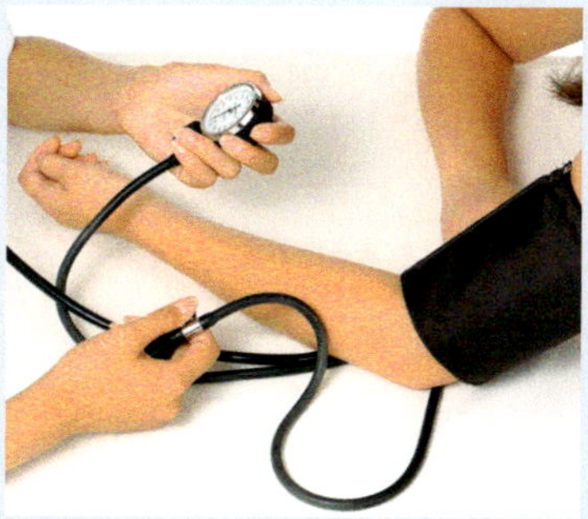

Gefäß an, der in der Ausgangslage herrscht.
In Ruhe liegt der Blutdruck bei einem Jugendlichen in deinem Alter bei ca. 110/75 mmHg, wobei der erste Wert jeweils den systolischen Druck angibt. Mit zunehmendem Alter steigt der Blutdruck.
Ein zu hoher Blutdruck kann ein Hinweis auf eine entstehende Arterienverkalkung und ein damit verbundenes erhöhtes Herzinfarktrisiko sein.

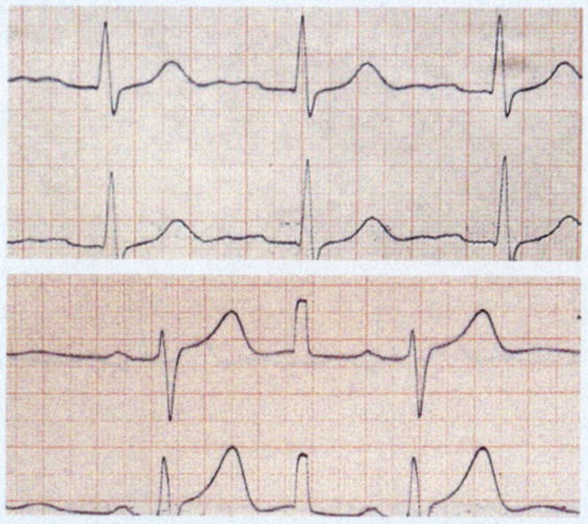

Jeder Pumpfunktion des Herzens geht eine elektrische Erregung voraus, die sich über das Herz ausbreitet. Bei einem **Elektrokardiogramm (EKG)** wird diese elektrische Aktivität des Herzmuskels mithilfe von Elektroden registriert und als sogenannte „Herzstromkurve" aufgezeichnet. Die Anfang des letzten Jahrhunderts entwickelte Technik ist die wichtigste Methode, um einen Herzinfarkt oder Störungen der Herzfrequenz und des Herzrhythmus nachzuweisen.

Will man testen, wie das Herz unter Belastung arbeitet, wird ein **Belastungs-EKG** erstellt. Hierbei werden die Herzströme aufgezeichnet, während der Patient z. B. Fahrrad fährt. Liegt eine Herzer-

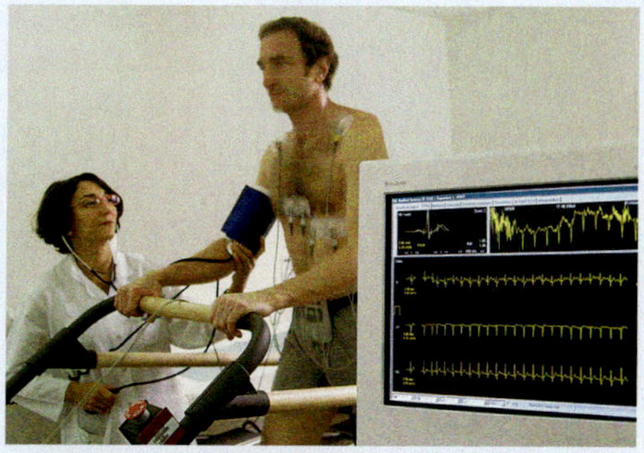

krankung vor, die unter Belastung zu Sauerstoffmangel führt, wird dies im EKG sichtbar.

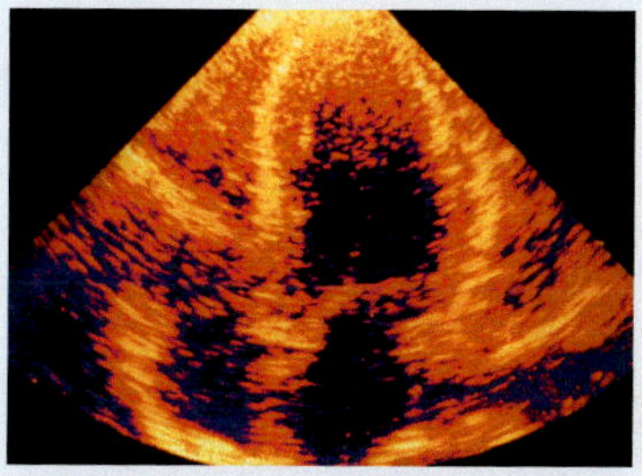

Um die Herzaktionen sichtbar zu machen, wird die **Ultraschall-Untersuchung** eingesetzt. Dabei werden Schallwellen, die ausgesandt und vom Herzgewebe wieder reflektiert werden, auf einem Bildschirm dargestellt. So kann die Funktion der Herzkammern und der Herzklappen, aber auch die Dicke und die Struktur der Herzwand genau untersucht werden.

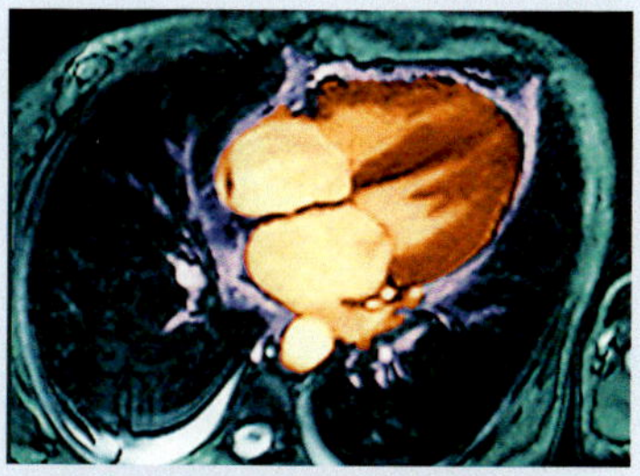

Die **Multislice-Computertomografie (MSCT)** verbindet die Ultraschall-Untersuchung mit einer Computertomografie. Dabei wird das Gewebe durch Röntgenstrahlen in einzelne Scheiben „geschnitten". An Computern werden diese Scheiben anschließend zu einer präzisen, dreidimensionalen Aufnahme des Herzens und der Herzkranzgefäße zusammengesetzt. So können Gefäßverengungen und eventuell vorhandene Plaque sichtbar gemacht werden.

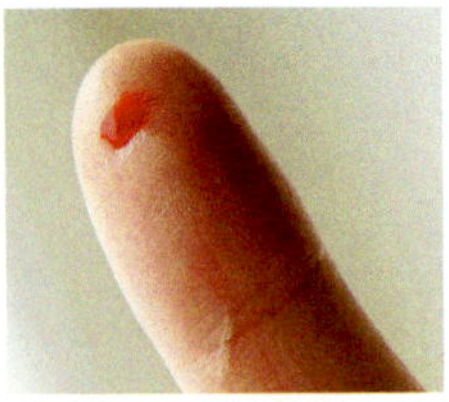

Kurz nicht aufgepasst!
Nur einen Moment nicht aufgepasst und schon ist es passiert: Ein kleiner Schnitt mit dem Messer in die Haut und die darin liegenden Blutgefäße führt zu einer blutenden Wunde.

Die Wunde wird verstopft
In der Regel kommt die Blutung nach wenigen Minuten zum Stillstand, denn sofort nach der Verletzung ziehen sich die Blutgefäße zusammen. Dadurch verengt sich der Querschnitt des Gefäßes und es kann weniger Blut aus der Wunde austreten. Gleichzeitig werden **Botenstoffe** aus dem verletzten Gewebe abgegeben. Diese bewirken, dass sich **Blutplättchen** in großer Zahl an der Schnittstelle ansammeln und diese verstopfen (▷ B 1). Größere Verletzungen können auf diese Weise jedoch nicht einfach verschlossen werden. Hierzu muss das Blut **gerinnen**.

Wenn das Blut gerinnt
Bei der Blutgerinnung entsteht in einem mehrstufigen Prozess ein fester **Wundverschluss**. Derzeit kennt man über 30 Stoffe im Blut, die Einfluss auf diesen Vorgang haben. Das verletzte Gewebe und die Blutplättchen aktivieren einen Eiweißstoff, das sogenannte **Thrombin**. Dieser **Gerinnungsstoff** sorgt dafür, dass das wasserlösliche **Fibrinogen** im Blutplasma zu wasserunlöslichem **Fibrin** wird.

Dieses bildet wiederum ein dichtes **Fibrinnetz** (▷ B 1), in dem sich neben den Blutplättchen auch rote Blutzellen verfangen. Die Fibrinfäden ziehen sich zusammen und die Blutung kommt endgültig zum Stillstand. Mit der Zeit entsteht aus diesem Pfropf ein festsitzendes, trockenes Netz, das man als **Wundschorf** bezeichnet. Nach und nach löst sich das Netz auf und von den tiefer liegenden Hautschichten wird neue Haut gebildet.

Wenn Blut nicht gerinnt
Bei manchen Menschen funktioniert der Wundverschluss durch Blutgerinnung nicht. Ursache hierfür ist das Fehlen eines **Gerinnungsfaktors**. Kleine Verletzungen, die dem gesunden Menschen nichts ausmachen würden, können bei den Betroffenen lebensgefährlich werden. Im Fall einer Verletzung muss ihnen möglichst schnell der fehlende Gerinnungsfaktor gespritzt werden.

▶ Gerinnungssstoffe sorgen dafür, dass aus dem wasserlöslichen Fibrinogen ein wasserunlösliches Fibrinnetz entsteht. In diesem verfangen sich Blutzellen und die Blutung wird gestoppt.

1 Vorgänge beim Wundverschluss

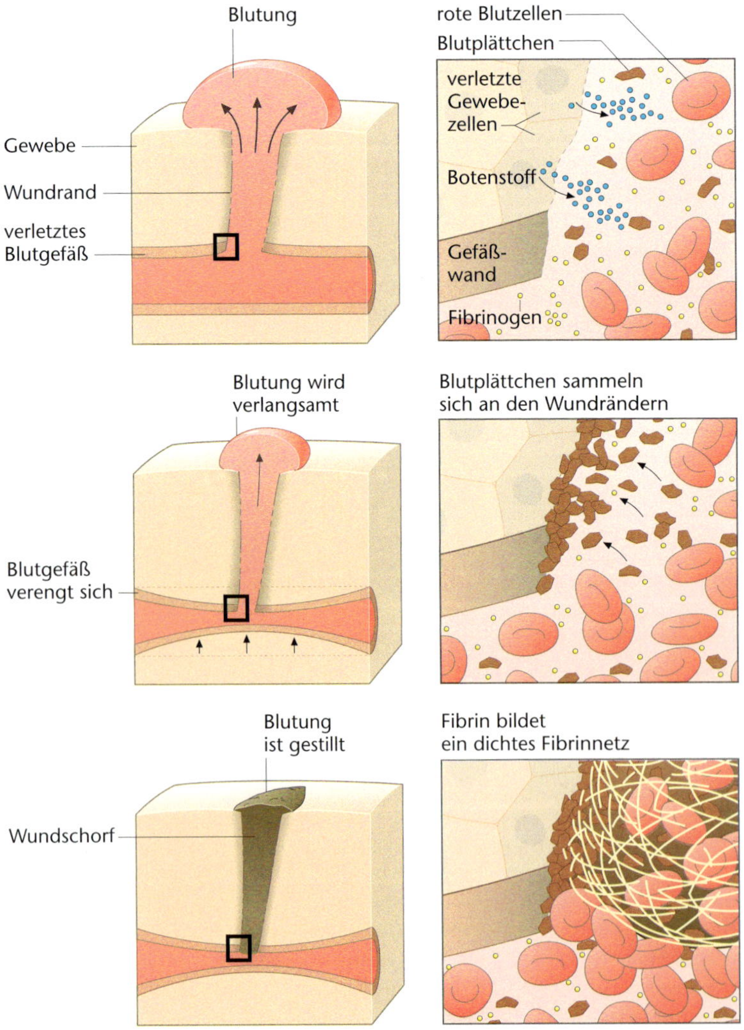

Aufgaben

1 a) Entwickelt einen Modellversuch, mit dem ihr die Blutgerinnung veranschaulichen könnt. Folgende Materialien stehen euch dabei zur Verfügung: Becherglas, Konfetti, Verbandsmull, Wasser.

b) Führt den Versuch durch und haltet eure Beobachtungen schriftlich fest.

2 Recherchiere im Internet den Begriff „Thrombose“ und berichte.

3 Erkläre die Blutgerinnung mithilfe von (▷ B 1).

Unterschiedliche Wunden
Je nach Verletzung können Wunden ganz unterschiedlich aussehen. Um sie richtig zu versorgen, sollte man vorab folgende Fragen klären: Handelt es sich um eine oberflächliche **Schürfwunde**? Ist die Wunde verschmutzt? Handelt es sich um eine tiefe **Schnittwunde**? Ist die Blutung stark oder sogar lebensbedrohlich? Doch vor allem gilt vor der Wundversorgung: Bewahre einen kühlen Kopf und leiste dem Betroffenen so gut du kannst Beistand! Bei stark blutenden Wunden sollte in jedem Fall ein Arzt aufgesucht werden, denn bei jeder Wunde droht immer auch die Gefahr einer Infektion!

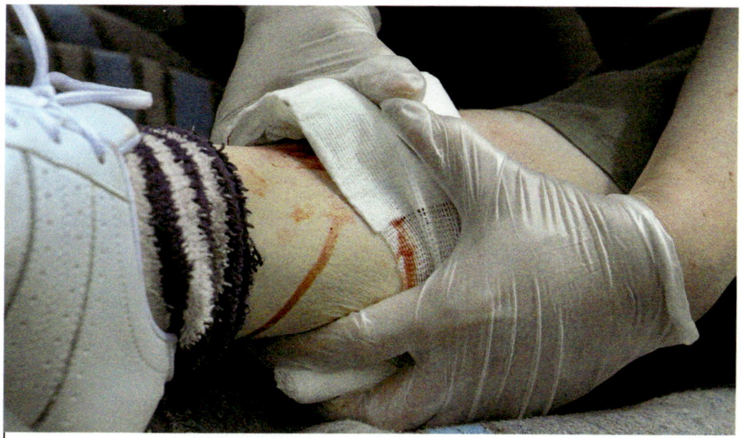

1 Ein Druckverband hilft bei stark blutenden Wunden

Selbstschutz ist wichtig!
Bevor du jedoch eine Wunde bei einer anderen Person versorgst, solltest du an deine eigene Sicherheit denken! Da einige Krankheitserreger durch Blut übertragen werden können, solltest du dich vor einem möglichen Kontakt mit dem fremden Blut schützen. Verwende deshalb **Einmalhandschuhe**, die in jedem Verbandskasten enthalten sein müssen.

Versorgung von Schürfwunden
Beim Radfahren oder Fußballspielen ist es schnell passiert. Du stürzt, rutschst über den Boden und schabst dir dabei die Oberhaut ab. Die Wunde blutet kaum, aber es kommt häufig Schmutz in die Wunde und sie beginnt nach einer Zeit zu nässen. Deshalb sollte die **Schürfwunde** zunächst gereinigt werden. Oft reicht es, die Wunde mit fließendem Wasser zu spülen und sie anschließend mit einem **Desinfektionsmittel** aus der Apotheke zu behandeln. Eine mechanische Reinigung mit einer Bürste sollte jedoch nur von einem Arzt durchgeführt werden. Er kann die verletzte Stelle bei starken Schmerzen gegebenenfalls auch betäuben.

Am besten heilt eine Schürfwunde, wenn sie mit einem speziellen **Wundpflaster** abdeckt wird, das nicht mit der Wunde verklebt. Auf jeden Fall sollte aber überprüft werden, ob noch ausreichender Impfschutz vor **Wundstarrkrampf** besteht und dieser eventuell erneuert werden.

Versorgung von Schnittwunden
Schnittwunden sind häufig tiefe Wunden, die stärker und lang anhaltend bluten. Es mag seltsam klingen, aber eine stärkere Blutung hat auch Vorteile: Krankheitserreger, die z. B. mit der Messerklinge in den Körper gelangt sind, werden durch die Blutung sofort wieder ausgespült. Daher sollte man nach einem Schnitt keinen Blutstiller einsetzen, sondern die Wunde ruhig einige Sekunden bluten lassen. Anschließend reicht meist ein Pflaster zur Wundversorgung.

Tiefe Wunden – Lebensgefahr!
Ein Unfall beim Holzhacken ist gar nicht so selten: Das Beil rutscht ab und es klafft eine große, stark blutende Wunde im Bein. Befinden sich größere Splitter in der Wunde, dürfen diese nicht entfernt und die Wunde nur leicht abgedeckt werden. Ist kein Gegenstand mehr in der Wunde, so kann ein **Druckverband** (▷ B 1) zu großen Blutverlust verhindern. Je nach Schwere der Verletzung droht bei so einem Unfall ein starker Blutverlust und damit Lebensgefahr! In jedem Fall muss deshalb sofort ein **Notarzt** gerufen werden.

Notruf
Bei allen schwereren Verletzungen ist man auf schnelle Hilfe durch Sanitäter und Ärzte angewiesen. Diese sind in ganz Europa über den **Euronotruf 112** zu erreichen.

Aufgaben

1 Besorgt euch eine Wundkompresse, ein Verbandspäckchen und eine Mullbinde, z. B. aus einem alten Verbandskasten. Legt euch gegenseitig einen Druckverband an.

2 Überlegt euch unterschiedliche Situationen, in denen ein Notruf nötig ist. Übe mithilfe der fünf W-Fragen das Absetzen des Notrufs mit deinem Banknachbarn.

Wichtige Notrufnummern	
110	Polizei
112	Feuerwehr
112	Euronotruf

Bei jedem Notruf gilt: Nicht auflegen, bevor alle fünf W-Fragen geklärt sind!
- Wer meldet?
- Wo geschah es?
- Was geschah?
- Wie viele Personen sind betroffen?
- Welche Verletzungen liegen vor?

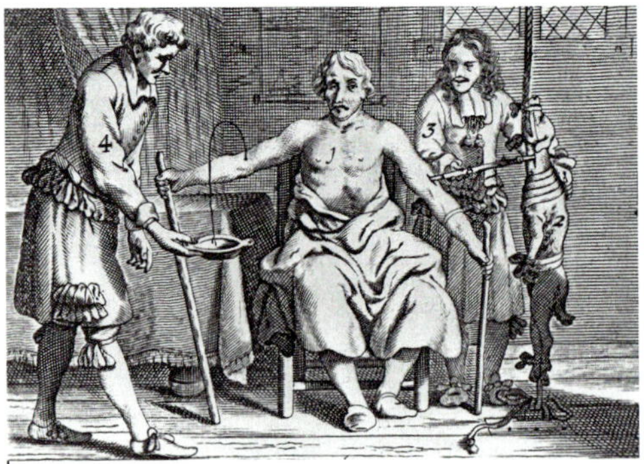

1 1671: Ärzte versuchen Hundeblut zu übertragen

Blut verklumpt

Bereits im 17. Jahrhundert versuchten Ärzte, Blut von einem Lebewesen auf ein anderes zu übertragen (▷ B 1). Diese Versuche waren allerdings nur in einigen Fällen erfolgreich, die Mehrzahl endete tödlich. Wie es zu so unterschiedlichen Ergebnissen dieser **Transfusionen** kommen konnte, fand man erst 300 Jahre später heraus: In manchen Fällen **verklumpen** nach der Transfusion die roten Blutzellen des Empfängers miteinander. Dadurch kann das Blut nicht mehr fließen und die Zellen mit Sauerstoff und Nährstoffen versorgen, was schließlich zum Tod führt.

Ursache für die Verklumpung

Auf der Membran der roten Blutzellen sitzen bestimmte Moleküle, die man **Antigene** nennt. Bei diesen unterscheidet man unter anderen die Antigene A und B. Diese beiden Antigene sind für die Ausprägung der **Blutgruppen** verantwortlich. Je nachdem, ob und welche dieser beiden Antigene ein Mensch besitzt, hat er eine der vier Blutgruppen **A**, **B**, **AB** oder **0** („Null"). Besitzt er das Antigen A, hat er die Blutgruppe A, besitzt er das Antigen B, hat er entsprechend die Blutgruppe B. Blut der Blutgruppe AB besitzt beide Antigene, Blut der Blutgruppe 0 keines (▷ B 2).

Gleichzeitig befinden sich im Serum der jeweiligen Blutgruppe **Antikörper**, die mit den Antigenen der anderen Blutgruppen reagieren. Bei dieser **Antigen-Antikörper-Reaktion** kann es zur Verklumpung kommen (▷ B 2). Lediglich die Blutgruppe AB bildet hier eine Ausnahme: In ihrem Serum befinden sich keine Antikörper. Daher kann ein Mensch mit der Blutgruppe AB das Blut jeder anderen Gruppe empfangen. Man spricht daher auch vom **Universalempfänger**. Im Gegensatz dazu besitzt Blut der Blutgruppe 0 keine Antigene auf den roten Blutzellen. Deshalb sind Menschen mit der Blutgruppe 0 **Universalspender**. [Struktur und Funktion, S. 132]

Der Rhesusfaktor

Neben den Antigenen A und B gibt es weitere Antigene auf der Oberfläche der roten Blutzellen. Eines davon ist der **Rhesusfaktor**, den 85 % der Mitteleuropäer besitzen. Man bezeichnet sie als **rhesuspositiv** (Rh^+). Die übrigen 15 % besitzen diesen Faktor nicht, sie sind **rhesusnegativ** (rh^-). Auch durch den Rhesusfaktor kann es zu Antigen-Antikörper-Reaktionen kommen.

▶ Auf der Oberfläche der roten Blutzellen befinden sich Antigene. Je nach vorhandenem Antigen unterscheidet man die Blutgruppen A, B, AB und 0. Bei der Antigen-Antikörper-Reaktion kann es zur Verklumpung kommen.

Blutspender retten Leben

Verliert eine Person z. B. nach einem Unfall eine größere Menge Blut, kann eine **Bluttransfusion** ihr Leben retten. Damit es nicht zu einer Verklumpungsreaktion kommt, werden alle **Blutkonserven** vor einer Transfusion auf ihre Antigene untersucht. Da Blutkonserven nicht unbegrenzt haltbar sind, kann es zu Versorgungsengpässen kommen. Umso wichtiger ist es, dass möglichst viele Menschen bereit sind, ihr Blut zu **spenden**.

2 Die vier Blutgruppen

Blutgruppe	A	B	AB	0
Blutzellen besitzen:	Antigen A	Antigen B	Antigen A und Antigen B	keine Antigene
	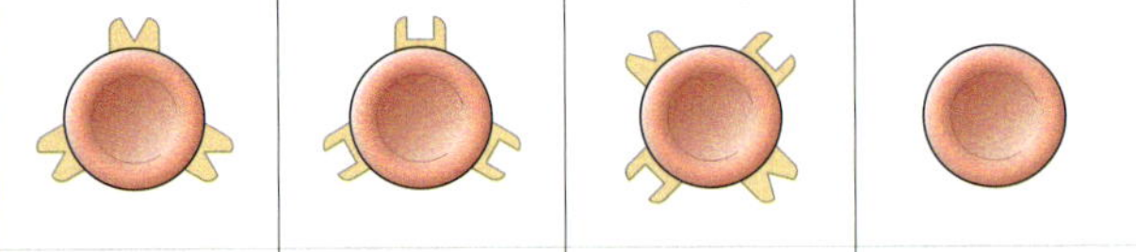			
Blutserum enthält:	Antikörper gegen B	Antikörper gegen A	keine Antikörper	Antikörper gegen A und B

Blutzellen verklumpen	mit Antikörpern gegen A	mit Antikörpern gegen B	mit Antikörpern gegen A und B	keine Verklumpung
	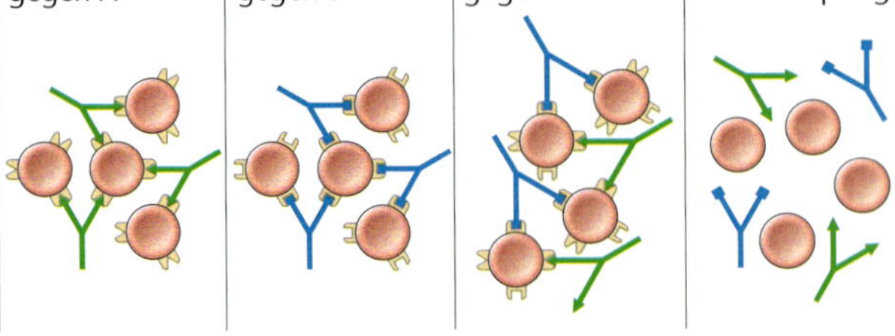			

Medizin: Karl Landsteiner – Die Entdeckung der Blutgruppen

Verteilung der Blutgruppen in Europa	
0	37,0 %
A	42,5 %
B	14,0 %
AB	6,5 %

1 Zu Aufgabe 2

Dem Rätsel auf der Spur

Wie wichtig Blut für die Menschen ist, war den Ärzten schon sehr lange bekannt. Dennoch gab die Übertragung von Blut von einem Menschen zu einem anderen lange Zeit ein Rätsel auf: Warum starben so viele Menschen nach einer Transfusion? Warum glückte die Übertragung hingegen in einigen Fällen? Mit diesen Fragen beschäftigte sich zu Beginn des 20. Jahrhunderts auch der österreichische Arzt KARL LANDSTEINER (1868–1943).

In der Veröffentlichung „Über Agglutinationserscheinungen (= Verklumpungserscheinungen) normalen menschlichen Blutes“ aus dem Jahre 1901 schreibt LANDSTEINER:
„Vor einiger Zeit habe ich beobachtet und mitgetheilt, das öfters Blutserum von normalen Menschen rothe Blutkörperchen anderer gesunder Individuen zu verklumpen im Stande sind.“

Auf der Grundlage dieser Beobachtung führte er zusammen mit fünf Kollegen an der Universität weitere Versuche durch. Dabei entnahm er sich selbst und den Kollegen Blut und trennte jeweils das Serum und die roten Blutzellen voneinander. Anschließend vermischte er die Seren miteinander. Die Ergebnisse dieser Versuche sind in (▷ B 2) zusammengefasst.

3 KARL LANDSTEINER

Blutserum von: / rote Blutzellen von:	Landsteiner	Sturli	Pletschnik	Störk	Erdheim	Zaritsch
Landsteiner	nicht verklumpt	verklumpt	verklumpt	nicht verklumpt	verklumpt	verklumpt
Sturli	nicht verklumpt	nicht verklumpt	verklumpt	nicht verklumpt	nicht verklumpt	verklumpt
Pletschnik	nicht verklumpt	verklumpt	nicht verklumpt	nicht verklumpt	verklumpt	nicht verklumpt
Störk	nicht verklumpt	verklumpt	verklumpt	nicht verklumpt	verklumpt	verklumpt
Erdheim	nicht verklumpt	nicht verklumpt	verklumpt	nicht verklumpt	nicht verklumpt	verklumpt
Zaritsch	nicht verklumpt	verklumpt	nicht verklumpt	nicht verklumpt	verklumpt	nicht verklumpt

nicht verklumpt   verklumpt

2 LANDSTEINERS Ergebnisse

Drei von vier Blutgruppen entdeckt

LANDSTEINER entdeckte auf diese Weise drei Blutgruppen. Diese benannte er A, B und C (heute Blutgruppe 0). Ein Jahr später folgte durch zwei Kollegen LANDSTEINERS die Entdeckung der Blutgruppe AB. Die vier Blutgruppen A, B, AB und 0 bilden das **AB0-System der Blutgruppen**.

Für seine Forschungsarbeit erhielt LANDSTEINER 1930 den Nobelpreis. 1940 entdeckte LANDSTEINER zusammen mit einem amerikanischen Kollegen den Rhesusfaktor.

Aufgaben

1 Zwei Versuchspersonen aus der Landsteiner-Gruppe besitzen die Blutgruppe 0. Nenne die beiden Personen und begründe deine Antwort.

2 Begründe mithilfe der Tabellen (▷ B 1) und (▷ B 2), weshalb die Entdeckung der Blutgruppe AB erst ein Jahr später erfolgte.

3 Wie hätten die Ergebnisse ausgesehen, wenn eine Versuchsperson die Blutgruppe AB gehabt hätte? Beschreibe.

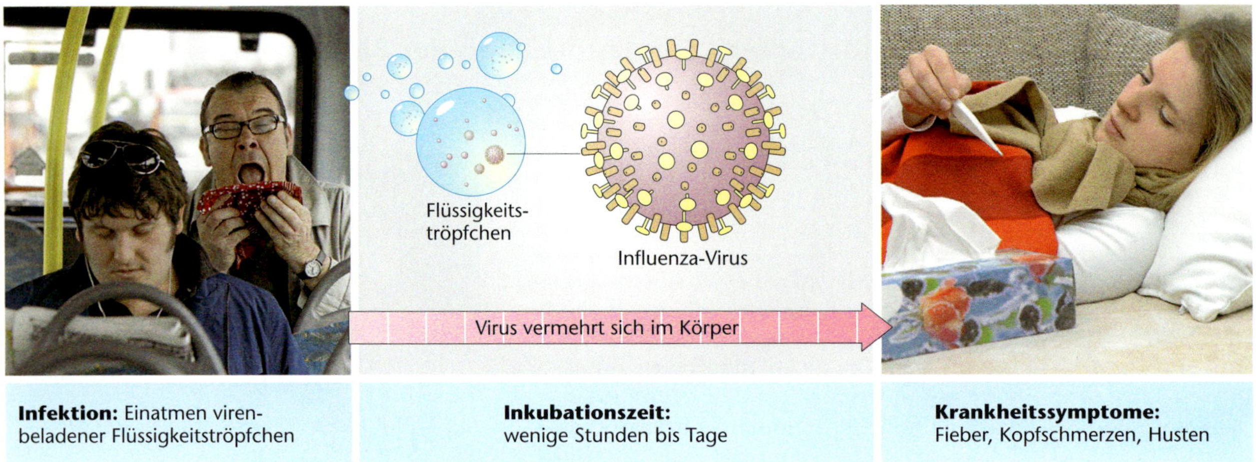

1 Stationen einer Infektionskrankheit

Jede Infektionskrankheit wird durch einen **Erreger** ausgelöst, der bei der **Infektion** in den Körper eintritt. Oft passiert dies durch eine **Tröpfcheninfektion:** Der Erreger gelangt z. B. beim Niesen oder Sprechen durch die Luft auf die Schleimhäute eines anderen Menschen. Die Zeit vom Eintritt der Erreger in den Körper bis zum Ausbruch der Krankheit nennt man **Inkubationszeit**. Den **Krankheitsbeginn** erkennt man an den ersten typischen Merkmalen einer Krankheit, den **Symptomen** (▷ B 1). Die Dauer der Krankheit ist von der Art des Erregers abhängig.

Die Echte Grippe (Influenza)

Durch Tröpfcheninfektion wird auch der Erreger der **Echten Grippe** übertragen. Da sich der Errreger, das **Influenza-Virus**, rasend schnell im Körper vermehrt, treten nach kurzer Zeit die ersten Symptome auf. Ansteckend ist die erkrankte Person aber schon direkt nach der Infektion! Der Körper reagiert mit hohem Fieber, Schüttelfrost, Kopf- und Gliederschmerzen, Müdigkeit, Husten und Appetitlosigkeit (▷ B 1).

Nach 7 bis 14 Tagen sind in der Regel alle Symptome abgeklungen und das **Krankheitsende** ist erreicht. Oft fühlt man sich aber auch noch Wochen nach der Erkrankung sehr schwach.

▶ Infektionskrankheiten werden durch Erreger ausgelöst. Die Zeit von der Infektion bis zum Auftreten der ersten Symptome nennt man Inkubationszeit.

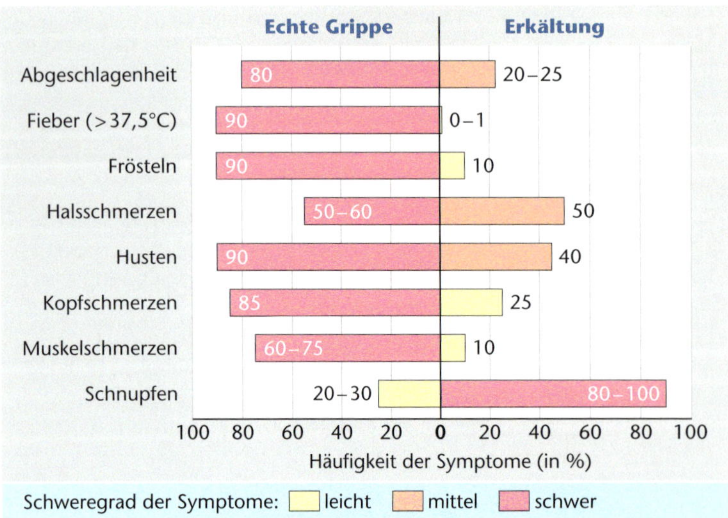

2 Grippe und Erkältung sind nicht dasselbe

Aufgaben

1 Erkundige dich über weitere folgende Infektionswege: Schmierinfektion, Infektion über den Austausch von Körperflüssigkeiten. Gib jeweils zwei Krankheiten an, die so übertragen werden.

2 Begründe, warum der Körper bei den meisten Infektionskrankheiten mit Fieber reagiert. Welchen Vorteil könnte diese Reaktion haben?

3 Erkläre, warum es jedes Jahr Grippetote gibt, obwohl man die Symptome behandeln kann.

4 Erkältung ist nicht gleich Grippe! Arbeite mithilfe des Schemas (▷ B 2) die wesentlichen Unterschiede heraus.

Hepatitis B – die weltweit häufigste Virusinfektion

Die Leber erfüllt lebenswichtige Aufgaben
Die Leber ist das **zentrale Organ** unseres **Stoffwechsels.** Sie erfüllt so wichtige Aufgaben wie die Bildung von Bluteiweißen, z. B. der Blutgerinnungsfaktoren, die Entgiftung und den Abbau von schädlichen Stoffen wie Alkohol, die Gallenbildung, die Speicherung von Zucker, Fetten und Vitaminen und die Steuerung des Blutzuckerspiegels.

Die Leber kann Teile ihres Gewebes **regenerieren.** Das bedeutet, dass abgestorbene, verletzte oder beschädigte Teile des Lebergewebes wieder neu gebildet werden können. Wird die Leber aber zu stark geschädigt, ist eine Regeneration nicht mehr möglich und es kommt zum lebensgefährlichen **Leberversagen.** [System, S. 136]

Hepatitis – Entzündung der Leber
Die weltweit häufigste Erkrankung der Leber ist die **Hepatitis B.** Der Krankheitserreger, das **Hepatitis-B-Virus**, wird durch Körperflüssigkeiten wie Blut, Speichel, Urin oder Sperma übertragen. Schon über kleinste Verletzungen in der Haut oder in Schleimhäuten dringt das Virus in den Körper ein. Ein hohes **Infektionsrisiko** besteht deshalb beim ungeschützten Geschlechtsverkehr, beim Benutzen von gebrauchten Drogenbestecken, aber auch beim Piercen oder Tätowieren infolge mangelnder Hygiene (▷B1).
In Deutschland kommt es jährlich zu etwa 5 000 Neuinfektionen. Die meisten Betroffenen sind Jugendliche und junge Erwachsene.

Medikamente helfen nicht immer
Ist die Leber entzündet, werden die Leberzellen geschädigt und können ihre Aufgaben nicht mehr erfüllen. Nach einer Inkubationszeit von einem bis zu sechs Monaten bricht Hepatitis B aus. Viele Symptome der Krankheit können mit Medikamenten behandelt werden. Allerdings kann Hepatitis B auch zum Tod führen: In Deutschland sterben jährlich etwa 1500 Hepatitis B-Patienten.

Schutz durch Impfung
Um die hoch ansteckende Virusinfektion der Leber zu vermeiden, sollte eine dreiteilige **Schutzimpfung** durchgeführt werden (▷B1). Diese muss nach zehn Jahren wieder aufgefrischt werden.

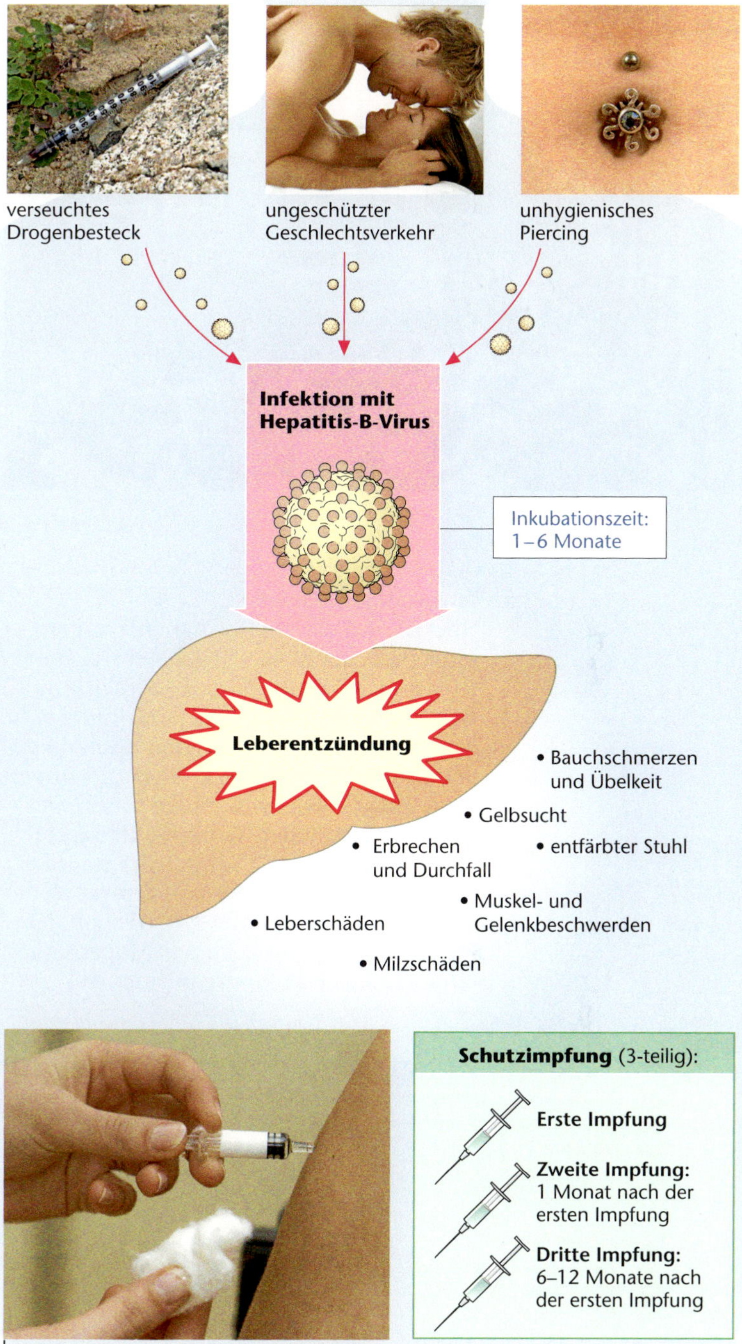

1 Verlauf einer Hepatitis B-Infektion und die möglichen Schutzimpfungen

Aufgaben

1 Begründe, warum die meisten der Hepatitis B-Betroffenen junge Menschen sind.

2 Erkläre, warum die Schutzimpfung schon vor der Pubertät sinnvoll ist.

1 Überall besteht ein Infektionsrisiko

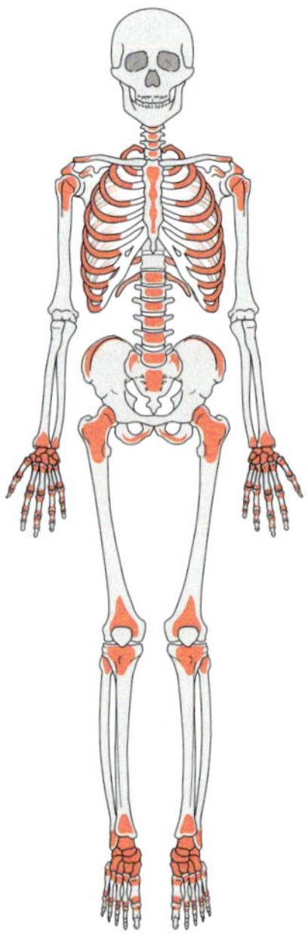

2 Lage des roten Knochenmarks

In ständiger Abwehr

Überall sind wir von Krankheitserregern umgeben. Trotzdem werden wir nur selten krank, da unser Körper über wirksame **Barrieren** verfügt, die das Eindringen von Erregern, wie Viren, Bakterien und Pilzen, verhindern. Ein erster Schutz ist die unverletzte **Haut**. Sie ist von einem für Erreger undurchdringlichen Säureschutzmantel umgeben. Aber auch **Schleimhäute** im Inneren des Körpers können Erreger abwehren. Im Magen tötet z. B. die von der Magenschleimhaut gebildete Magensäure eingedrungene Mikroorganismen ab.

Das unspezifische Abwehrsystem

Krankheitserreger können diese natürlichen Schranken normalerweise nur schwer überwinden. Gelangen dennoch Erreger über Wunden, die Atemwege oder mit der Nahrung in unseren Körper, werden sie vom köpereigenen Abwehrsystem meist schnell beseitigt.

Eingedrungene Erreger zu beseitigen, bevor sie sich explosionsartig im Körper vermehren können, ist die Aufgabe bestimmter Leukocyten: der **Makrophagen**, auch Riesenfresszellen genannt, und der kleinen Fresszellen, der **Granulocyten** (▷ B 3). Die Fresszellen können die Blutbahn verlassen und sich zwischen den Zellen im Gewebe bewegen. Treffen sie auf körperfremde Stoffe, nehmen sie diese in ihr Zellplasma auf und verdauen sie. Zusammen mit den natürlichen Barrieren bilden die Fresszellen das **unspezifische Abwehrsystem** (▷ B 3).

Das spezifische Abwehrsystem

Kann das unspezifische Abwehrsystem Krankheitserreger nicht aufhalten, reagiert der Körper mit dem **spezifischen Abwehrsystem**. Der Körper arbeitet nun gezielt gegen den speziellen Erreger, der vermehrt im Blut auftritt. Hierbei wirken neben den Riesenfresszellen zwei weitere Leukocytentypen mit: die **B-Lymphocyten** und die **T-Lymphocyten** (▷ B 3).

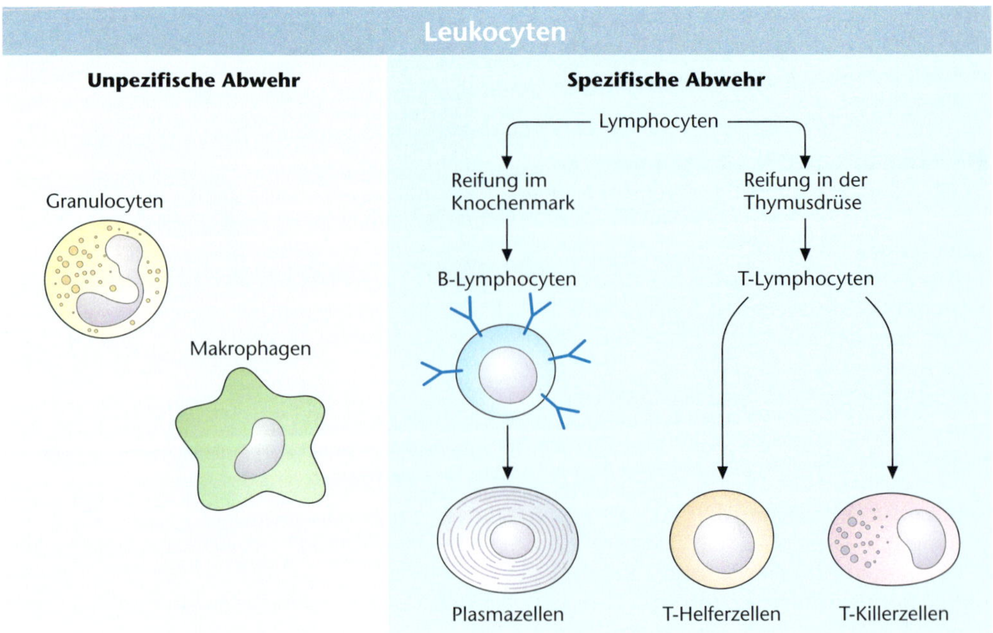

3 Die Zellen unseres Immunsystems

Aktivierung der spezifischen Abwehr
Haben die Makrophagen die Erreger verdaut, präsentieren sie an ihrer Zelloberfläche Bruchstücke der verdauten Erreger, sogenannte **Antigene**. T-Lymphocyten, die mit diesen Antigenen in Kontakt kommen, werden so über den Erreger informiert. Da die T-Zellen nun helfen, das ganze Abwehrsystem zu aktivieren, werden sie **T-Helferzellen** genannt. Sie beginnen sich zu teilen und aktivieren die **B-Lymphocyten** (▷B5).

Die B-Lymphocyten vermehren sich stark und bilden **Plasmazellen**. Die Plasmazellen wiederum produzieren große Mengen an spezifischen Abwehrstoffen gegen die Erreger. Diese **Antikörper** werden mit dem Blut in alle Bereiche des Körpers transportiert. Treffen sie dabei auf Erreger, heften sie sich nach dem **Schlüssel-Schloss-Prinzip** an deren Oberflächen und verbinden auf diese Weise immer mehrere von ihnen. Diese **Antigen-Antikörper-Komplexe** können dann von den Makrophagen abgebaut werden (▷B5).

Die gleichzeitig von den T-Helferzellen aktivierten **T-Killerzellen** erkennen befallene Zellen und zerstören sie.

Nach dieser **Immunreaktion** bleiben **Gedächtniszellen** im Körper zurück. Sie lösen bei Befall mit demselben Erreger sofort die Produktion von Antikörpern und eine stärkere Vermehrung der T-Killerzellen aus. Kann dann der Erreger zerstört werden, bevor die Krankheit ausbricht, ist man **immun** gegen diesen Erreger.
[Struktur und Funktion, S. 132]

Verschiedene Leukocyten bilden das Abwehrsystem unseres Körpers. Kann das unspezifische Abwehrsystem die Erreger nicht beseitigen, setzt die spezifische Abwehr ein. Nach der Immunreaktion ist man oft gegen den speziellen Erreger immun.

Aufgaben

1 Begründe, warum man manche Krankheiten, zum Beispiel Windpocken, nur einmal im Leben bekommt.

2 Liste verschiedene Möglichkeiten auf, wie man das eigene Immunsystem stärken könnte.

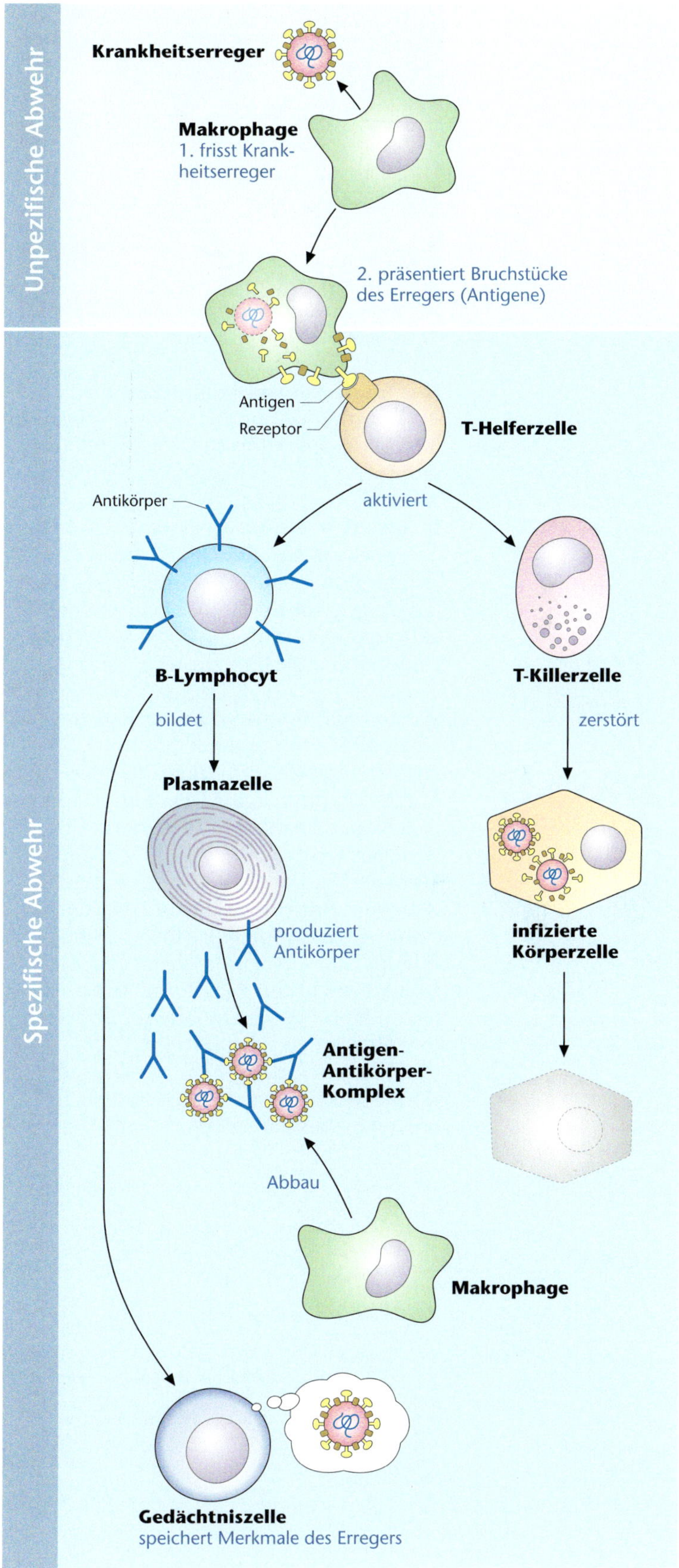

5 Schema der Immunreaktion

1 Der Profifußballer Ivan Klasnic

Eine bemerkenswerte Karriere
Bei Voruntersuchungen zu einer geplanten Blinddarmoperation stellte man bei dem Profifußballer IVAN KLASNIC Probleme mit der Niere fest. Nachdem erfolglos versucht wurde, diese mit Medikamenten zu behandeln, bekam der ehemalige Torjäger des SV Werder Bremen eine **Spenderniere**. Nach kurzer Zeit konnte IVAN KLASNIC wieder aktiv spielen und sogar in die kroatische Nationalmannschaft zurückgekehren.

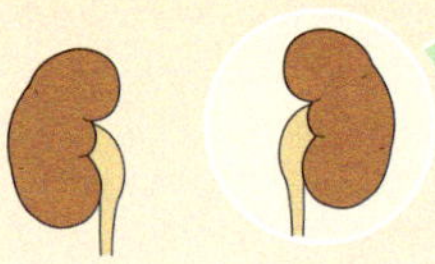

Warten auf ein passendes Organ
Nicht alle Menschen haben so viel Glück wie IVAN KLASNIC und bekommen ein passendes **Spenderorgan**. Die Warteliste in Deutschland ist lang (▷ B 2), denn es stehen weit weniger Organe zur Verfügung als benötigt. Dabei besteht bei einigen Patienten nur Hoffnung auf Überleben, wenn ein geeignetes Organ zur Übertragung zur Verfügung steht. Aber auch wenn es nicht um Leben und Tod geht, leidet die Lebensqualität der Betroffenen in vielen Fällen sehr: Erfüllt z. B. die Niere ihre Funktion nicht mehr, das Blut im Körper zu reinigen, so müssen die Patienten ca. dreimal pro Woche zur **Dialyse** (▷ B 3). Dabei wird innerhalb von 4 bis 6 Stunden ihr Blut gereinigt. Lediglich eine Spenderniere kann dazu beitragen, dass ein „normales" Leben wieder möglich ist.

Nicht nur Organe können gespendet werden
Als 1954 die erste Niere von einem Menschen auf einen anderen übertragen wurde, ahnte noch niemand, dass diese **Transplantationen** einmal zur Routine werden könnten. Mittlerweile sind die Ärzte in der Lage, eine Vielzahl von Organen und Geweben mit zunehmendem Erfolg zu transplantieren. Am häufigsten dabei sind Nierentransplantationen, gefolgt von Leber-, Herz- und Lungentransplantationen. Neben ganzen Organen werden auch unterschiedliche Gewebe von einer Person zur anderen übertragen (▷ B 4).

Auf der Suche nach dem geeigneten Organ
Bevor ein Organ transplantiert werden kann, muss zunächst sichergestellt sein, dass es zum Empfänger passt. Das heißt, dass neben einer geeigneten Blutgruppe auch die Gewebe von Spender und Empfänger zueinander passen müssen. Unterscheiden sie sich zu sehr, stößt das **Immunsystem** des Empfängers das fremde Organ ab.

Ob und in welchem Ausmaß das Immunsystem des Empfängers ein Organ als körperfremd erkennt, hängt von Strukturen auf der Zelloberfläche des Organs ab, den **Antigenen**. Bei nahen Angehörigen unterscheidet sich die Antigenstruktur nicht so stark, sodass die Gefahr einer **Abstoßung** geringer ist. Deshalb und weil man z. B. gut mit nur einer Niere leben kann, kommen für diese Transplantationen oft nahe Verwandte als Spender in Frage. Diese

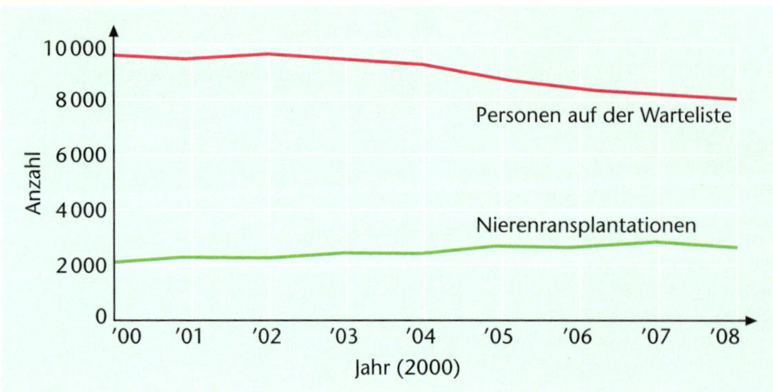

2 Warteliste für Nierentransplantationen

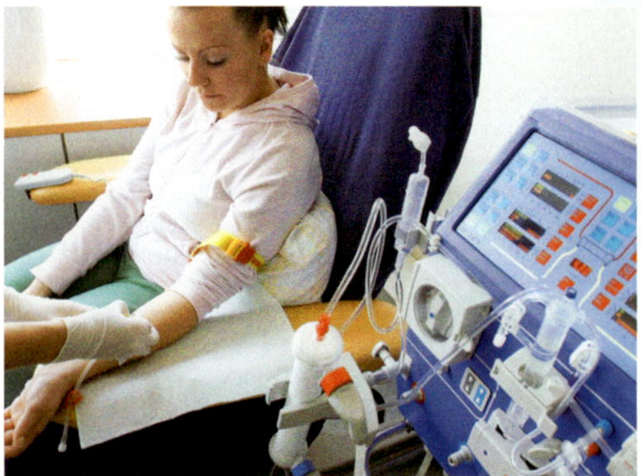

3 An der Dialyse

Art der Organspende bezeichnet man als **Lebendspende**.

Organspende nach dem Tod
Bei Organen wie Herz oder Leber ist man allerdings auf funktionstüchtige Spenderorgane von gerade Verstorbenen angewiesen. Entscheidendes Kriterium vor einer Organentnahme ist dann, dass zwei Ärzte unabhängig voneinander den **Hirntod** des Spenders festgestellt haben. Der Hirntod bedeutet das endgültige Ende aller Hirnfunktionen aufgrund abgestorbener Nervenzellen. Erst dann ist der Mensch medizinisch tot.

Der Wille zählt
Aber selbst wenn der Hirntod eines Menschen diagnostiziert wurde und seine Organe aus medizinischer Sicht für eine Transplantation geeignet wären, dürfen sie nicht einfach entnommen werden. Das geht nur, wenn der Verstorbene zu Lebzeiten einen **Organspendeausweis** (▷ B 5) ausgefüllt hat. Hat er dies nicht getan, müssen die Angehörigen nach dem mutmaßlichen Willen des Verstorbenen entscheiden.

Das ist für die Angehörigen oft sehr schwer: Im Moment der größten Trauer werden sie befragt, ob dem soeben Verstorbenen Organe entnommen werden dürfen. Hinzu kommt, dass Ärzte zwar den Hirntod festgestellt haben, das Herz-Kreislauf-System aber noch künstlich aufrechterhalten wird. Den Tod des geliebten Menschen zu akzeptieren, obwohl dessen Herz noch schlägt, ist für viele Angehörige oft unmöglich und sie verweigern die **Organspende**.

Was passiert dann?
Wenn geklärt ist, dass Organe entnommen werden dürfen, muss alles recht schnell gehen. Ein Herz kann z. B. nur maximal 6 Stunden außerhalb des Körpers aufbewahrt werden. In dieser Zeit muss es transportiert und die Transplantation durchgeführt worden sein. Die Koordination der Verteilung von Spenderorganen übernimmt die Organisation **Eurotransplant**. Dort werden die Daten der Personen, die auf Organe warten, gespeichert und Spenderorgane zugeteilt. Die Verteilung erfolgt hierbei nach ganz bestimmten Kriterien: Wie dringend wird ein Organ benötigt? Wie hoch sind Erfolgsaussichten? Ist die Chancengleichheit gewahrt?

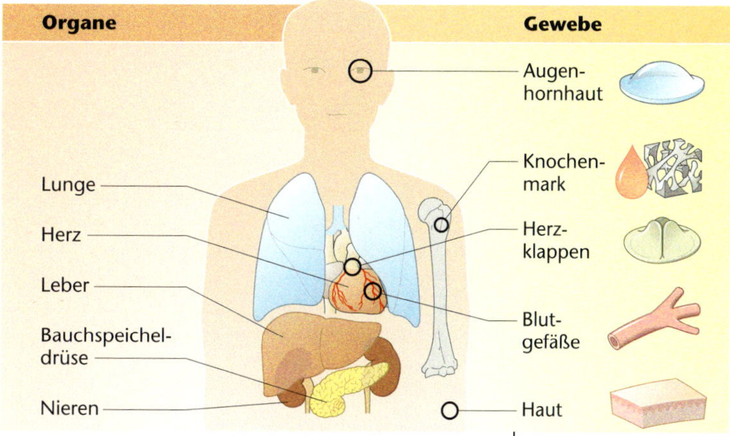

4 Diese Organe und Gewebe können transplantiert werden

Nachbehandlung
Um die Gefahr einer Abstoßung zu verringern, müssen die Organempfänger Medikamente nehmen, die sogenannten **Immunsuppressiva**. Diese Medikamente reduzieren die Aktivität des Immunsystems. [Struktur und Funktion, S. 132]

Damit ein Organ transplantiert werden kann, müssen Blutgruppen und Gewebefaktoren von Spender und Empfänger zueinander passen. Vor der Organentnahme muss der Hirntod des Spenders festgestellt worden sein.

5 Die Bereitschaft zur Organspende kann Leben retten!

Aufgaben

1 Führt eine Befragung unter den Lehrern durch, ob sie einen Organspendeausweis besitzen. Listet Gründe auf, weshalb sie sich für oder gegen einen Ausweis entschieden haben.

2 Informiere dich über die Nebenwirkungen von Immunsuppressiva und berichte.

3 Für „spendewillige" Jugendliche gelten andere gesetzliche Regelungen. Informiere dich und berichte.

Strategie

Kompetent bewerten und entscheiden

Brisanter Organmangel
In Deutschland gibt es nicht nur zu wenige Spendernieren, sondern es besteht insgesamt ein erheblicher Mangel an Spenderorganen. Für betroffene Personen bedeutet dies konkret, dass die Wartezeiten auf ein geeignetes Organ häufig sehr lang sind. Etliche Menschen sterben, weil keine geeigneten Organe zur Transplantation zur Verfügung stehen. Ein Grund dafür ist, dass sich zu wenig Menschen vor ihrem Tod für eine Organspende entscheiden. Daher kommt immer wieder die Diskussion auf, ob die gesetzliche Grundlage geändert werden sollte.

Derzeitige gesetzliche Regelungen
In Deutschland gilt derzeit die **erweiterte Zustimmungsregelung**. Sie besagt, dass sich der Spender bereits zu Lebzeiten für oder gegen eine Organspende entscheiden muss. Nach seinem Tod geht diese Entscheidung auf nahe Angehörige über. Im Gegensatz dazu gilt in Österreich und einigen anderen Ländern die sogenannte **Widerspruchslösung**. Sie besagt, dass ein Verstorbener automatisch zum Organspender wird, wenn er zu Lebzeiten einer Organentnahme nicht ausdrücklich widersprochen hat.

Richtig oder falsch?
Die Frage nach einer richtigen oder falschen Regelung lässt sich nicht beantworten. Sowohl für die Zustimmungsregelung als auch für die Widerspruchsregelung gibt es gute Gründe. Es gilt, diese gegeneinander abzuwägen und so zu einem begründeten Urteil zu gelangen, das nicht aus dem „Bauch heraus" gefällt wurde. Wie du das schaffst, kannst du mit folgender Methode üben.

In 5 Schritten zu einem begründeten Urteil

Schritt 1: Die Situation beschreiben
Grundvoraussetzung für ein Urteil ist, dass du sehr genau beschreibst, was das eigentliche Problem ist.

1 Schritte der Urteilsfindung

Schritt 2: Handlungsmöglichkeiten beschreiben
Wie kann man dem Mangel an Organspendern wirksam begegnen? Gibt es weitere Alternativen, die dir bekannt sind? Diese Fragen müssen im zweiten Schritt geklärt werden.

2 Nicht immer sind alle gleicher Meinung

Schritt 3: Werte zuordnen
Wofür du dich letztendlich entscheidest, hängt davon ab, welche Werte du deiner Entscheidung zugrundelegst. Dabei sind Werte die Kriterien, mit denen Menschen ihre Umwelt bewerten. Manche Werte, wie Freiheit und Gerechtigkeit, werden von einem Großteil der Menschen anerkannt. Sie dienen als Grundlage für Entscheidungen, die für alle Mitglieder einer Gesellschaft von Bedeutung sind. Einen Überblick über wichtige Werte in unserer Gesellschaft zeigt die Liste (▷ B 3).

Schritt 4: Begründetes Urteil fällen und andere Urteile diskutieren
Auf der Basis der zugrundeliegenden Werte muss nun das eigene Urteil gefällt werden. Dabei musst du dir aber im Klaren darüber sein, dass Werte miteinander konkurrieren können. Daher werden andere Personen auf der Grundlage anderer Werte zu einem anderen Urteil kommen. Bei der anschließenden Diskussion ist es sicher interessant zu hören, welche Werte deine Mitschüler ihren Entscheidungen zugrundegelegt haben.

Schritt 5: Folgen benennen
Je nachdem, wie die Entscheidungen ausgefallen sind, werden diese unterschiedliche Folgen haben. Sollten die Folgen einer Entscheidung bestimmte Werte verletzen, so muss die Entscheidung überdacht werden.

Frieden Menschenwürde Geld Solidarität
Sicherheit Leben Bildung Gerechtigkeit Leistung
Liebe Glück Toleranz Freundschaft Freiheit
Treue Gleichberechtigung Gesundheit
Verantwortung Anerkennung Menschenrechte
Wahrheit Gehorsam Selbstbestimmung Eigentum

3 Werteliste

Aufgaben

1 Als Mitglied einer Kommission zum Thema Organspende sollst du entscheiden, ob das derzeitige Recht weiterhin bestehen bleiben oder ob es zu einer Neuregelung im Sinne der Widerspruchsregelung kommen soll. Formuliere dazu schriftlich die einzelnen Schritte der Urteilsfindung (▷ B 1).

2 Durchlaufe die Schritte einer Urteilsfindung erneut. Stelle dir aber vor, dass du als Betroffener auf ein Organ wartest. Wie hat sich dein Urteil verändert?

3 Die unten stehenden Bilder (▷ B 4) zeigen Themen, die in der Gesellschaft widersprüchlich diskutiert werden.
a) Sammelt Informationen zu den einzelnen Bereichen.
b) Durchlauft jeweils die einzelnen Schritte der Urteilsfindung.

4 Zu Aufgabe 3

1 Edward Jenner

Impfung – Entstehung aus einer Not heraus

Im 18. Jahrhundert waren die **Pocken** eine weltweit verbreitete **Infektionskrankheit**, an der 30 % der Infizierten starben. Überlebende erkrankten aber ihr restliches Leben nie wieder an dieser Krankheit: sie waren **immun**. Diese Tatsache beschäftigte viele Wissenschaftler und sie begannen zu experimentieren. Der englische Arzt Edward Jenner (1749–1823) infizierte z. B. einen Jungen mit den harmlosen **Kuhpocken** und stellte fest, dass dieser daraufhin auch gegen die gefährlichen Pocken immun war. Diese wahrscheinlich erste Impfung machte Jenner zum Wegbereiter der zukünftigen **Immunisierungen**.

Die Schutzimpfung als aktive Immunisierung

Als Schutz vor einer Infektion mit bestimmten Erregern kann **prophylaktisch**, d. h. vorbeugend, immunisiert werden. Diese **Schutzimpfungen** werden meist schon im Säuglingsalter durchgeführt (▷ B 3). Dabei werden dem gesunden Menschen entweder **abgeschwächte Erreger** gespritzt, die noch vermehrungsfähig sind, aber die Krankheit nicht auslösen können. Oder man spritzt Bruchstücke von toten Erregern (**Antigene**). Der Körper bildet nun **Antikörper**, die aber nach einiger Zeit abgebaut werden. Gleichzeitig werden jedoch auch **Gedächtniszellen** gebildet, die über Jahre oder ein Leben lang einen Impfschutz bilden. Findet nun eine Infektion mit demselben Erreger statt, lösen die Gedächtniszellen sofort eine gezielte Abwehrreaktion aus. Die Krankheitserreger können wesentlich schneller angegriffen und vernichtet werden, sodass es zu keiner Erkrankung kommt. [Struktur und Funktion, S. 132]

Diese **aktive Immunisierung** (▷ B 2) funktioniert aber nicht immer. Manche Erreger, wie z. B. Grippeviren, bilden auf ihrer Oberfläche ständig neue, veränderte Antigene, sodass die Gedächtniszellen diese nicht mehr erkennen. Es können deshalb keine passenden Antikörper produziert werden. Aus diesem Grund müssen z. B. die Impfstoffe für die Grippe-Schutzimpfung jedes Jahr neu entwickelt werden. [Entwicklung, S. 134]

Was ist, wenn man schon krank ist?

Aber auch bei einer bereits erfolgten Infektion gibt es eine Möglichkeit, dem Erkrankten zu helfen. In diesem Fall werden dem Patienten direkt **Antikörper** gegen den Krankheitserreger gespritzt. Diese Antikörper gewinnt man von Tieren, zum Beispiel Pferden. Impft man den Tieren den abgeschwächten Erreger oder nicht aktive Erregerantigene, bilden die Tiere

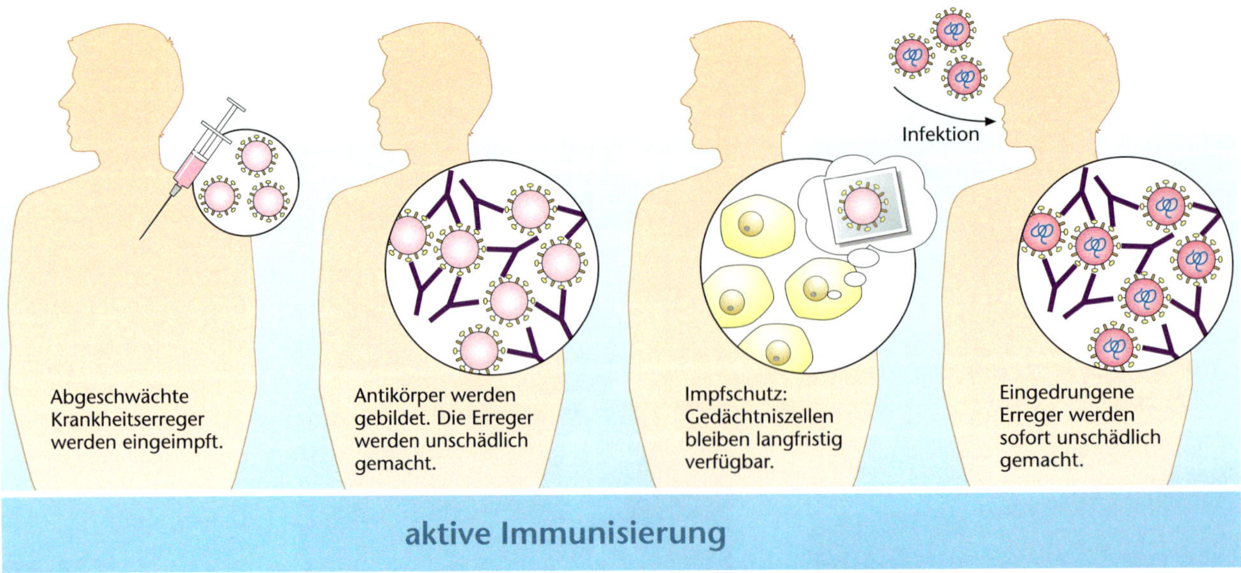

2 Die aktive Immunisierung

Antikörper. Um deren Anzahl zu steigern, wiederholt man diese Impfungen. Aus dem Blut der Tiere gewinnt man ein **Serum**, das die Antikörper enthält. Dieses wird dem Patienten injiziert und die Antikörper können die Krankheitserreger nun unschädlich machen. Das körpereigene Abwehrsystem ist in diesem Fall aber nicht aktiviert worden. Man spricht daher von einer **passiven Immunisierung** (▷ B 5).

Diese Impfung führt man jedoch nicht nur bei schon Erkrankten durch, sondern auch vor einer unmittelbar drohenden Infektion mit dem Erreger einer schweren Krankheit.

Kein Schutz vor einer Zweitinfektion!
Da bei der passiven Immunisierung jedoch **keine Gedächtniszellen** gebildet werden, bietet diese Art von Impfung keinen Schutz bei einer weiteren Infektion. Die gespritzten, fremden Antikörper werden nach einiger Zeit abgebaut und damit erlischt der Impfschutz. Der Körper ist nicht dauerhaft immun.

Die aktive Immunisierung ist eine vorbeugende Schutzimpfung, die für Jahre oder ein Leben lang anhält.
Die passive Immunisierung wird bei einer bereits erfolgten Infektion durchgeführt und bietet nur kurzfristig Schutz.

Impfstoff	Lebensmonat				Lebensjahr			
	2	3	4	12	2	4	14	ab 18
Diphtherie, Tetanus, Keuchhusten	●	●	●	●				
Diphtherie, Tetanus						●	●	●
Keuchhusten							●	
Hämophilus influenza B	●	●	●	●				
Kinderlähmung	●	●	●	●			●	
Hepatitis B	●	●	●	●				
Masern, Mumps, Röteln				●	●			
Grippe								●
Pneumokokken								●

3 Impfplan, Ausschnitt

Aufgaben

1 Jenner infizierte ein Kind, um seine Vermutung zu überprüfen. Bewerte diese Tatsache kritisch (s. Seite 64/65).

2 Die Abbildung (▷ B 3) zeigt den Ausschnitt eines Impfplans. Beschreibe, was man daraus für die Krankheiten Kinderlähmung und Grippe ablesen kann.

3 Erkläre mithilfe von (▷ B 5), welche Rolle Pferde bei der passiven Immunisierung spielen.

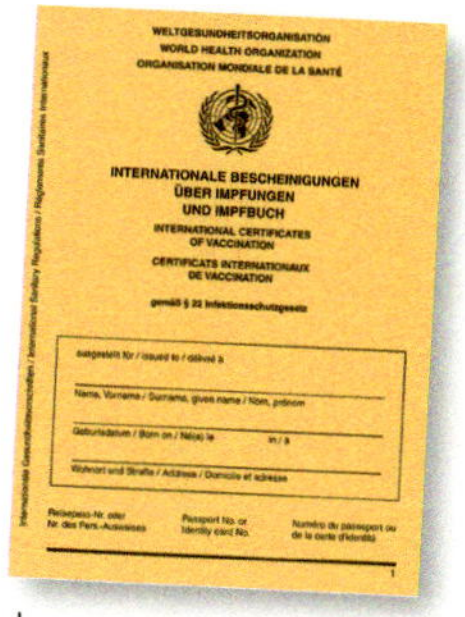

4 Impfpass

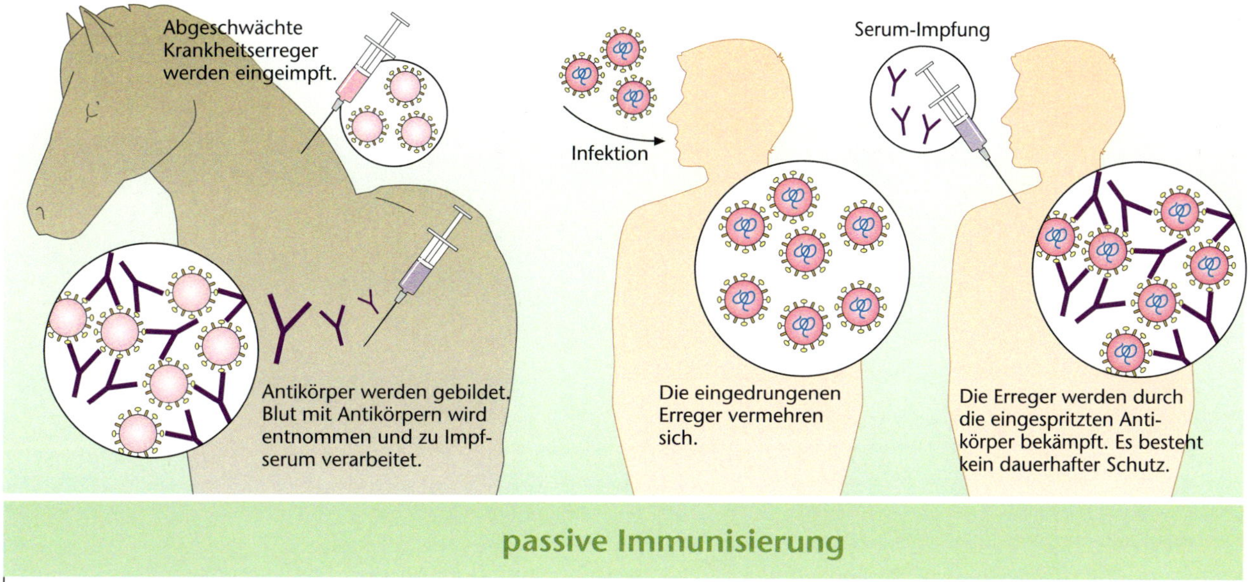

5 Die passive Immunisierung

Eine weltweite Seuche

Im Jahr 1981 wird in den USA zum ersten Mal über eine rätselhafte Krankheit berichtet, die vor allem bei homosexuellen Männern auftritt. Bislang vollkommen Gesunde erkranken plötzlich an extrem seltenen Formen von Lungenentzündungen. Bei allen Erkrankten ist das **Immunsystem** lebensbedrohlich geschwächt. Bald erkennt man, dass die seltenen Infektionskrankheiten nur auftreten, wenn bei den Patienten bereits vor der Erkrankung eine **Immunschwäche** vorgelegen hat. Deshalb fasst man alle Symptome dieses Krankheitsbildes unter der Bezeichnung **AIDS** („Acquired **I**mmune **D**eficiency **S**yndrome") zusammen.

Die Annahme, dass von diesem **„erworbenen Immunschwäche-Syndrom"** nur homosexuelle Männer betroffen sind, erweist sich jedoch als tragischer Irrtum. Die Krankheit erfasst alle Bevölkerungsgruppen und breitet sich explosionsartig auf der ganzen Welt aus: Bis heute sind 25 Millionen Menschen an AIDS gestorben.

Das HI-Virus

Zwei Jahre nach der ersten Beschreibung von AIDS wird der **Erreger** entdeckt. Es handelt sich um das **HI-Virus** (engl. = **H**uman **I**mmunodeficiency **V**irus), was mit „menschliches Immunschwäche-Virus" übersetzt werden kann.

Das HI-Virus ist kugelförmig und hat einen Durchmesser von etwa 100 nm. Unter zwei **Eiweißhüllen** verbirgt sich die **innere Kapsel**, in der sich die **Erbsubstanz** und Eiweißstoffe des Virus befinden. Auf der äußeren Hülle sitzen Andockstellen, die **„Spikes"** genannt werden. Sie bestehen aus speziellen Eiweißstoffen, die wie ein Schlüssel ins Schloss an die Andockstellen auf den **Wirtszellen** passen (▷ B 1). [Struktur und Funktion, S. 132]

Nach dem Andocken an der Wirtszelle verschmelzen die Virushülle und die Zellmembran der Wirtszelle. Die innere Kapsel mit der Erbsubstanz des Virus gelangt in die Wirtszelle. Dort wird die Erbsubstanz der Wirtszelle so „umprogrammiert", dass diese nur noch neue HI-Viren bildet. Ist die Wirtszelle voll, verlassen die Viren die Wirtszelle und befallen andere Zellen (▷ B 1). Die Wirtszelle stirbt ab.

Schon nach wenigen Wochen sind so viele HI-Viren im Blut, dass man sie mit einem speziellen Test nachweisen kann. Die betroffene Person ist dann **„HIV-positiv"**.

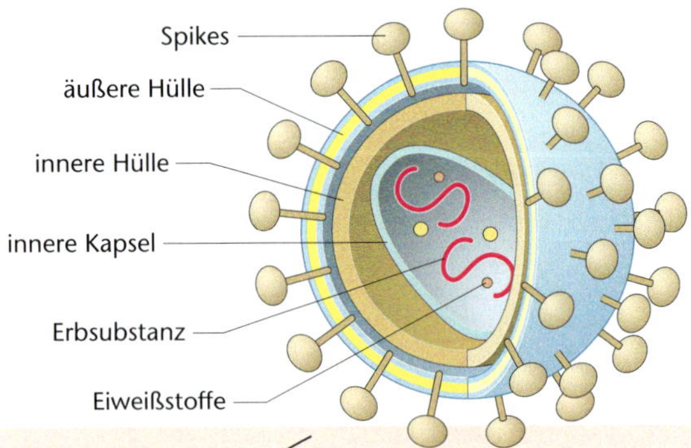

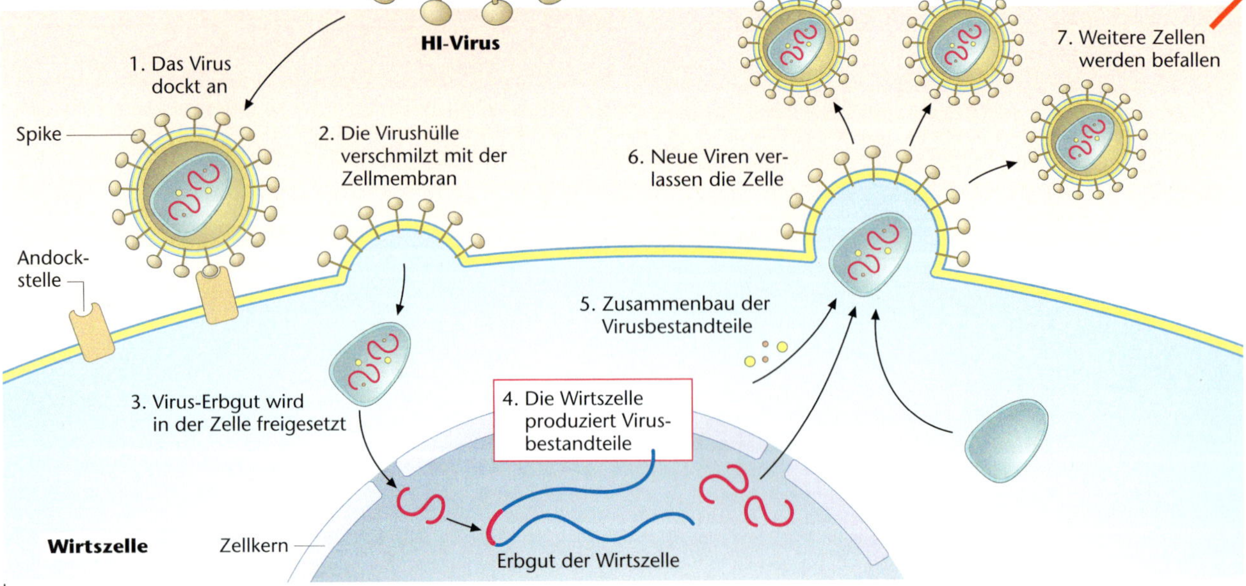

1 Vermehrung des HI-Virus in der Wirtszelle

GIB AIDS KEINE CHANCE

2 Gefahr bei ungeschütztem Sex

3 Hier besteht kein Infektionsrisiko

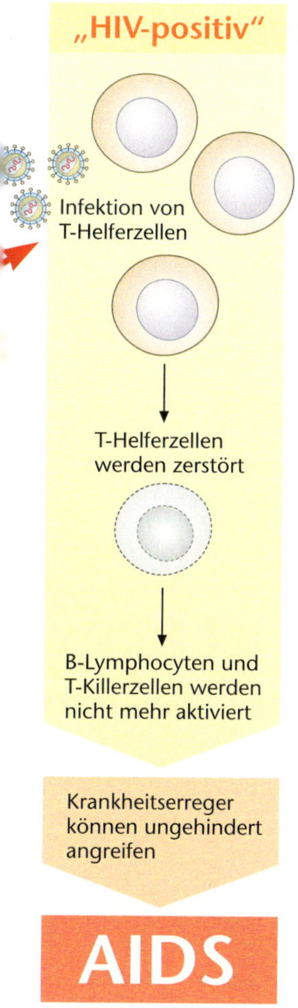

Das Immunsystem wird angegriffen
Neben anderen Zellen, besitzen auch die **T-Helferzellen** die zu den HIV-Spikes passenden Andockstellen. Die HI-Viren haben sich auf diese Zellen als **Wirtszellen** spezialisiert. Da aber die T-Helferzellen das Abwehrsystem aktivieren, hat deren Zerstörung schwerwiegende Folgen für die **Immunabwehr** (s. Seite 61). Es können keine B-Lymphocyten mehr aktiviert werden und zu Plasmazellen reifen. Fehlen die Plasmazellen, können keine Antikörper gegen die Erreger produziert werden. Außerdem findet keine Aktivierung von T-Killerzellen statt. Es gibt also auch keine Bekämpfung befallener Zellen mehr.

Durch die Infektion der T-Helferzellen zerstört das HI-Virus zum einen die Schutzmechanismen des Körpers gegen das Virus selbst. Zum anderen können nun andere Krankheitserreger, die sich bei einem normal funktionierendem Abwehrsystem niemals im Körper ausbreiten und vermehren könnten, bei den Betroffenen lebensbedrohliche Infektionen auslösen. Die Immunabwehr ist zerstört und die Krankheit bricht voll aus. Dieses letzte Stadium der HIV-Infektion nennt man **AIDS**.

Der Erreger der Immunschwächekrankheit AIDS ist das HI-Virus. Das HI-Virus nutzt u.a. die T-Helferzellen als Wirtszellen. Dadurch wird die Immunabwehr zunächst geschwächt und nach einiger Zeit zerstört.

Gefahr erkannt – Gefahr gebannt?
Wie bei jeder Infektionskrankheit, gibt es auch keinen hundertprozentigen Schutz vor der Infektion mit HIV. Kennt man jedoch die **Übertragungswege** des Erregers, kann jeder das Infektionsrisiko verringern: **Aufklärung ist der beste Schutz!**

HI-Viren können in Körperflüssigkeiten wie Blut, Sperma, Scheidenflüssigkeit, Muttermilch und dem Flüssigkeitsfilm auf der Darmschleimhaut enthalten sein. Eine Übertragung der Viren ist über verletzte Haut, Muttermilch sowie über die Schleimhäute von Darm, Scheide und Vorhaut möglich. Große Gefahr besteht also:

- bei **ungeschütztem Geschlechtsverkehr**. Durch kleinste Risse in der Scheiden- oder Vorhautschleimhaut können die HI-Viren aus der Scheidenflüssigkeit oder dem Sperma in die Blutbahn gelangen. Beim Analverkehr ist das Risiko besonders groß, da hier die Schleimhäute von Darm und Vorhaut direkt aufeinandertreffen.

- beim **Spritzentausch** von Drogensüchtigen, da in den Nadeln noch Blutreste vorhanden sind.

- während der **Schwangerschaft**, bei der **Geburt** oder durch **Stillen**, wenn die Mutter HIV-infiziert ist.

Da die HI-Viren nicht über Speichel, Tränenflüssigkeit und Schweiß übertragen werden, besteht bei normalen Körperkontakten im Zusammenleben mit HIV-Positiven keine Infektionsgefahr!

Aufgabe

1 Erkläre, worin sich eine HIV-Infektion von einer Infektion mit Grippe-Viren unterscheidet.

Am Anfang:

„Als es mir richtig schlecht ging und ich in's Krankenhaus musste, war die AIDS-Diagnose ein totaler Schlag für mich. Ich war an einem absoluten Tiefpunkt und habe im Grunde auch mit dem Leben abgeschlossen. Ich habe das Risiko überhaupt nicht gesehen, das Thema jahrelang in eine Schublade gesteckt und weggeschlossen."

Heute:

„So langsam ging's dann wieder bergauf, allerdings ist mein Leben eher eine Achterbahn mit Höhen und Tiefen. Die Medikamente haben meine Viruslast enorm gesenkt, sind unverzichtbar, haben aber auch erhebliche Nebenwirkungen. Was wirklich toll ist: ich habe mich sogar neu verliebt und meine Freundin hat super reagiert."

Was ich mir wünsche:

„Den Leuten ist nicht wirklich klar, AIDS ist – wenn du's hast – immer da. Ich würde mir einen einzigen Tag wünschen, an dem ich nicht an AIDS denken muss."

Joachim, 35 Jahre, heterosexuell,
HIV-Diagnose 2005

Am Anfang:

„Als mir das Ergebnis mitgeteilt wurde, habe ich eigentlich fast nichts mehr mitgekriegt, ich kann mich nur noch an die ersten Sekunden erinnern. Ich hatte einen totalen Schock, die Diagnose hat alles umgehauen; das Gefühl, da tickt was in dir, und du fragst dich, wird es ruhen oder sich durch dein Leben fressen."

Heute:

„Inzwischen hat sich das Chaos etwas geordnet. Sehr viel spielt sich ja im Kopf ab. Im Moment muss ich viele Wünsche zurückstecken, in manchen Situationen bin ich einfach eingeschränkt, z. B. der Druck, wenn ich zur Arbeit gehe, dass nichts rauskommen darf; oder mein Sexualleben, so richtig abschalten und entspannen kann ich mich da nicht."

Was ich noch sagen möchte:

„Ich brauche kein Pseudo-Mitleid: „Oh, das tut mir aber leid für dich!" Was mir als Betroffener wichtig ist, ist, dass die Menschen verstehen, dass HIV-Positive auch keine anderen Menschen sind."

Thomas, 20 Jahre, homosexuell,
HIV-Diagnose 2007

Die Diagnose „HIV- positiv" verändert das Leben der Betroffenen sofort und für immer. Zu der Angst vor den medizinischen Folgen der Virusinfektion kommt die Angst, wie Freunde, Bekannte und die Familie reagieren werden, wenn sie von der Erkrankung erfahren. Häufig führen diese Ängste dazu, dass sich die Infizierten vollkommen aus ihrem bisherigen Leben zurückziehen und sich isolieren. Dabei sind gerade diese Menschen auf Unterstützung angewiesen. Manche finden Hilfe in Wohngruppen, in denen sie ohne Angst vor Diskriminierung mit anderen Infizierten zusammenleben. Diese Gemeinschaft unterstützt sie dabei, sich in der „Normalität" zurecht zu finden und ihr Leben selbstständig zu meistern.
Doch hinter jeder Diagnose – allein in Deutschland leben ca. 70 000 HIV-Positive – steht ein Mensch mit seinen ganz eigenen Ängsten, Nöten und Hoffnungen. AIDS ist nicht nur eine Krankheit – AIDS hat viele Gesichter!

Aufgabe

1 Lest die Interviews und versucht, euch in die Einzelschicksale hineinzuversetzen und eure Vorstellungen bildlich umzusetzen. Gestaltet dann ein Plakat, auf dem ihr den Wünschen und Ängsten der Betroffenen „ein Gesicht" gebt.

Am Anfang:

„Ich war total fassungslos, es war ein totales Loch. Ich hab' gegrübelt, wo es herkommt; ich hab' doch keine Drogen genommen, keine OP gehabt, wo ich Blut bekam. Und die Ungewissheit, die Unwissenheit. Ich hatte so Angst, ein Sozialfall zu werden. Das war für mich der allerschlimmste Gedanke: nicht mehr selbst allein durchs Leben zu kommen."

Heute:

„Die Krankheit ist immer dabei. Heute bin ich einigermaßen auf Schiene, aber ich lebe mit der Angst. Der Angst, dass es jemand erfährt; der Angst, dass es mir und meinem Mann schlechter geht und dass wir sterben. Was wird dann aus den Kindern?"

Was ich mir wünsche:

„Ich möchte mich nicht immer verstecken müssen. Ich hab' so Angst, dass es rauskommen könnte, dass ich infiziert bin."

Christine, 36 Jahre, heterosexuell, zwei Kinder,
HIV-Diagnose 1996

Antikörper. Um deren Anzahl zu steigern, wiederholt man diese Impfungen. Aus dem Blut der Tiere gewinnt man ein **Serum**, das die Antikörper enthält. Dieses wird dem Patienten injiziert und die Antikörper können die Krankheitserreger nun unschädlich machen. Das körpereigene Abwehrsystem ist in diesem Fall aber nicht aktiviert worden. Man spricht daher von einer **passiven Immunisierung** (▷ B 5).

Diese Impfung führt man jedoch nicht nur bei schon Erkrankten durch, sondern auch vor einer unmittelbar drohenden Infektion mit dem Erreger einer schweren Krankheit.

Kein Schutz vor einer Zweitinfektion!
Da bei der passiven Immunisierung jedoch **keine Gedächtniszellen** gebildet werden, bietet diese Art von Impfung keinen Schutz bei einer weiteren Infektion. Die gespritzten, fremden Antikörper werden nach einiger Zeit abgebaut und damit erlischt der Impfschutz. Der Körper ist nicht dauerhaft immun.

▶ Die aktive Immunisierung ist eine vorbeugende Schutzimpfung, die für Jahre oder ein Leben lang anhält.
Die passive Immunisierung wird bei einer bereits erfolgten Infektion durchgeführt und bietet nur kurzfristig Schutz.

Impfstoff	**Lebensmonat**				**Lebensjahr**			
	2	3	4	12	2	4	14	ab 18
Diphtherie, Tetanus, Keuchhusten	●	●	●	●				
Diphtherie, Tetanus						●	●	●
Keuchhusten							●	
Hämophilus influenza B	●	●	●	●				
Kinderlähmung	●	●	●	●			●	
Hepatitis B	●	●	●	●				
Masern, Mumps, Röteln				●	●			
Grippe								●
Pneumokokken								●

3 Impfplan, Ausschnitt

Aufgaben

1 Jenner infizierte ein Kind, um seine Vermutung zu überprüfen. Bewerte diese Tatsache kritisch (s. Seite 64/65).

2 Die Abbildung (▷ B 3) zeigt den Ausschnitt eines Impfplans. Beschreibe, was man daraus für die Krankheiten Kinderlähmung und Grippe ablesen kann.

3 Erkläre mithilfe von (▷ B 5), welche Rolle Pferde bei der passiven Immunisierung spielen.

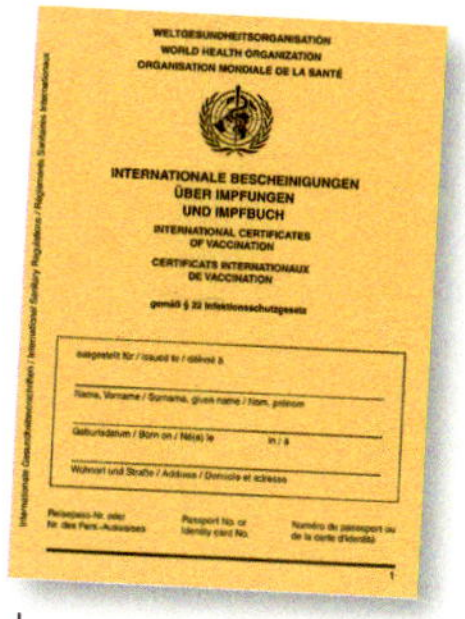

4 Impfpass

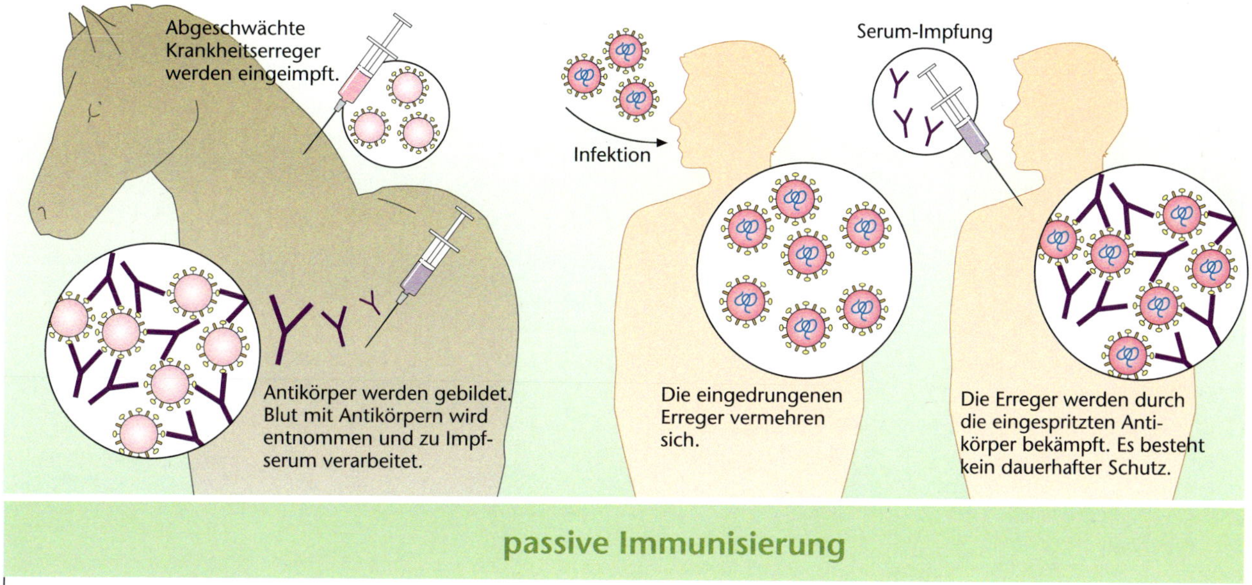

5 Die passive Immunisierung

Eine weltweite Seuche
Im Jahr 1981 wird in den USA zum ersten Mal über eine rätselhafte Krankheit berichtet, die vor allem bei homosexuellen Männern auftritt. Bislang vollkommen Gesunde erkranken plötzlich an extrem seltenen Formen von Lungenentzündungen. Bei allen Erkrankten ist das **Immunsystem** lebensbedrohlich geschwächt. Bald erkennt man, dass die seltenen Infektionskrankheiten nur auftreten, wenn bei den Patienten bereits vor der Erkrankung eine **Immunschwäche** vorgelegen hat. Deshalb fasst man alle Symptome dieses Krankheitsbildes unter der Bezeichnung **AIDS** („**A**cquired **I**mmune **D**eficiency **S**yndrome") zusammen.

Die Annahme, dass von diesem „**erworbenen Immunschwäche-Syndrom**" nur homosexuelle Männer betroffen sind, erweist sich jedoch als tragischer Irrtum. Die Krankheit erfasst alle Bevölkerungsgruppen und breitet sich explosionsartig auf der ganzen Welt aus: Bis heute sind 25 Millionen Menschen an AIDS gestorben.

Das HI-Virus
Zwei Jahre nach der ersten Beschreibung von AIDS wird der **Erreger** entdeckt. Es handelt sich um das **HI-Virus** (engl. = **Hu**man **I**mmunodeficiency **V**irus), was mit „menschliches Immunschwäche-Virus" übersetzt werden kann.

Das HI-Virus ist kugelförmig und hat einen Durchmesser von etwa 100 nm. Unter zwei **Eiweißhüllen** verbirgt sich die **innere Kapsel**, in der sich die **Erbsubstanz** und Eiweißstoffe des Virus befinden. Auf der äußeren Hülle sitzen Andockstellen, die „**Spikes**" genannt werden. Sie bestehen aus speziellen Eiweißstoffen, die wie ein Schlüssel ins Schloss an die Andockstellen auf den **Wirtszellen** passen (▷ B 1).
[Struktur und Funktion, S. 132]

Nach dem Andocken an der Wirtszelle verschmelzen die Virushülle und die Zellmembran der Wirtszelle. Die innere Kapsel mit der Erbsubstanz des Virus gelangt in die Wirtszelle. Dort wird die Erbsubstanz der Wirtszelle so „umprogrammiert", dass diese nur noch neue HI-Viren bildet. Ist die Wirtszelle voll, verlassen die Viren die Wirtszelle und befallen andere Zellen (▷ B 1). Die Wirtszelle stirbt ab.

Schon nach wenigen Wochen sind so viele HI-Viren im Blut, dass man sie mit einem speziellen Test nachweisen kann. Die betroffene Person ist dann „**HIV-positiv**".

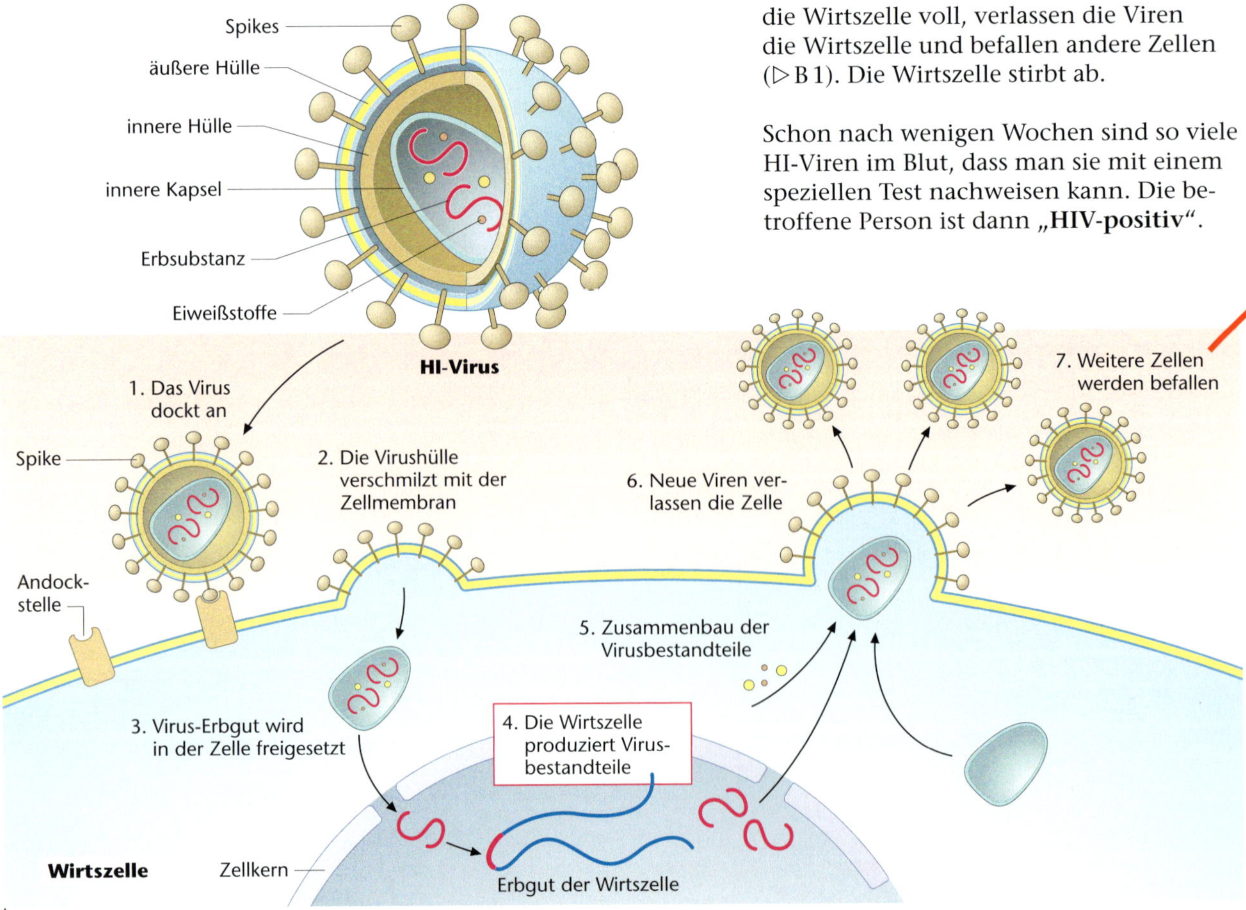

1 Vermehrung des HI-Virus in der Wirtszelle

Schreckliche Zahlen
Auf keinem anderen Kontinent der Welt ist HIV so verbreitet wie in Afrika. Insbesondere der Süden ist betroffen. So leben derzeit in Südafrika – dem Gastgeber der Fußballweltmeisterschaft 2010 – knapp 6 Millionen Menschen, die das HI-Virus in sich tragen: Das sind 18 % der Bevölkerung in diesem Land. Täglich sterben etwa 1000 Personen an AIDS.
In Botswana, Lesotho und Swasiland sind zum Teil mehr als ein Drittel der Erwachsenen infiziert. Laut **UNICEF**, dem Kinderhilfswerk der Vereinten Nationen, haben im Jahr 2010 allein in Afrika fast 16 Millionen Kinder ein Elternteil oder beide Eltern aufgrund von AIDS verloren.

Die Ursachen
Die Gründe für die Verbreitung von AIDS in Afrika sind vielfältig:

- Im Gegensatz zu Europa wurde sehr spät mit der **Aufklärungsarbeit** der Bevölkerung begonnen. AIDS konnte sich so über 20 Jahre ungehindert ausbreiten.
- Viele Menschen sind so **arm**, dass sie sich keine Kondome kaufen können.
- Ausgrenzung und Diskriminierung von AIDS-Kranken verringert die Bereitschaft, einen **HIV-Test** zu machen. Infizierte Personen verbreiten das Virus, ohne davon zu wissen.
- In vielen afrikanischen Ländern gibt es die **Vielehe** und es ist normal, mehrere sexuelle Beziehungen gleichzeitig zu haben. Dadurch kann sich das Virus schnell ausbreiten.

Die Folgen
Aufgrund der **Armut** können sich die meisten Betroffenen keine Medikamente kaufen, um den Infektionsverlauf zu verlangsamen. Neben den Infizierten leiden vor allem auch die Familien unter der Situation. Kinder müssen die Schule abbrechen, um ihre Eltern zu pflegen und sich um jüngere Geschwister zu kümmern. **AIDS-Waisen** werden diskriminiert und gehen oft nicht mehr zur Schule. Die Großeltern oder andere Angehörige müssen diese Kinder dann versorgen, obwohl sie selbst arm sind. Hunger und Unterernährung sind die unmittelbare Folgen. Somit schließt sich der **Teufelskreis**: Armut und mangelnde Bildung begünstigen eine weitere Verbreitung von AIDS.

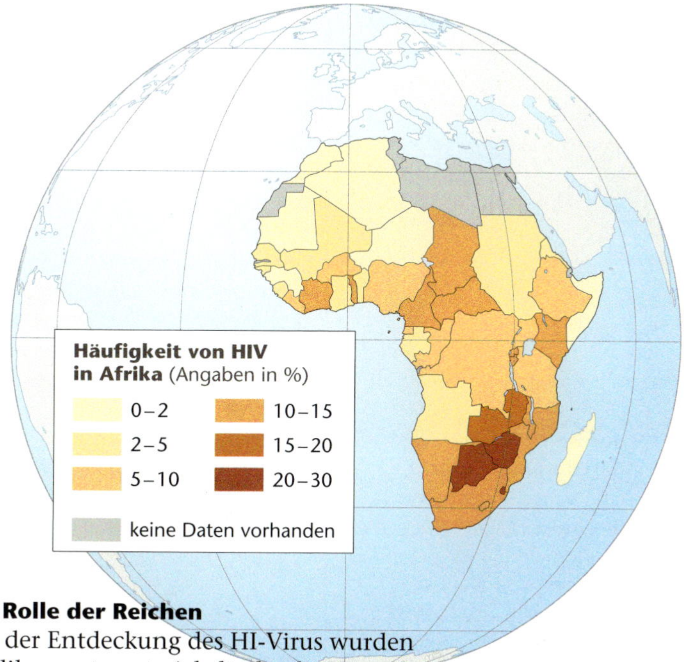

1 Häufigkeit von HIV in Afrika

Die Rolle der Reichen
Seit der Entdeckung des HI-Virus wurden Medikamente entwickelt, die die Vermehrung des Virus im Körper fast vollständig verhindern. Mit diesen Medikamenten können HIV-Infizierte lange Zeit leben, ohne dass AIDS ausbricht. In den reichen Industrienationen ist die medizinische Versorgung der Betroffenen gesichert, obwohl die Medikamente teuer sind:
In Europa kostet die Versorgung eines HIV-Infizierten ca. 1500 Euro im Monat. Aufgrund der großen Armut können afrikanische Staaten diese Summe nicht bezahlen, selbst wenn die Hersteller der Medikamente diese billiger anbieten würden. Die Menschen dort sind daher auf die **Unterstützung** und **Spendenbereitschaft** der Industrieländer angewiesen. Leider findet die nur selten im nötigen Ausmaß statt.

2 Zu teuer?!

Aufgaben

1 Gib den Inhalt von (▷ B 1) in Textform wieder.

2 Informiere dich über die aktuellen Zahlen in den osteuropäischen Ländern. Berichte über Ursachen und Zukunftsprognosen.

3 „Die Risikogruppen der Zukunft sind diejenigen, die glauben, keiner Risikogruppe anzugehören."
a) Beschreibe die Bedeutung der Aussage.
b) Erkläre, inwieweit die Schulbildung in diesem Zusammenhang von Bedeutung ist.

Viruserkrankungen

An **Kinderlähmung** (Poliomyelitis) können auch Erwachsene erkranken. Sie wird von Polioviren hervorgerufen. Erkrankte leiden an Kopf-, Rücken- und Gliederschmerzen und schwitzen stark. Bald darauf setzen Lähmungen ein. In schweren Fällen muss künstlich beatmet werden. Bis man wieder völlig gesund ist, kann es zwei Jahre dauern. Oft bleiben Veränderungen an Skelett und Gelenken zurück.

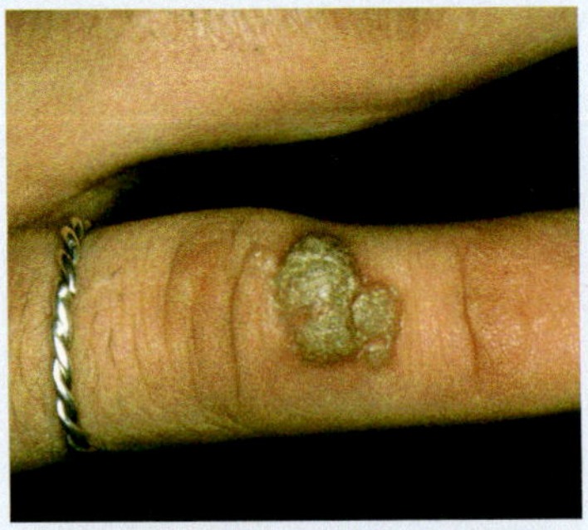

Viren sind auch für die Bildung von **Warzen** verantwortlich. Sie bewirken nach einer Inkubationszeit von sechs Wochen bis zwanzig Monaten ein unnormales Wuchern von Hautzellen. Oft heilen Warzen von selbst ab.

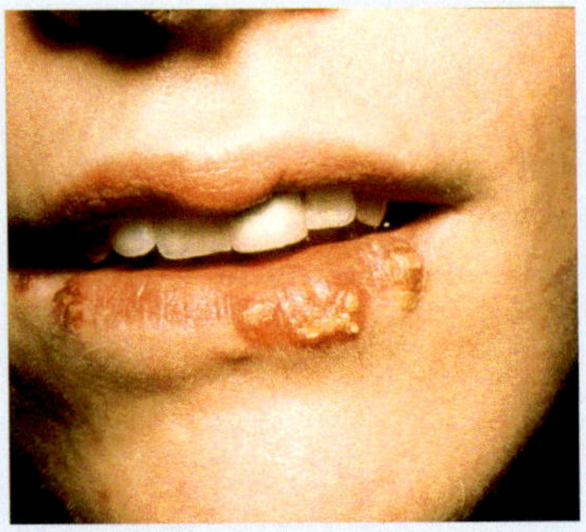

Auch die mit klarer Flüssigkeit gefüllten **Lippen-Herpesbläschen** sind das Werk von Viren. Sie befinden sich nach einer Erstinfektion dauerhaft und ohne Symptome in Nervenzellen. Signale wie Fieber, UV-Licht oder Stress reaktivieren das Virus. Nach Kribbeln und Stechen an den Lippen oder auch Naseneingängen bilden sich Herpesbläschen. Sie trocknen ab und verheilen in ca. 10 Tagen narbenlos. Medikamente verkürzen das Abheilen.

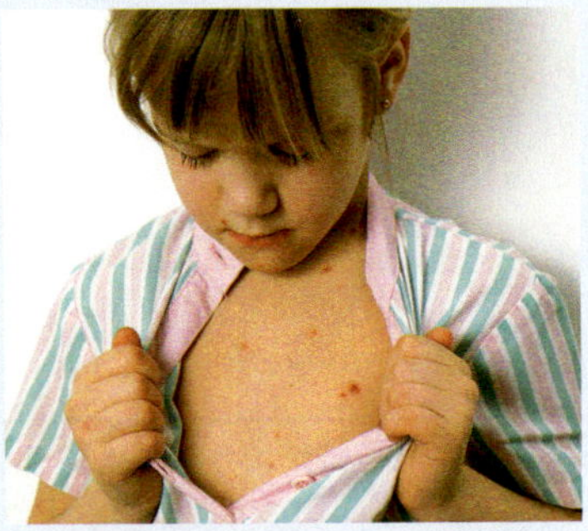

Windpocken werden meist durch Tröpfcheninfektion übertragen. Von der Infektion bis zum Ausbruch dieser Kinderkrankheit vergehen 10–21 Tage. Infizierte sind schon in den letzten 3–4 Tagen der Inkubationszeit und den fünf folgenden Tagen ansteckend. Typische Symptome sind leichtes Fieber und rote, stecknadelkopfgroße Hautflecken, aus denen sich in wenigen Stunden Bläschen entwickeln, die später verschorfen und abheilen. Der Ausschlag ist zuerst am Kopf sichtbar, breitet sich aber über den ganzen Körper aus. Nur wenn wegen des starken Juckreizes gekratzt wird, bilden sich Narben. Die Krankheit dauert eine Woche und nach 2–3 Wochen sind alle Hautveränderungen abgeheilt. Hat man die Windpocken überstanden, erkrankt man daran nicht wieder.

Auch **Tollwut** wird durch Viren hervorgerufen. Fast immer findet die Übertragung des Virus durch einen Hundebiss statt. Unbehandelt führt die Infektion zu einer meist tödlich verlaufenden Gehirnentzündung. Symptome einer Gehirnentzündung sind Lähmungen, Krämpfe, Angst, Verwirrtheit oder Halluzinationen. Die Inkubationszeit liegt zwischen 1 und 3 Monaten. Da es noch kein Heilmittel gibt, wird zu einer Vorbeugung durch Impfung geraten.

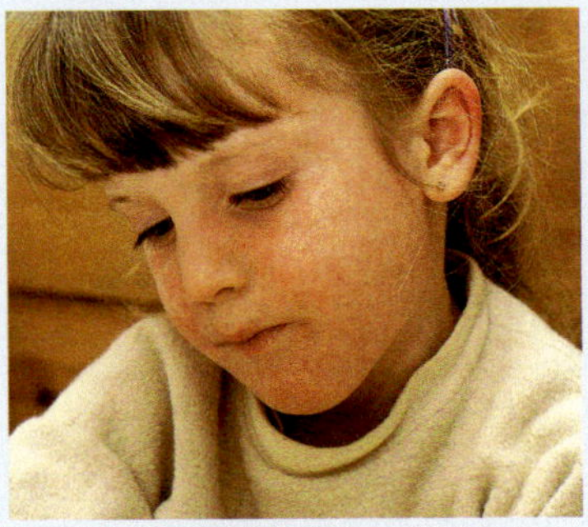

Auch das **Masern**-Virus wird über Tröpfcheninfektion übertragen. Nach 10–14 Tagen Inkubationszeit treten Husten, Schnupfen und leichtes Fieber auf. Nach weiteren vier Tagen zeigt sich am Hals und hinter den Ohren ein Hautausschlag, der sich über den ganzen Körper ausbreitet. Masern sind 1–2 Tage vor dem Auftreten der ersten Symptome bis zur kompletten Ausbreitung des Hautausschlags hoch ansteckend. In einigen Fällen verursachen Masern-Viren eine Entzündung des Gehirns. Vorbeugen kann man durch Impfen.

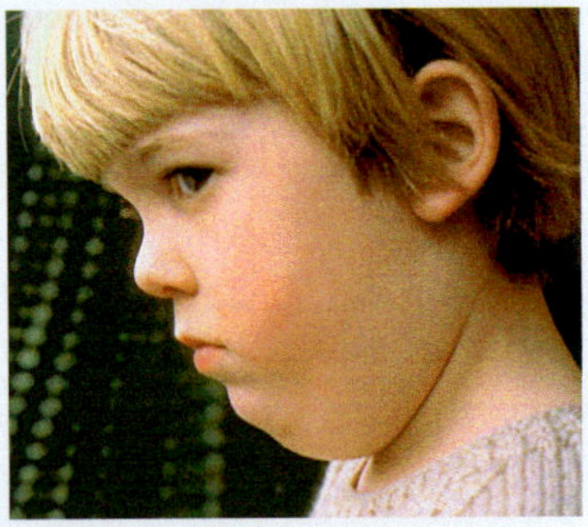

Mumps ist eine Kinderkrankheit, bei der es neben Fieber und Kopf- und Gliederschmerzen zum Anschwellen meist beider Ohrspeicheldrüsen kommt. Nach 5–8 Tagen sinkt das Fieber und die schmerzhafte Schwellung geht zurück. Die Inkubationszeit beträgt 12–35 Tage. Infizierte übertragen das Mumps-Virus schon 4 Tage vor bis 7 Tage nach Beginn der Krankheitsanzeichen durch Tröpfchen- oder Schmierinfektion.

Bakterielle Erkrankungen

Alle auf dieser Seite vorgestellten Krankheiten sind sehr gefährlich. Daher muss in jedem Fall ein Arzt oder eine Ärztin aufgesucht werden, wenn der Verdacht auf eine dieser Erkrankungen vorliegt!

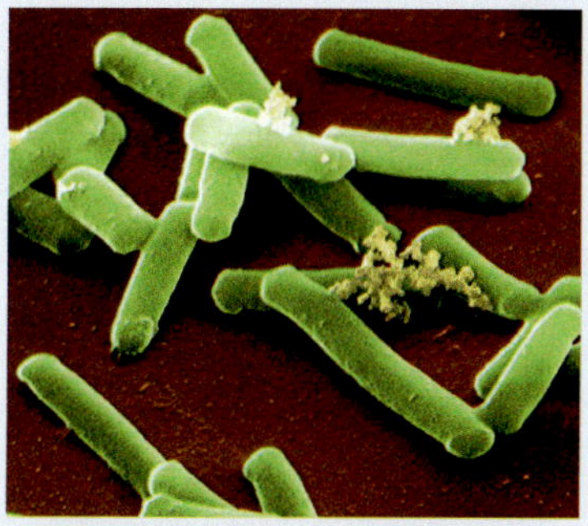

Tetanus entsteht, wenn mit Erde oder Schmutz ganz bestimmte Bakterien in eine Wunde gelangen. Diese Bakterien geben einen Stoff ab, der nach 4–14 Tagen zu starken Muskelkrämpfen führt. Im deutschen Namen **Wundstarrkrampf** finden sich entscheidende Merkmale der Krankheit wieder. Unbehandelt führen die Krämpfe in kürzester Zeit zum Tod.

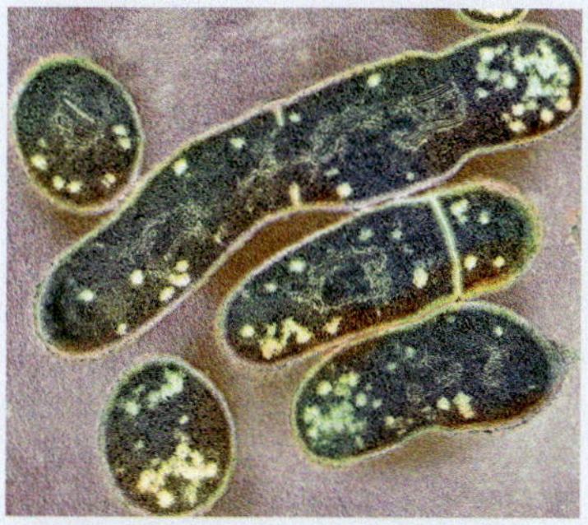

Diphtherie-Kranke zeigen eine starke Rötung des Rachens und mäßiges Fieber. Die Übertragung der Erreger erfolgt durch Tröpfcheninfektion. Gefährlich wird Diphtherie durch die Erstickungsgefahr bei starkem Anschwellen des Rachens und durch Giftstoffe (**Toxine**), die durch die Diphtheriebakterien abgegeben werden. Sie schädigen den Herzmuskel und führen zu Nervenlähmungen. Gegen die Toxine wurde ein Heilserum entwickelt. Antibiotika reichen zur Behandlung nicht aus, da sie die Toxine nicht unschädlich machen können.

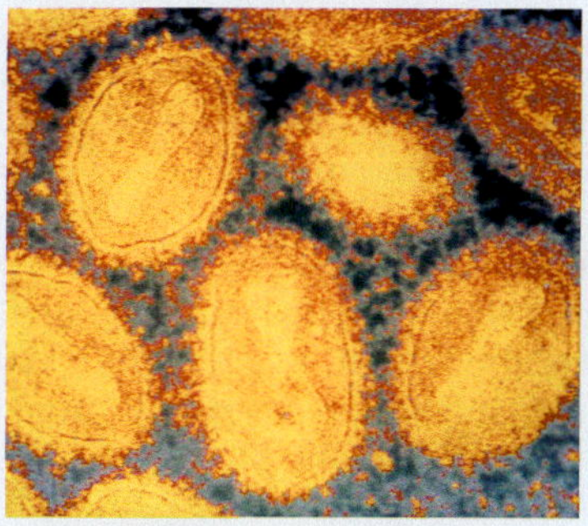

An **Keuchhusten** erkranken meist Säuglinge und Kinder. Die Ansteckung erfolgt über Tröpfcheninfektion. Ein bis zwei Wochen später kommt es zu keuchendem, krampfartigem Husten mit Erbrechen. Die nächtlichen Hustenanfälle können zum Ersticken führen.

Ursache des Keuchhustens ist eine Entzündung der Atemwege, die durch Bakterien ausgelöst wurde. Keuchhusten ist in den ersten sechs Wochen extrem ansteckend und daher **meldepflichtig**.

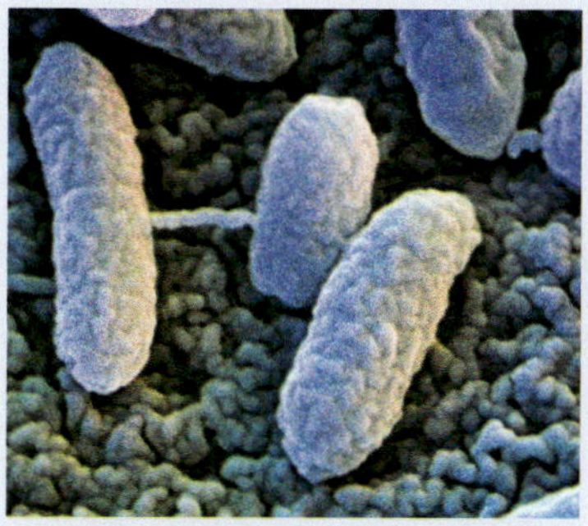

Wird mit Geflügel oder Eiern nicht hygienisch umgegangen und werden sie dann verzehrt, kann es zur **Lebensmittelvergiftung** durch **Salmonellen** kommen. Dabei gibt es über 1600 verschiedene Bakterienarten, die eine solche Lebensmittelvergiftung hervorrufen können.

Die nach 20–24 Stunden auftretenden Symptome sind Erbrechen und wässriger Durchfall. Sie halten ein bis zwei Tage an. Wegen des Flüssigkeitsverlustes muss viel getrunken werden. Gefährlich wird diese Krankheit für Kinder, alte und abwehrgeschwächte Menschen. Sie ist **meldepflichtig**, d. h. das Auftreten der Krankheit muss dem Gesundheitsamt gemeldet werden.

Durch vollständiges Garen von Eiern, Geflügel und ihren Produkten kann man die Infektion vermeiden.

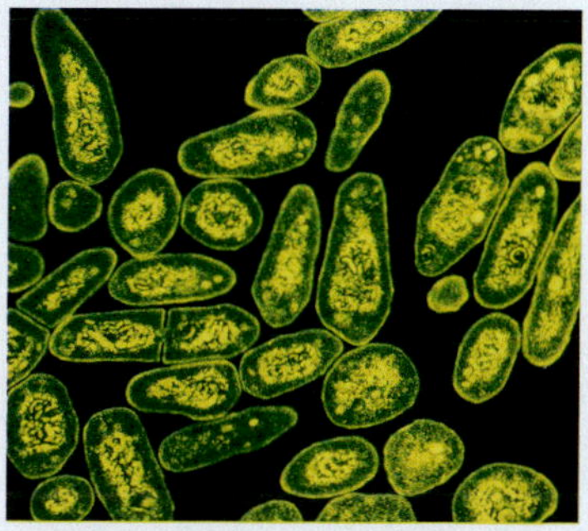

Eine der häufigsten Infektionskrankheiten der Lunge ist Tbc, die **Tuberkulose**. Weltweit sterben pro Jahr mehr als 2 Millionen Menschen an der in Deutschland **meldepflichtigen** Erkrankung. Früher wurde diese Krankheit Schwindsucht genannt und war noch viel stärker verbreitet.

Der Erreger wird durch Tröpfcheninfektion übertragen und befällt die Lunge. Nach vier bis sechs Wochen Inkubationszeit wird das Lungengewebe zerstört. Zusätzlich treten Fieber, Schwäche, Husten mit blutigem Auswurf und Gewichtsabnahme auf. Auch alle anderen Organe können durch Streuung der Bakterien geschädigt werden.

Tuberkulose kann auch heute nur schwer behandelt werden. Es wird ein Antibiotika enthaltendes Medikament verordnet.

Da meist dort Tuberkulose auftritt, wo viele Menschen auf engem Raum unter schlechten hygienischen Bedingungen leben, ist Hygiene eine gute Vorbeugung.

1 Anopheles (oben), Malariaerreger in roter Blutzelle (unten)

Ungewollte Mitbringsel

Verreist man in weit entfernte Gebiete der Erde, kann es sein, dass man sich dort mit Krankheiten infiziert, die es bei uns nicht gibt. So kehren jedes Jahr mehrere hundert deutsche Urlauber mit **Malaria** aus den Ferien zurück.
Weltweit erkranken jährlich etwa 300 bis 500 Millionen Menschen an dieser **Tropenkrankheit** und jedes Jahr sterben 1,5 bis 2,7 Millionen Infizierte daran.

Ein Mückenstich genügt

Malaria wird durch den einzelligen Erreger **Plasmodium** übertragen. Es gelangt durch den Stich einer infizierten **Anophelesmücke** (▷ B 1) ins menschliche Blut.

Die Plasmodien vermehren sich in der Leber und danach in den Erythrocyten des Menschen (▷ B 2). Die Vermehrung geschieht **ungeschlechtlich** durch **Zellteilung**. Dabei werden Abfallprodukte freigesetzt, die zu starkem Fieber, Schüttelfrost und Schweißausbrüchen führen. Diese Fieberanfälle treten bei der häufigsten Malariaform alle zwei Tage auf.

Wird ein Malaria-Infizierter von einer Anophelesmücke gestochen, gelangen mit dem aufgesaugten Menschenblut die Plasmodien in die Mücke. Dort vermehren sie sich **geschlechtlich**. Beim nächsten Stich werden die neu gebildeten Plasmodien dann auf das „Opfer" übertragen und können diesen Menschen infizieren.

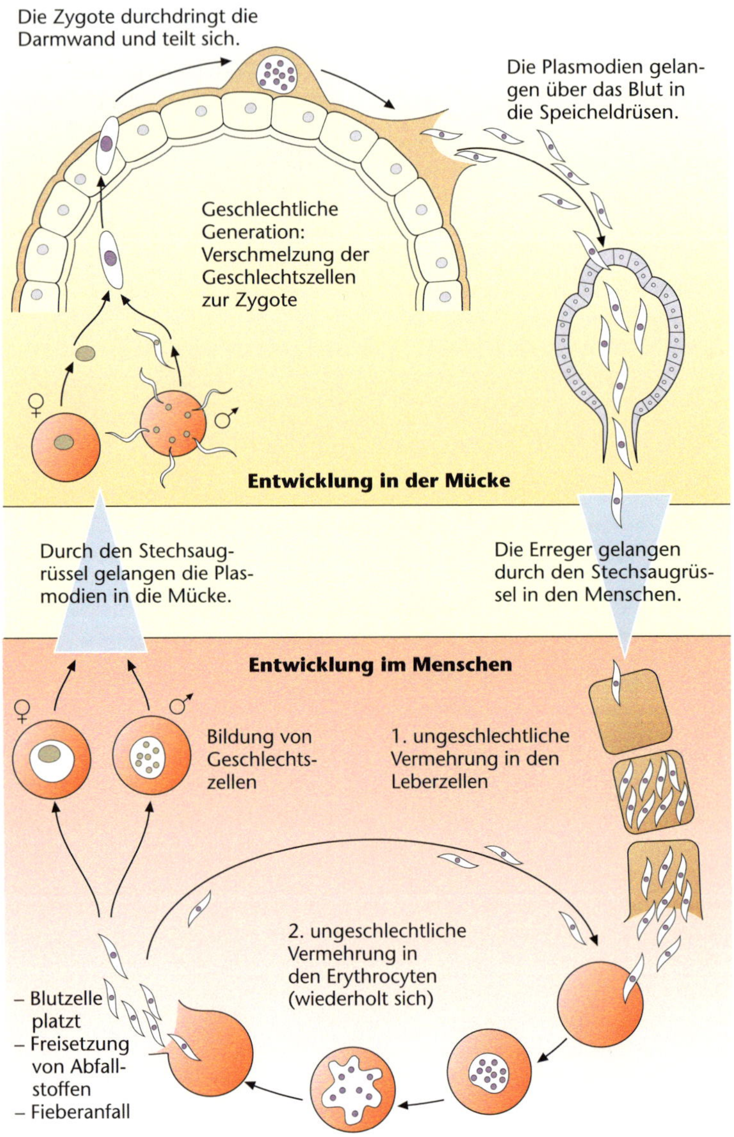

2 Entwicklungszyklus der Malaria

Malaria vermeiden

Da Anophelesmücken meist in der Dämmerung oder nachts stechen, sollte man lange Kleidung tragen und unter einem Moskitonetz schlafen. Die Haut kann man zusätzlich mit einem Insektenabwehrmittel einreiben. Außerdem kann man bereits vor Reisebeginn Medikamente einnehmen, die das Infektionsrisiko mit Malaria verringern. Ein vorsorglicher Impfstoff ist allerdings noch nicht bekannt.
[Entwicklung, S. 134]

Malaria ist eine weit verbreitete Infektionskrankheit, deren Erreger Plasmodium beim Stich der Anophelesmücke übertragen wird.

Aufgaben

1 a) Informiere dich über die Lebensansprüche der Anophelesmücke.
b) Auch in Deutschland kam es früher zu Malariainfektionen. Welche Bedingungen mussten damals vorhanden gewesen sein? Begründe.

2 a) Beschreibe den Verlauf von Malaria mithilfe von (▷ B 2).
b) Malaria wird auch Wechselfieber genannt. Erläutere.

3 a) Informiere dich im Internet, für welche Fernreiseziele eine Malariavorbeugung empfohlen wird.
b) Zeichne oder kopiere eine Weltkarte und trage diese Gebiete in die Karte ein.
c) Finde heraus, welche Gemeinsamkeiten die eingezeichneten Gebiete haben.

Andere Länder – andere Krankheiten

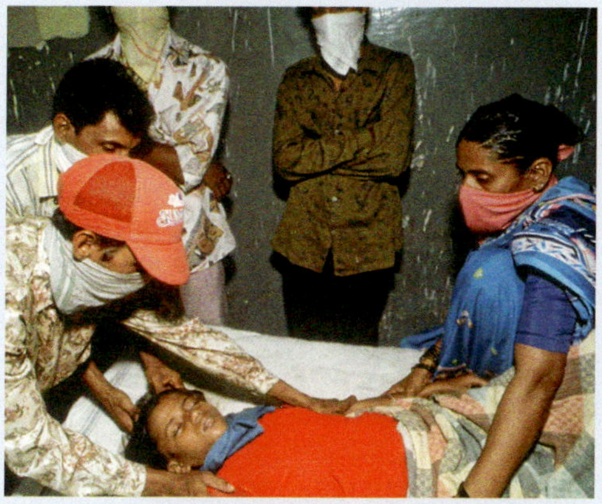

Die **Pest** ist eine sehr ansteckende Infektionskrankheit, die auf unterschiedlichen Wegen übertragen werden kann: über den Biss von Insekten, meistens Flöhen, oder über Tröpfcheninfektion. Der Erreger ist ein **Bakterium**, das in die Blutbahn gelangt und zu einer Blutvergiftung führen kann. Die Inkubationszeit beträgt mehrere Stunden bis zu sieben Tagen. Je nachdem, ob eine Beulen- oder Lungenpest vorliegt, unterscheiden sich auch die Symptome. Erkennt man sie frühzeitig, gibt es gute Chancen, die Krankheit mit **Antibiotika** zu heilen. Es gibt auch Schutzimpfungen, die jedoch nur wenige Monate Wirkung haben. Im Durchschnitt infizieren sich weltweit etwa 2500 Menschen jährlich, 180 Menschen sterben an Pest.

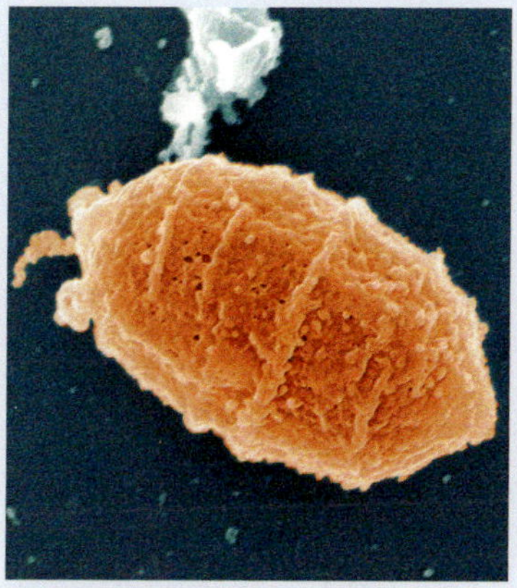

Die **Amöbenruhr** ist weltweit verbreitet, tritt aber vor allem in warmen Gebieten auf. Von den ca. 500 Millionen Infizierten erkranken jedoch nur etwa 10 % nach einer Inkubationszeit von einem Tag bis zu vier Wochen.
Die Amöbe ist ein **Einzeller** und gelangt mit verunreinigtem Wasser oder ungewaschenem Obst in den Darm des Menschen. Starke Bauchkrämpfe und blutiger Durchfall sind die ersten Symptome. Die meisten Infizierten zeigen keine Symptome, scheiden aber den Erreger in großen Mengen aus. Der beste Schutz vor Amöbenruhr ist Hygiene.

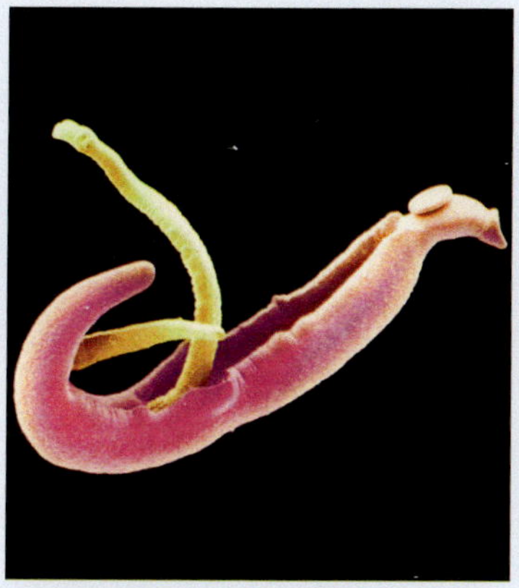

Etwa 200 Mio. Menschen sind weltweit an **Bilharziose** erkrankt. Der Erreger, ein **Pärchenegel**, lebt in Wasserschnecken der warmen Tropen- und Subtropengewässer. Bei Kontakt mit verunreinigtem Wasser dringen die **Larven** des Egels durch die Haut des Menschen und wandern über Lymph- und Blutgefäße in die Leber, wo sie sich zu Egeln entwickeln. Verbreitet werden diese über Darm und Blase. Die Symptome (Fieber, Gliederschmerzen und juckende Quaddeln) treten 3 bis 12 Wochen nach dem Befall auf.

Der Erreger der **Lepra** („Aussatz“) ist ein **Bakterium**. Nach einer Inkubationszeit von 9 Monaten bis zu 20 Jahren treten die ersten Symptome auf. Das Erregerbakterium wird mit dem Nasensekret oder bei erkrankten Frauen mit der Muttermilch übertragen. Weltweit sind 12 Millionen Menschen erkrankt, jedes Jahr gibt es ca. 250 000 neue Fälle.

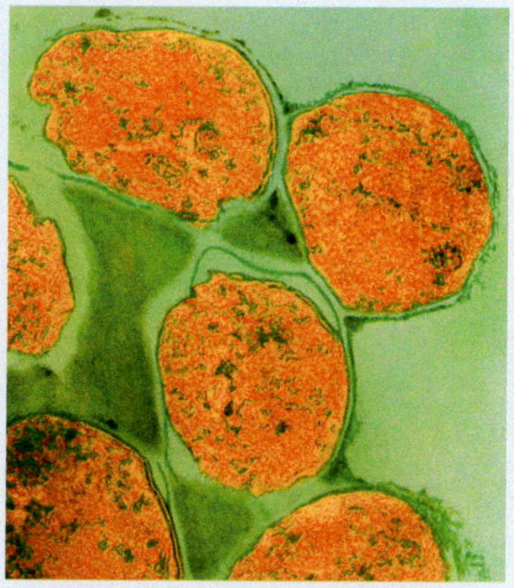

Typische Symptome sind Lähmungen, Schmerzunempfindlichkeit, Muskelschwund oder Hautveränderungen. Oft führt die Erkrankung zu Verstümmelungen.

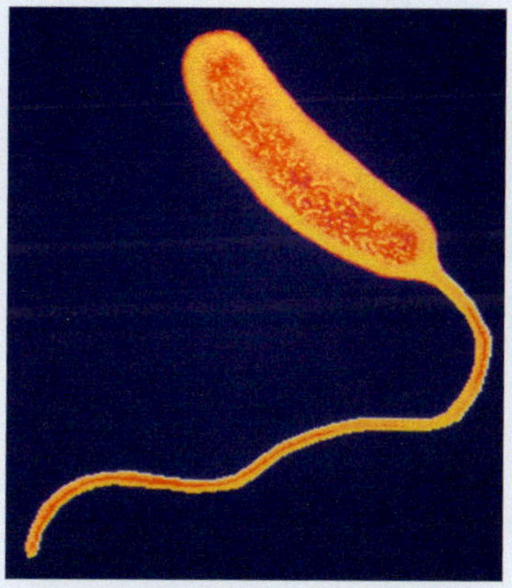

Jedes Jahr sterben etwa 2,5 Millionen Menschen an **Cholera**. Wenige Stunden bis fünf Tage nach der Infektion mit dem **Erregerbakterium** treten massive wässrige Durchfälle und Erbrechen auf. Unbehandelt führt Cholera bei bis zu 70 % der Erkrankten zum Tod.

Das Bakterium gelangt vor allem durch verunreinigtes Trinkwasser oder rohen Fisch in den menschlichen Darm und gibt dort sein Gift frei. Cholera-Patienten können innerhalb eines Tages 20 l Wasser verlieren! Der hohe Flüssigkeitsverlust kann zu Krämpfen, Kollaps, Herzrhythmusstörungen und zum Koma führen.
Bei Verdacht einer Infektion wird der Betroffene sofort isoliert. Eine Schutzimpfung gegen Cholera ist möglich.

Medizin: Epidemien und Pandemien

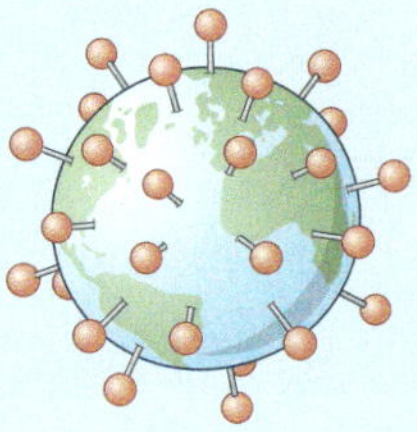

Viele Kranke auf einmal

Man kann jedes Jahr aufs Neue darauf warten, irgendwann erreicht uns die **Grippewelle** immer mehr oder weniger stark. Innerhalb weniger Tage haben sich viele Menschen mit dem Grippe-Virus infiziert und werden fast gleichzeitig krank.

Epidemie oder Pandemie?

Erkranken in einem Land oder in einem Landstrich etwa zur gleichen Zeit sehr viele Menschen an einer **Infektionskrankheit**, spricht man von einer **Epidemie**. Das ist z. B. der Fall, wenn etwa 10 bis 20 % der Menschen in einer Region Deutschlands von der jährlichen Grippewelle betroffen sind.

Viele Tropenkrankheiten treten **epidemisch** auf. Das **Dengue-Fieber** etwa grassiert vor allem in Südamerika, Afrika und Südostasien (▷ B 2). Der Erreger ist ein Virus, das vor allem durch die Weibchen der **Gelbfiebermücke** (▷ B 1) ins Blut der Menschen gelangt. Da es keine Medikamente oder Schutzimpfungen gegen das Virus gibt, ist der beste Schutz das Vermeiden von Mückenstichen.

Auch Krankheiten wie Pest, Cholera, Typhus oder Kinderlähmung können als Epidemien auftreten.

Im Gegensatz zu einer Epidemie ist eine **Pandemie** nicht auf eine bestimmte Region beschränkt: Weltweit und gleichzeitig erkranken Menschen an einer bestimmten Infektionskrankheit. Im Jahr 1968 kam es z. B. zur letzten Grippe-Pandemie.

Pandemien treten zwar seltener auf als Epidemien, aber in der heutigen Zeit ist das Risiko wesentlich höher als früher. Durch die Möglichkeit des Fliegens können Menschen schnell an alle Orte der Welt gelangen – und mit ihnen auch Krankheitserreger. So breitet sich seit 1981 eine weitere Pandemie aus: AIDS (▷ B 4).

Pandemien gab es aber auch früher immer wieder. Die Bekannteste ist wohl der „Schwarze Tod", eine **Pestpandemie** während des Mittelalters. Von 1347 bis 1353 breitete sich diese Pandemie von Asien bis Europa aus und allein in Europa starben fast 25 Millionen Menschen – ungefähr ein Drittel der damaligen Bevölkerung!

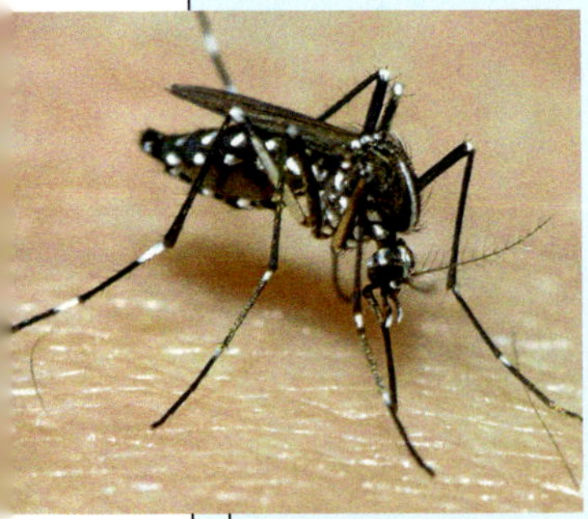

1 Gelbfiebermücke

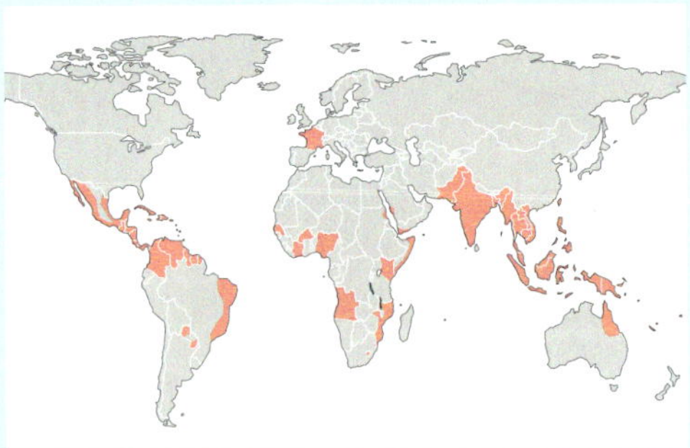

2 Dengue-Epidemien 2006

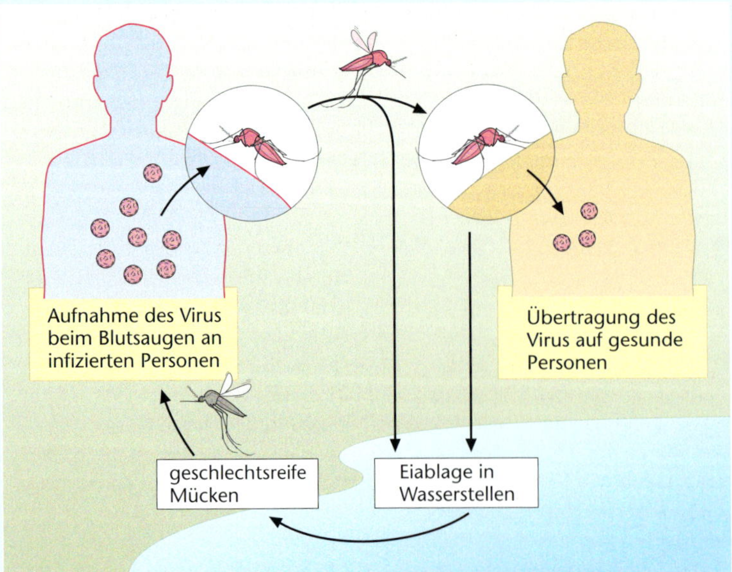

3 Infektionsweg des Dengue-Virus

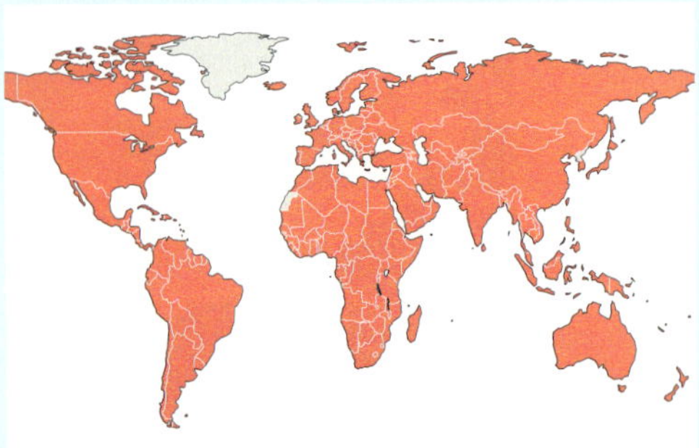

4 AIDS-Pandemie 2008

Zecke leer

Zecke vollgesogen

1 Vorsicht: Zeckengefahr!

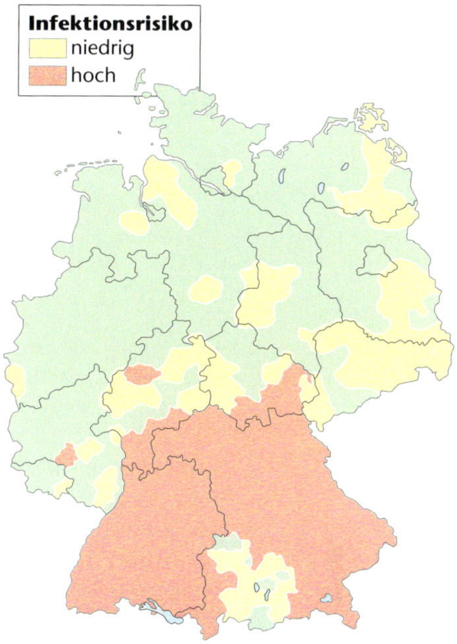

4 Verbreitung des FSME-Virus (Stand 2010)

2 Stechsaugrüssel einer Zecke, 530-fach vergrößert

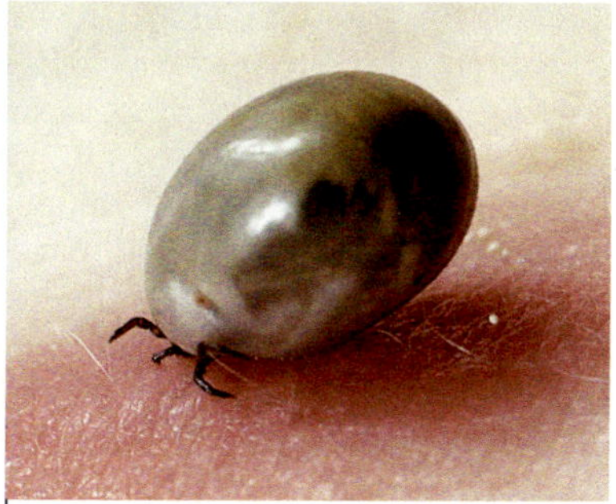

3 So lange sollte man mit dem Entfernen der Zecke nicht warten!

Ein Schmarotzerleben

Es gibt Lebewesen, die auf Kosten eines anderen Organismus leben. Diese **Parasiten**, auch Schmarotzer genannt, gibt es sowohl im Tier- als auch im Pflanzenreich. Sie entziehen ihrem **Wirt** Stoffe, die sie für ihre Ernährung brauchen, und schaden ihm auf diese Weise.

Zecken – blutsaugende Parasiten

Diese **Spinnentiere** findet man am häufigsten an Waldrändern oder in Wiesen (▷ B 1). Trifft die Zecke auf eine gut durchblutete Stelle eines Säugetieres, ritzt sie mit ihren Mundwerkzeugen die Haut auf und schiebt ihren **Stechsaugrüssel** (▷ B 2) in die Wunde. Während sie Blut oder Lymphe saugt, kann ihre Masse auf das 100- bis 200-Fache ansteigen (▷ B 3). Dieser Blutvorrat reicht ihr dann über viele Monate.

Damit das Blut beim Saugen nicht gerinnt, gibt die Zecke einen **gerinnungshemmenden Speichel** in die Wunde ab. Mit dem Speichel können Bakterien und Viren ins menschliche Blut gelangen.

Ein gefährliches **Virus** ist vor allem bei Zecken in Süddeutschland verbreitet (▷ B 4). Es ruft bei 10 % der infizierten Menschen die **Frühsommer-Hirnhautentzündung (FSME)** und Gehirnentzündungen hervor, die zu bleibenden Schäden führen können. Gegen diese Virusinfektion ist eine vorbeugende **aktive Immunisierung** möglich.

Ein **Bakterium** im Speichel der Zecke ist der Erreger der **Borreliose**. Oft bildet sich bis zu vier Wochen nach dem Zeckenstich an der Einstichstelle eine ringförmige Rötung. Jetzt sollte man spätestens zum Arzt, da in diesem Stadium die Heilungsaussichten noch sehr gut sind. Unbehandelt kann es später zu Lähmungen, Gedächtnisstörungen und chronischen Gelenkentzündungen kommen.

Das **Borelliosebakterium** wird von 20 bis 30 % aller Zecken übertragen. Um das Infektionsrisiko zu verringern, sollte man seinen Körper nach jedem Aufenthalt im Freien gründlich auf Zecken untersuchen. Hat man eine Zecke entdeckt, sollte man sie vorsichtig mit einer **Zeckenzange** (▷ B 5) oder einer „Zeckenkarte" herausziehen. Nach dem Entfernen muss die Einstichstelle desinfiziert werden, um Entzündungen zu vermeiden. Ist man sich unsicher, ob man wirklich die ganze Zecke „erwischt" hat, sollte man die Reste von einem Arzt entfernen lassen.

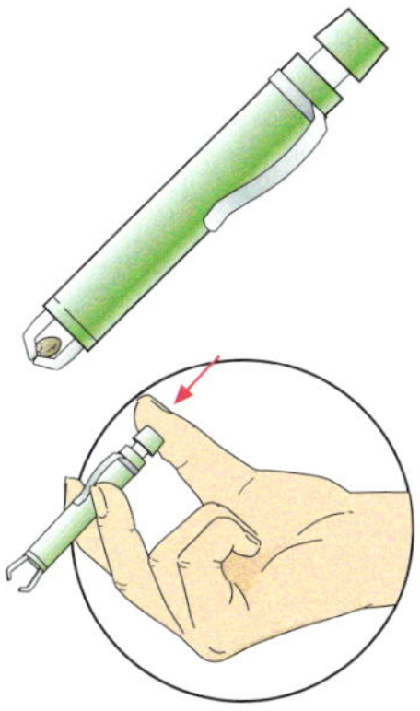

5 Zur Entfernung von Zecken gibt es spezielle Zeckenzangen.

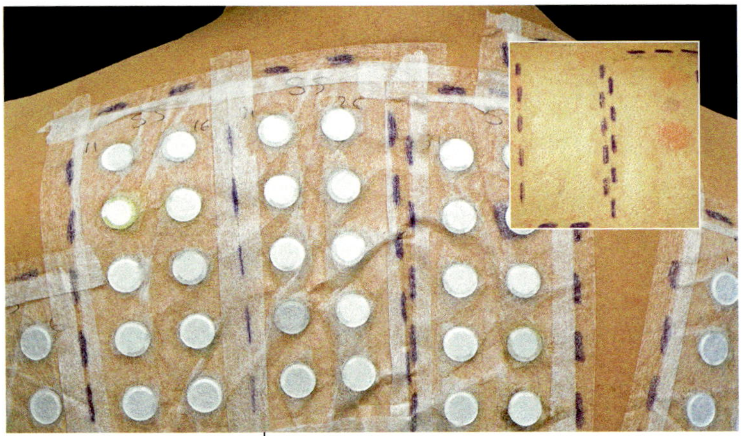

1 Allergietest, Testergebnis rechts

Was ist eine Allergie?

Normalerweise reagiert unser Immunsystem auf körperfremde Substanzen, die gefährlich sind, z. B. auf Krankheitserreger. Die Zellen des Immunsystems greifen die „Eindringlinge" an und versuchen sie unschädlich zu machen. Unter einer **Allergie** versteht man eine **Überreaktion** des Immunsystems auf bestimmte und eigentlich harmlose Fremdstoffe aus der Umwelt, wie z. B. Pollen, Hausstaub, Stoffe in der Nahrung oder bestimmte Chemikalien.

2 Gebrauch eines Inhalators bei allergischem Asthma

Stoffe, die eine Allergie auslösen können, werden als **Allergene** bezeichnet. Die Allergene gelangen mit der Atemluft, der Nahrung oder auch schon bei direktem Hautkontakt in unseren Körper. Genau wie Krankheitserreger, rufen Allergene eine Abwehrreaktion des Körpers hervor.

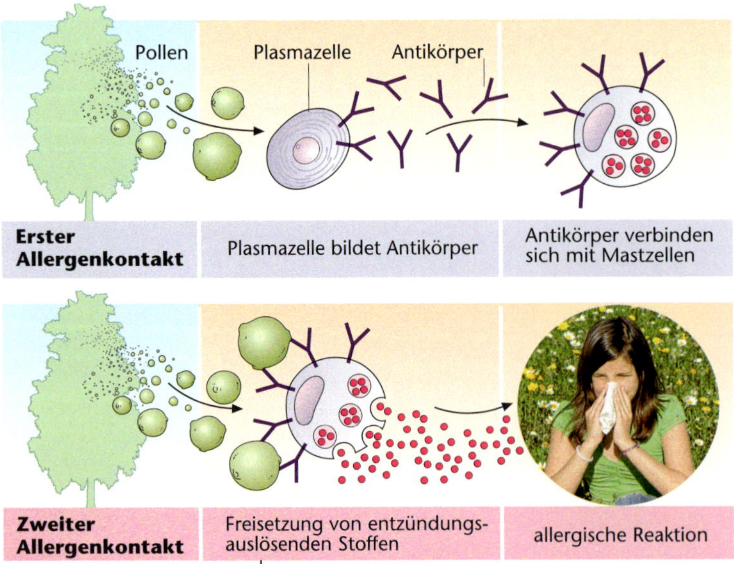

3 Allergische Reaktion

Allergische Reaktionen

Manche Allergene, wie z. B. Pollen, lösen beim ersten Kontakt noch keine typischen Allergiesymptome aus. Allerdings hat das Immunsystem schon reagiert und **spezifische Antikörper** gegen das Allergen gebildet. Die Antikörper setzen sich auf der Oberfläche von bestimmten Zellen des Immunsystems fest, den **Mastzellen**. Es findet eine **Sensibilisierung** statt.
[Struktur und Funktion, S. 132]

Die Mastzellen haben **entzündungsauslösende Stoffe** gespeichert. Beim zweiten Kontakt mit demselben Allergen werden diese Stoffe freigesetzt und es kommt zur **allergischen Reaktion** (▷ B 3) mit den typischen Heuschnupfen-Symptomen: Die Schleimhäute schwellen an, Juckreiz tritt auf, die Bronchien verengen sich, in schweren Fällen kommt es zu Asthma (▷ B 2).

Eine Allergie ist eine Überreaktion des Immunsystems auf normalerweise harmlose Stoffe. Diese Stoffe nennt man Allergene.

Keine eindeutigen Ursachen

Warum heute immer mehr Menschen Allergien haben oder bekommen, ist noch nicht eindeutig geklärt. Als eine mögliche Ursache wird z. B. die Zunahme von Schadstoffen in der Luft genannt. Aber auch veränderte Ernährungsgewohnheiten, Nikotin, Alkohol oder seelische Belastungen können Allergien hervorrufen. Oft sind gerade die Menschen Allergiker, die sehr auf Hygiene bedacht sind. Zudem gibt es Allergien, die erblich bedingt sind.

Wie kann man Allergien feststellen?

Bei vielen allergischen Reaktionen ist zunächst nicht klar, durch welche Stoffe sie ausgelöst werden. Auf welche Allergene der Patient reagiert, kann ein Arzt mithilfe eines **Allergietests** feststellen (▷ B 1). Dazu werden auf den Rücken oder auf den Unterarm Tropfen mit verschiedenen **Allergen-Extrakten** aufgetragen. Danach ritzt man die Hautstellen unter den Tropfen leicht an, sodass die Flüssigkeit in die Oberhaut eindringen kann. Nach ungefähr 20 Minuten kann man an Rötungen oder Schwellungen sehen, ob und wie stark das Immunsystem auf ein bestimmtes Allergen reagiert.

Umgang mit Allergien
Je nachdem, welche Allergie vorliegt, kann unterschiedlich therapiert werden. Bei **Pollenallergien** kann man schon große Verbesserungen erzielen, wenn man die betreffenden Pollen meidet. Hierfür gibt es eigens **Pollenflugkalender**, an denen man ablesen kann, wann z. B. die Birkenpollen besonders stark in der Luft zu finden sind (▷B 4). In dieser Zeit sollte man dann den Aufenthalt im Freien vermeiden.

Hausstauballergien lassen sich ähnlich abmindern. Betroffene sollten Teppiche oder viele Vorhänge in ihrer Wohnung vermeiden. Ist die Vermeidung von Kontakten nicht möglich, gibt es für gewisse Allergene Medikamente.

Der Begriff „**Tierhaarallergie**" ist eigentlich nicht korrekt, da diese Allergien nicht durch die Haare der Tiere ausgelöst werden. Allergiker reagieren auf **Eiweiße** in Hautschuppen oder auf andere Stoffe, die im Fell des Tieres haften, wie beispielsweise Rückstände von Kot, Urin oder Speichel. Gelangen diese Rückstände oder Haare über die Luft auf die Schleimhäute der Augen, der Nase oder Bronchien von sensibilisierten Menschen, verursachen sie die allergischen Reaktionen.

Vermindern lassen sich die allergischen Reaktionen natürlich am besten durch Vermeidung von direktem Kontakten mit Tieren. Da die Allergene aber auch durch die Luft verbreitet werden und sich auf Kleidung oder Gegenständen in der Wohnung festsetzen können, hilft nur peinliche Sauberkeit. Es gibt aber auch Medikamente, die man vorbeugend einnehmen kann.

Eine mögliche Behandlungsform
Manche Allergien kann mit einer **Desensibilisierung** behandeln. Dabei wird der Körper an immer größer werdende Mengen an Allergenen gewöhnt. Man setzt sich in regelmäßigen Abständen genau dem Allergen aus, das bekämpft werden soll, und erhöht langsam die Dosis. Die Dauer einer Desensibilisierung liegt zwischen zwei und drei Jahren.
Diese Behandlung funktioniert allerdings nur teilweise, z. B. gegen Bienengift- oder Hausstaubmilbenallergene. Gegen bestimmte Schimmelpilze oder Federn ist noch keine Therapie möglich.

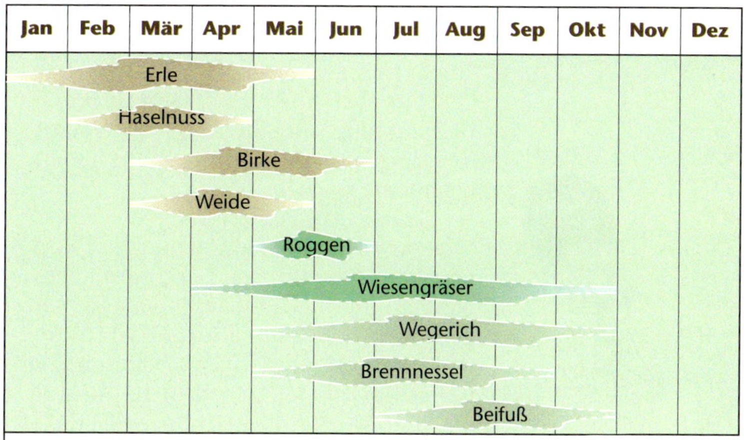

4 Pollenflugkalender

Aufgaben

1 Erkläre, warum ein übertriebenes Hygienebewusstsein eine Ursache für Allergien sein kann.

2 „Eine Allergie ist eine Wohlstandskrankheit!" Nimm Stellung zu dieser Aussage.

3 In unserer Gesellschaft gibt es immer mehr Lebensmittelallergien, wie die Lactoseintoleranz oder die Glutenallergie.
a) Recherchiere, wogegen der Körper jeweils allergisch reagiert.

b) Wie werden diese Allergien behandelt?

4 Überlege, weshalb ein Wespenstich bei den meisten Menschen nur zu einer Schwellung an der Einstichstelle, bei manchen jedoch zu einem lebensbedrohlichen Kreislaufkollaps führt.

5 Häufige Allergene

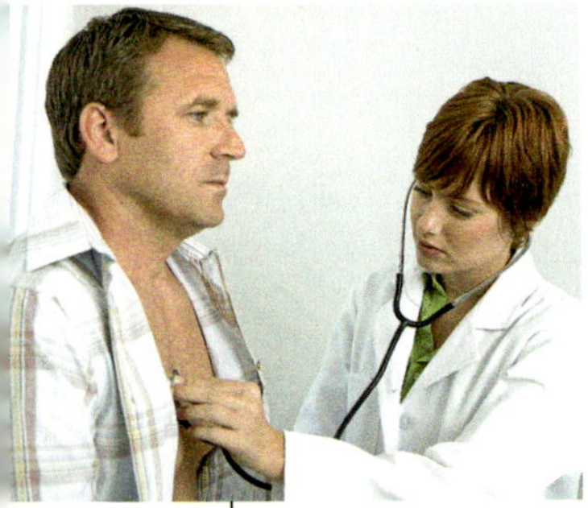

1 Beim Hausarzt

Ist man krank, sucht man in der Regel professionellen Rat bei seinem **Hausarzt** oder einem **Facharzt**. Manche Patienten wenden sich auch an einen **Heilpraktiker**. Heilpraktiker sind allerdings keine Ärzte und dürfen nur bestimmte Krankheiten behandeln.

Viele Ärzte bieten heute neben den **konventionellen**, d.h. den herkömmlichen Behandlungsmethoden der wissenschaftlichen Medizin auch **alternative Heilmethoden** an. Heilpraktiker arbeiten häufig nur mit Methoden der **Naturheilkunde** oder der **Alternativmedizin**. Viele der alternativen Methoden sind sehr umstritten, da ihre heilende Wirkung wissenschaftlich nicht nachzuweisen ist. Bei ernsthaften Erkrankungen sollte man sich deshalb nicht ausschließlich darauf verlassen! Sie können nur eine Ergänzung zu den konventionellen Behandlungsmethoden sein.

Ein Besuch beim Hausarzt

Um feststellen zu können, woran der Patient erkrankt ist, lässt sich der Arzt zunächst die Beschwerden und **Symptome** schildern. Danach wird der Patient gründlich untersucht (▷ B 1). Anhand der Symptome und Untersuchungsergebnisse kann der Arzt dann oft schon eine **Diagnose** stellen und wird eine **Therapie** vorschlagen oder den Patienten zur weiteren Behandlung an einen Facharzt überweisen.

Nicht ohne richtige Beratung

Es gibt unterschiedliche Möglichkeiten, Krankheiten zu heilen oder ihre Symptome zu lindern. Je nach Art der Erkrankung verordnet der Arzt z. B. ein Medikament. Bei einer leichten Erkältung empfehlen viele Ärzte heute synthetisch hergestellte Arzneimittel oder pflanzliche Wirkstoffe, die man sich „frei" in der Apotheke kaufen kann. Andere Präparate, wie z. B. alle Antibiotika, zählen zu den **rezeptpflichtigen Medikamenten**. Diese erhält man nur nach Vorlage eines **Rezeptes**, das von einem Arzt ausgestellt sein muss.

In der Regel bekommt der Patient vom Arzt bereits genaue Anweisungen, wie oft, wann und in welcher Dosierung er das Medikament einnehmen soll. Diese Angaben finden sich zudem auf dem **Beipackzettel**, der jedem Medikament beiliegt. Hier stehen auch zusätzliche Informationen über eventuelle **Nebenwirkungen** und Wechselwirkungen mit anderen Präparaten.

Jedes Medikament wirkt auf ganz bestimmte Weise in unserem Körper. Ob es heilende Wirkung hat oder zum schädlichen Gift wird, hängt im Wesentlichen von der richtigen Einnahme ab. Deshalb gilt in jedem Fall:

- Immer die Anweisungen des Arztes befolgen.
- Die Informationen auf dem Beipackzettel genau lesen.
- Niemals ohne Beratung durch einen Arzt, Apotheker oder Heilpraktiker Medikamente kaufen und einnehmen.

Pflanzen gegen Krankheiten

Schon seit Tausenden von Jahren nutzt der Mensch Wirkstoffe aus der Natur und bestimmte Pflanzen, um Krankheiten zu behandeln. So verwendeten z. B. die alten Ägypter Feigen als leichte Abführmittel oder die Küchenzwiebel als Desinfektionsmittel. Auch heute noch werden Kräuter und andere Pflanzen von Ärzten, vor allem aber von Heilpraktikern als **Heilmittel** eingesetzt. Salbei-Bonbons und Kamillentee helfen z. B. bei Halsschmerzen und eine Salbe aus **Ringelblumen** (▷ B 4) unterstützt die Heilung von Wunden.

Viele Pflanzen enthalten Wirkstoffe, die man – isoliert und mit festgelegter Dosierung – in Form von Tabletten, Kapseln oder Säften kaufen kann. Pflanzliche Medikamente wirken aber oft genauso stark wie synthetisch hergestellte. Man muss sich auch bei ihnen vor einer **Überdosierung** hüten und sich über **Nebenwirkungen** informieren. Deshalb sollte man auch diese Präparate nie „auf eigene Faust" und ohne professionelle Beratung einnehmen!

Akupunktur – ein Heilverfahren mit Tradition

Eine bekannte Methode der Alternativmedizin ist die **Akupunktur**, die vor über 2200 Jahren in China entwickelt wurde.

2 Vorsicht: Medikamente können Nebenwirkungen haben!

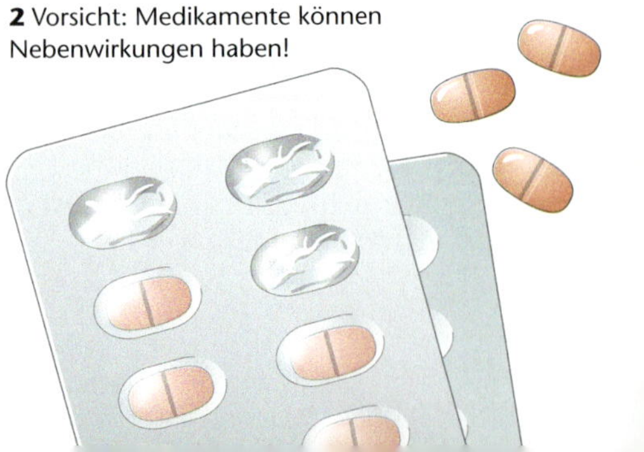

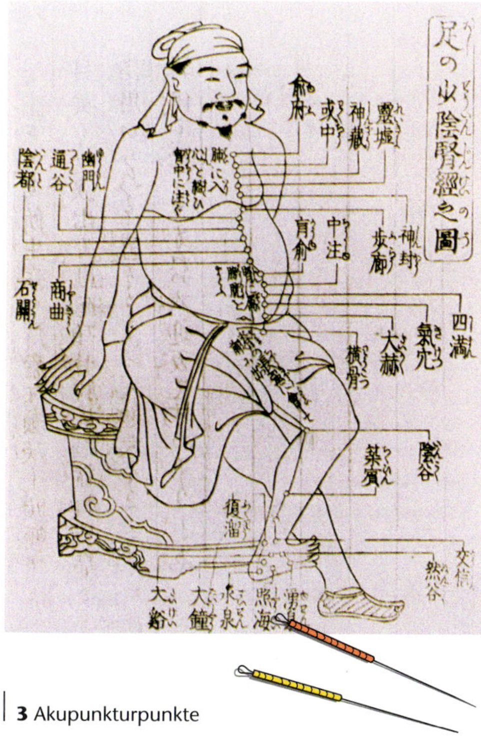

3 Akupunkturpunkte

Bis heute ist jedoch der Wirkmechanismus im Körper nicht wissenschaftlich nachgewiesen. Die Lehre der Akupunktur geht davon aus, dass der menschliche Körper von Bahnen, den **Meridianen**, durchzogen ist. Auf ihnen sollen die Lebensenergien „Qi“ fließen, die auf alle Körperfunktionen Einfluss haben sollen. Ist der Energiefluss gestört, soll er durch das Einstechen von speziellen **Akupunkturnadeln** an bestimmten Punkten gehemmt, angeregt und ausgeglichen werden (▷B3).

„Gleiches mit Gleichem behandeln“

Ein von dem deutschen Arzt Samuel Hahnemann (1755-1843) entwickeltes alternatives Heilverfahren ist die **Homöopathie**. Hahnemann war überzeugt davon, dass „Ähnliches durch Ähnliches geheilt werden kann.“ Nach diesem **Ähnlichkeitsprinzip** dürfen dem Patienten nur solche Medikamente in sehr niedriger Dosierung verabreicht werden, die in höherer Dosierung bei einem Gesunden ein ähnliches Krankheitsbild hervorrufen. Die Grundsubstanzen, aus denen homöopathische Mittel hergestellt werden, sind jedoch häufig giftig oder gesundheitsschädlich. Deshalb müssen die einzelnen Wirkstoffe extrem verdünnt und die Mittel dürfen nur in geringsten Mengen verabreicht werden.

„Der Glaube versetzt Berge“

In homöopathischen Mitteln sind die Wirkstoffe also oft nur in so kleiner Menge vorhanden, dass sie eigentlich nicht mehr wirken können. Doch warum fühlen sich manche Patienten besser nach einer solchen Behandlung?

Seit einigen Jahrzehnten weiß man, dass allein der Glaube an die Wirksamkeit eines Medikamentes ausreichen kann, um bestimmte Beschwerden zu lindern. Selbst wenn die Tablette, die geschluckt wurde, nur aus Zucker oder Stärke besteht, kann man manchmal feststellen, dass der Patient positiv darauf reagiert und sogar ein Heilungsprozess eintritt. Man nennt dies den **Placebo-Effekt**.

In der medizinischen Forschung werden heute Scheinmedikamente (**Placebos**) eingesetzt, um die Wirksamkeit neuer Medikamente zu bewerten. Einer Patientengruppe wird ein echtes Medikament, einer zweiten Gruppe ein Placebo verabreicht. Das echte Medikament wird erst dann als „wirksam“ eingestuft, wenn es die Wirkung des Placebos deutlich übertrifft.

4 Ringelblumen

Aufgaben

1 Sicher kennst du den Spruch: „Bei Risiken und Nebenwirkungen fragen sie Ihren Arzt oder Apotheker.“ Nimm Stellung zu diesem Satz.

2 Bewerte mithilfe des Textes dieser Seiten folgende Meinung: „Pflanzliche Medikamente bergen weniger Risiken als synthetische Medikamente.“

3 „Allein die Menge macht das Gift“. Erkläre diese Aussage im Zusammenhang mit Arznei- und Heilmitteln.

4 Brauchst du deine Medikamente nicht mehr oder haben sie ihr Verfallsdatum überschritten, darfst du sie nicht einfach in die Mülltonne werfen. Erkläre.

5 Es gibt eine Vielzahl von alternativen Heilmitteln und -methoden, wie z. B. die Bach-Blüten-Therapie, die Schüßler-Salze oder das Schröpfen. Informiere dich darüber und stelle eine Vermutung auf, ob ihre Wirkung auf dem Placebo-Effekt beruhen könnte.

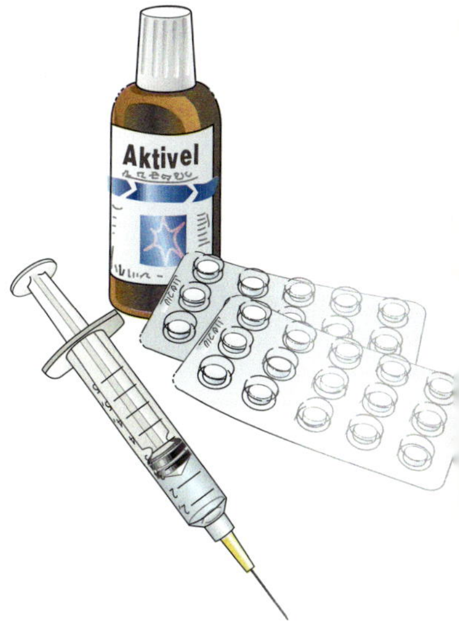

Das Schutz- und Abwehrsystem des Menschen

Für die Gesundheit kannst du etwas tun

Gesundheit wird als vollkommenes, körperliches, geistiges und soziales Wohlbefinden definiert. Für jeden der drei Bereiche gibt es Schutz- und Risikofaktoren. Viele kannst du selbst beeinflussen und so einen Beitrag zu deiner Gesundheit leisten.

Schütze, was dich schützt!

Deine Haut ist ein vielseitiges Organ, das den Körper vor zahlreichen Umwelteinflüssen schützt. Damit die Haut diese Funktion ein Leben lang erfüllen kann, ist es wichtig, dass du selbst auf deine Haut achtest. Schütze sie vor allem vor zu viel Sonne.

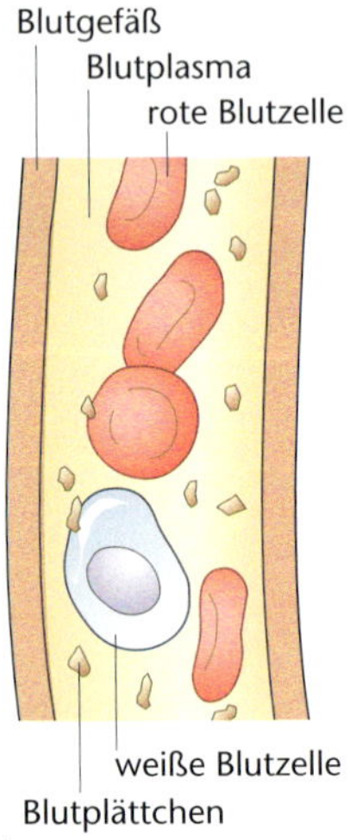

1 Blutbestandteile

Blut – mehr als eine rote Flüssigkeit

Blut besteht aus flüssigen und festen Bestandteilen. Der flüssige Teil, das Plasma, enthält gelöste Substanzen. Zudem enthält es sogenanntes Fibrinogen, welches bei der Blutgerinnung eine wichtige Rolle spielt. Entzieht man das Fibrinogen, so erhält man Blutserum. Feste Bestandteile des Blutes sind Blutplättchen (Thrombocyten), weiße Blutzellen (Leukocyten) und rote Blutzellen (Erythrocyten).

Versorgung der Zellen durch Lymphe

Im Bereich der Kapillaren wird ein Teil der Blutflüssigkeit aus dem Blutkreislauf in das umliegende Gewebe gedrückt. Dort umfließt es die Zellen und versorgt sie mit Nährstoffen und Sauerstoff. Über Lymphgefäße gelangt die Lymphe wieder in den Blutkreislauf. In den Lymphknoten werden Krankheitserreger bekämpft.

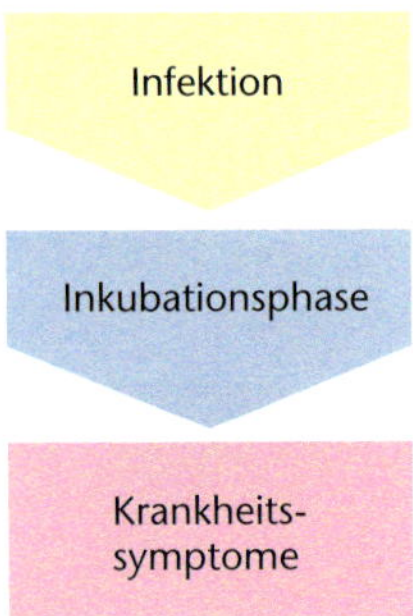

2 Verlauf einer Infektionskrankheit

Blutgerinnung

Bei Verletzungen wird die Wunde durch einen Wundpfropf verschlossen. Dieser entsteht dadurch, dass wasserlösliches Fibrinogen in wasserunlösliche Fibrinfäden umgewandelt wird. In diesem Netz aus Fibrinfäden bleiben die Blutzellen hängen und verstopfen so die Wunde.

Blutgruppen

Auf der Oberfläche der roten Blutzellen befinden sich Antigene. Diese sind verantwortlich für die Einteilung des Blutes in die vier unterschiedliche Blutgruppen A, B, AB und 0. Im Blut befinden sich Antikörper, die zu einer Verklumpungsreaktion führen können. Bei einer Übertragung (Transfusion) muss daher auf die passende Blutgruppe geachtet werden.

Das Immunsystem

Gelangen Krankheitserreger in den Körper, werden sie von unserem Immunsystem bekämpft. Dabei unterscheidet man zwei Formen der Abwehr : Bei der unspezifischen Immunreaktion richten sich Fresszellen gegen Eindringlinge jeglicher Art. Bei der spezifischen Immunreaktion werden Antikörper gebildet, die genau zum Krankheitserreger passen. Die entstehenden Antigen-Antikörper-Komplexe werden von Fresszellen zerstört.

Verlauf einer Infektionskrankheit

Wird unser Körper von Viren oder Bakterien befallen, so lässt sich häufig ein typischer Krankheitsverlauf erkennen. In der Inkubationsphase vermehren sich die Krankheitserreger. In der Phase der Erkrankung treten die für den Erreger typischen Krankheitssymptome auf. In der Phase der Gesundung nehmen die Symptome ab.

HIV

Das HI-Virus wird durch Blut oder virushaltige Flüssigkeiten wie Sperma und Scheidensekret übertragen. Im Körper befällt es die T-Helferzellen und zerstört sie. Diese sind aber für eine spezifische Abwehr von Krankheitserregern von enormer Bedeutung. Unbehandelt kann es zu tödlichen Sekundärinfektionen kommen.

Prävention

Mit Kondomen beim Geschlechtsverkehr oder mit Einmalhandschuhen bei der Ersten Hilfe kann man sich effektiv vor einer Infektion mit HI-Viren schützen.

Impfen schützt

Bei der passiven Immunisierung werden einer erkrankten Person Antikörper gegen den Krankheitserreger gespritzt. Dadurch kommt es zu einer schnell wirksamen Bekämpfung der Erreger. Bei der aktiven Immunisierung werden einer gesunden Person abgeschwächte bzw. abgetötete Erreger gespritzt. Das Immunsystem bekämpft die Erreger und bildet Gedächtniszellen. Diese ermöglichen eine rasche Bekämpfung der Erreger bei einer Zweitinfektion.

Malaria
Bei einem Stich der Anophelesmücke können einzellige Plasmodien übertragen werden. Diese gelangen in die Erythrocyten und bringen diese zum Platzen. Mit einfachen Maßnahmen, z. B. einem Moskitonetz, lassen sich Stiche verhindern.

Allergien
Eine Allergie ist eine Überreaktion des Immunsystems, das harmlose Substanzen wie Krankheitserreger bekämpft. Als Allergene kommen dabei ganz unterschiedliche Stoffe in Frage. Pollen, aber auch Lebensmittel können zu Rötungen, Juckreiz und Anschwellen der Schleimhäute führen. Bei der Desensibilisierung versucht man, das Immunsystem an das Allergen zu gewöhnen.

Behandlungsmethoden
Die Behandlung einer Krankheit sollte nur von einem Arzt oder Heilpraktiker durchgeführt werden. Deren Anweisungen müssen stets befolgt werden. Neben den konventionellen Behandlungsmethoden gibt es auch alternative Therapiemöglichkeiten.

Aufgaben

1 Überlege dir Schutz- und Risikofaktoren für deine Gesundheit, die durch die Schule bedingt sind. Lassen sich einzelne Faktoren positiv beeinflussen?
Beschreibe, wie.

2 Fälle ein begründetes Urteil, ob Raucher einen höheren Beitrag zur Krankenkasse leisten sollen. Formuliere dazu die einzelnen Schritte der Urteilsfindung (s. Seite 64).

3 Erstelle 5 Regeln zum Schutz deiner Haut vor zu viel UV-Strahlung.

4 Schreibe einen kurzen Text, in dem du den Inhalt von (▷ B 4) beschreibst. Nenne mögliche Ursachen für den Verlauf des Graphen.

5 Ordne die Begriffe in (▷ B 3) den einzelnen Blutzellen zu.

6 Während langem Sitzen schwellen bei vielen Menschen die Beine an. Erkläre dieses Phänomen.

7 Nenne Gründe, weshalb der Verlauf einer Infektionskrankheit nicht immer gleich ist.

8 Erkläre den Infektionsverlauf in (▷ B 5).

9 Erstelle eine Grafik, aus der hervorgeht, wie sich die Anzahl der körpereigenen Antikörper nach einer aktiven bzw. passiven Immunisierung verändert.

10 Erstelle eine Tabelle, in der du die Infektionswege, die Inkubationszeit und die Symptome der folgenden Krankheiten auflistest: Windpocken, Hepatitis, Masern, Mumps.

11 Betrachte Abbildung (▷ B 6). Beschreibe Umstände, die die Ausbreitung einer Infektionskrankheit begünstigen.

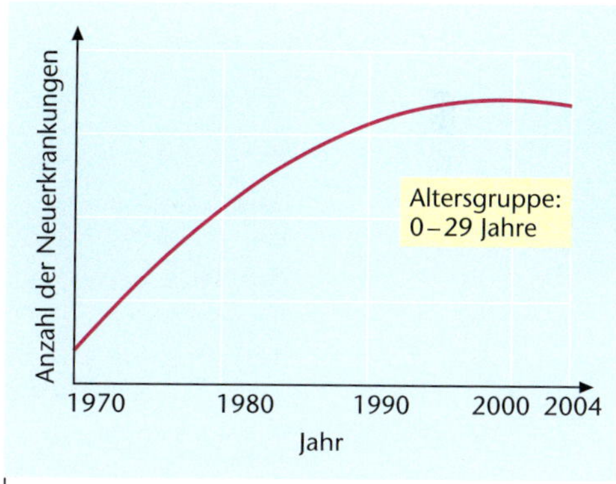

4 Zunahme von Hautkrebserkrankungen

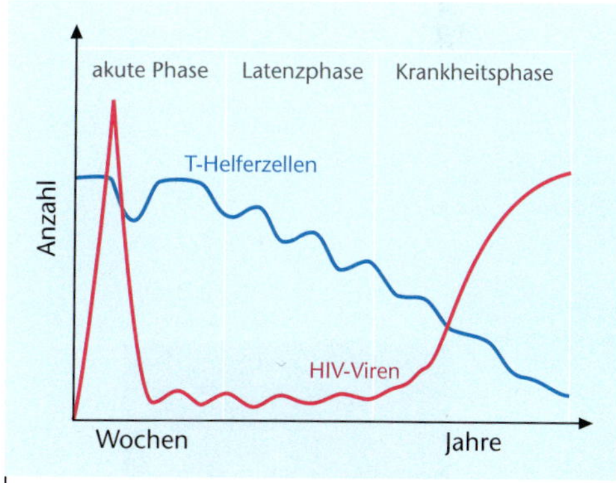

5 Verlauf einer HIV-Infektion

3 Zu Aufgabe 5

6 Elendsviertel in einer Großstadt

Lebensgemeinschaft Gewässser

Die Begriffe „Fluss", „See", „Weiher", „Teich" und „Bach" sind dir sicher als Bezeichnungen für verschiedene Gewässer bekannt. Aber weißt du auch, worin diese Unterschiede bestehen?

Alle Gewässer des Festlandes lassen sich grundsätzlich in fließende und stehende Gewässer einteilen. Neben diesem offensichtlichen Unterschied haben sie aber Eines gemeinsam: Es sind Lebensräume für die unterschiedlichsten Organismen, die an die jeweiligen Gegebenheiten „ihres" Gewässers ganz speziell angepasst sind.

Doch nicht nur diese Lebewesen, auch wir Menschen sind auf die Gewässer angewiesen. Wir nutzen sie und nehmen dadurch Einfluss auf diese Lebensräume. Häufig führt unser Handeln aber dazu, dass sich die Gewässer selbst und dadurch die Lebensbedingungen für die Organismen so verschlechtern, dass sie in ihrer Existenz bedroht sind.

Um die Gewässer und ihre Bewohner schützen zu können, ist es wichtig, über die Zusammenhänge in diesen Lebensräumen Bescheid zu wissen. Im folgenden Kapitel wirst du deshalb neben verschiedenen Gewässern auch einige Lebewesen und ihre Angepasstheiten an das Leben in und am Wasser kennen lernen.

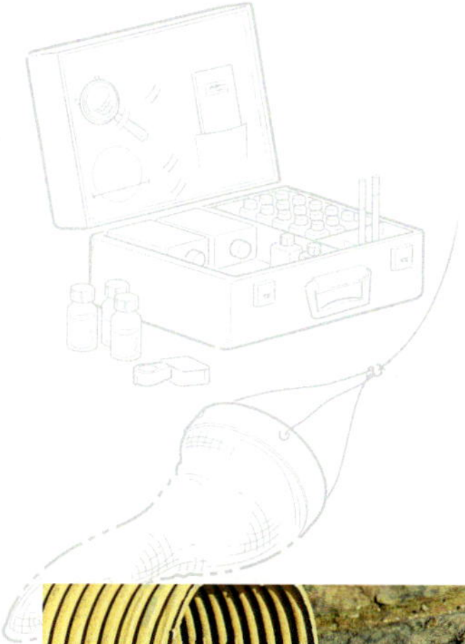

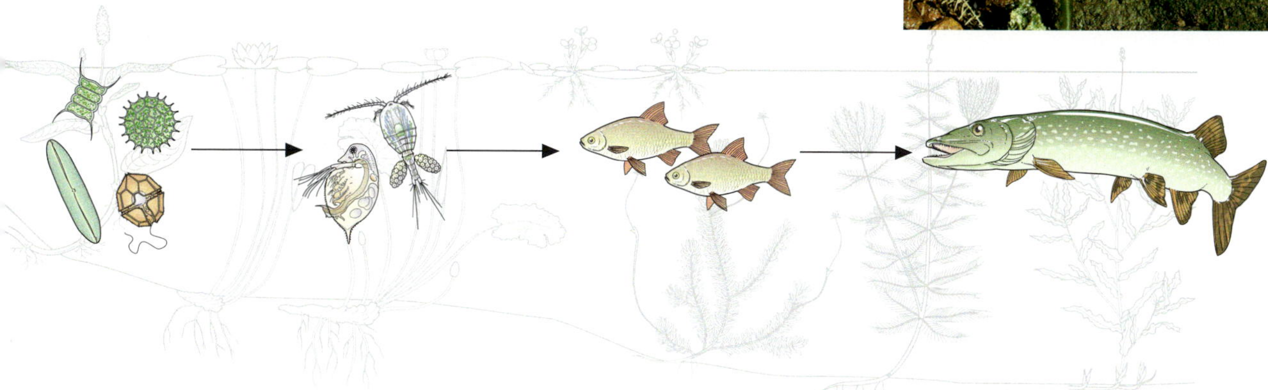

Fast 71 % der Erdoberfläche sind mit Wasser bedeckt, weshalb die Erde oft als der „Blaue Planet“ bezeichnet wird.
Allein in Bayern durchziehen Flüsse und Bäche mit einer Gesamtlänge von über 100 000 Kilometern das Land. Sie münden zum Teil in einem der über 150 Seen und kleinen Fischteiche.

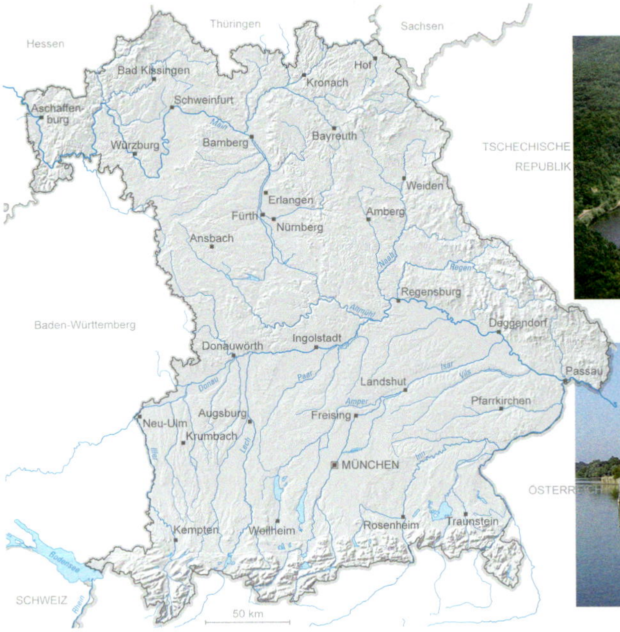

Einteilung der Gewässer

Diese **Binnengewässer** des Festlandes lassen sich in **fließende** und **stehende Gewässer** einteilen.
Das wichtigste Kennzeichen der **Fließgewässer** – hierzu zählen **Bäche** und **Flüsse** – ist die **Strömung**. Je nach Untergrund, bestimmt sie den Verlauf des Fließgewässers. Greift der Mensch in den natürlichen Verlauf eines Fließgewässers ein und verändert ihn, nennt man dieses künstliche Gewässerbett **Kanal**. [Entwicklung, S. 134]

In **stehenden Gewässern** ist die Strömung des Wassers kaum wahrnehmbar. Je nach Größe und Tiefe unterscheidet man bei stehenden Gewässern zwischen kleinen, regelmäßig austrocknenden **Tümpeln**, kleinen, flachen **Weihern** und **Teichen** oder großen und tiefen **Seen**.

Gewässer sind Ökosysteme

Alle Gewässer der Erde sind **Biotope**, d. h. Lebensräume für Tiere, Pflanzen und Mikroorganismen. Die Lebensgemeinschaft in einem Gewässer nennt man **Biozönose**. Zusammen bilden Biotop und Biozönose ein charakteristisches **Ökosystem** (▷ B 2).

Die Ökosysteme sind aber keine geschlossenen Gebilde. Betrachtet man z. B. aus der Ferne einen Teich an einer Wiese, scheint es so, als gäbe es eine scharfe Grenze. Beim Näherkommen wird deutlich, dass es einen fließenden Übergang zwischen Wasser und Land gibt. Nicht nur Tiere, sondern auch Pflanzen können so von einem Lebensraum in den anderen wechseln.
Ein Ökosystem steht also immer in einer **Wechselbeziehung** mit seiner Umwelt.

Keiner lebt für sich alleine

Wechselbeziehungen bestehen aber nicht nur zwischen einem Ökosystem und seiner Umwelt. Auch die Lebewesen in einem Ökosystem stehen untereinander und mit dem Lebensraum in Beziehung. Diese Wechselbeziehungen werden z. B. beim Karpfen in einem Teich deutlich. Der Fisch ist von zahlreichen äußeren Einflüssen abhängig. Zum einem sind dies Einflüsse der unbelebten Natur, die **abiotischen Umweltfaktoren**. Zum anderen sind es die Faktoren der belebten Natur, die man **biotische Umweltfaktoren** nennt (▷ B 1).

1 Lebewesen stehen in Wechselbeziehungen mit ihrer Umwelt

Abiotische Umweltfaktoren

Wasserbeschaffenheit
- Säuregehalt
- Sauerstoffgehalt
- Temperatur
- Salzgehalt

Klimatische Bedingungen
- Temperatur
- Regenmenge
- Luftfeuchtigkeit
- Wind

Geografische Lage
- Gebirgssee
- See im Flachland

Biotische Umweltfaktoren

Konkurrenten
- um Nahrung
- um Lebensraum
- bei der Fortpflanzung

Fressfeinde
- Hecht
- Fischreiher
- Greifvögel

Nahrungsangebot
- Wasserpflanzen
- Wasserinsekten

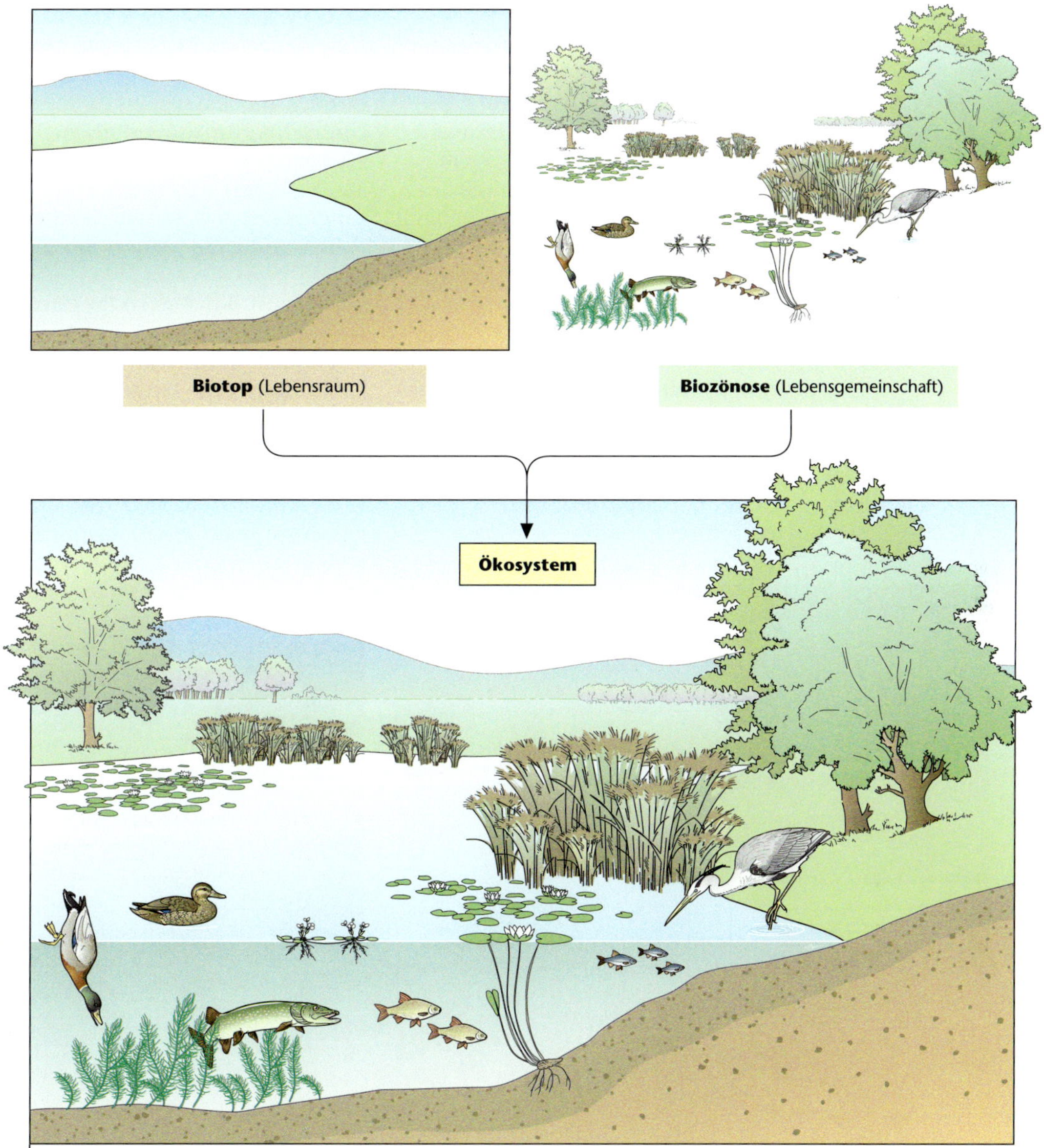

2 Biotop und Biozönose bilden ein Ökosystem

Als Teil des Ökosystems beeinflusst der Karpfen wiederum selbst die anderen Lebewesen und den Lebensraum. Aufgrund der vielfältigen Wechselbeziehungen sind all diese Faktoren nicht starr, sondern stets veränderlich. [System, S. 136]

Gewässer sind wichtige Biotope. Zusammen mit der jeweiligen Biozönose bilden sie die verschiedenen Gewässerökosysteme. In einem Ökosystem gibt es Wechselbeziehungen zwischen biotischen und abiotischen Umweltfaktoren.

Aufgaben

1 Erstelle ein Schaubild, welches die Einteilung der Binnengewässer verdeutlicht. Finde mithilfe eines Atlas jeweils ein entsprechendes Beispiel aus Bayern.

2 Entwerfe gemäß der Abbildung (▷ B 2) ein einfaches Schaubild für ein Ökosystem deiner Wahl, z. B. Wald oder Wiese.

3 Ein Biologe soll das Ökosystem eines nahe gelegen Teiches untersuchen. Formuliert mögliche Fragen, die er sich vor Untersuchungsbeginn stellen könnte.

Pflanzen, die am und im Standort „See“ leben, müssen an andere Gegebenheiten angepasst sein als die Pflanzen in einem Landökosystem, wie z. B. einem Wald. Im Ökosystem See können sich beispielsweise die **abiotischen Faktoren**, wie Temperatur, Licht, Wasser oder Wind, deutlich von denen im Ökosystem Wald unterscheiden. So ist am und im See das lebensnotwendige Wasser im Überfluss vorhanden und würde sogar zum Problem für nicht angepasste Pflanzen werden.

Aber auch innerhalb des **Ökosystems See** verändern sich die Bedingungen und damit der Pflanzenbestand. Vom befestigten Ufer bis ins freie Wasser kann man deshalb **unterschiedliche Zonen** mit unterschiedlichen Pflanzen erkennen.

Matsch, Schlamm und Trockenheit
Die Pflanzen der **Bruchwaldzone** müssen an starke Schwankungen des Wasserstandes angepasst sein, da sowohl längere **Überschwemmungen** als auch zeitweilige **Trockenheit** auftreten können. Diesen Bedingungen sind Erlen und Weiden besonders gut gewachsen. Sie bestimmen daher häufig das „Baumbild“ an Ufern.

Immer mit den Füßen im Wasser
Hohe Schilfrohr- und Rohrkolben-Pflanzen besiedeln die **Röhrichtzone**. Eine Landpflanze, die längere Zeit zu stark gegossen wird, geht ein: Ihre Wurzeln erhalten zu wenig Sauerstoff aus dem Boden, die Pflanze „erstickt“. **Röhrichtpflanzen** verfügen über ein **Durchlüftungsgewebe**, das die unter Wasser liegenden Pflanzenteile mit den über Wasser liegenden verbindet. So werden auch die Wurzeln und

Bruchwaldzone

Röhrichtzone

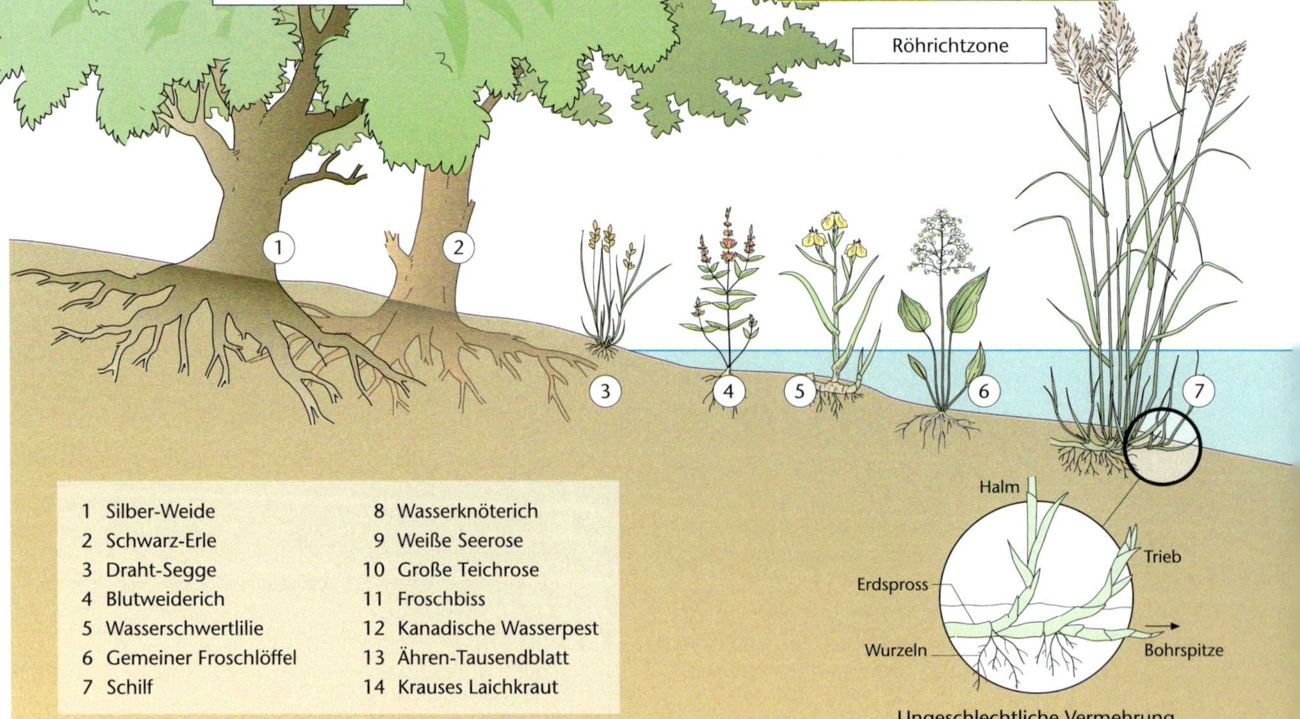

Ungeschlechtliche Vermehrung beim Schilfrohr

1 Silber-Weide
2 Schwarz-Erle
3 Draht-Segge
4 Blutweiderich
5 Wasserschwertlilie
6 Gemeiner Froschlöffel
7 Schilf
8 Wasserknöterich
9 Weiße Seerose
10 Große Teichrose
11 Froschbiss
12 Kanadische Wasserpest
13 Ähren-Tausendblatt
14 Krauses Laichkraut

der untere Teil des Stängels ausreichend mit Sauerstoff versorgt. Die röhrenförmig gebauten **Stängel** sind stabil und gleichzeitig biegsam, während stark verzweigte **Erdstängel** für eine feste Verankerung im Boden sorgen. So können die vier Meter hohen Pflanzen Wind und Wellen standhalten.

Große Blätter – schöne Blüten

In der **Schwimmblattzone** ist die Wasseroberfläche mit Blättern sowie Blüten der Weißen Seerose und der Gelben Teichrose bedeckt. Aufgrund des luftgefüllten **Durchlüftungsgewebes** schwimmen die Blätter auf dem Wasser. Über die großen **Blattoberflächen** können die Pflanzen das für die Fotosynthese notwendige Sonnenlicht aufnehmen. Die **Spaltöffnungen** für den Gasaustausch befinden sich auf der Blattoberseite. **Schwimmpflanzen**, wie der Froschbiss oder die Wasserlinsen, sind nicht mehr im Boden verankert. Sie werden durch Wind und Wasserbewegungen über die Wasseroberfläche bewegt.

Vollständig abgetaucht

Die Pflanzen der **Tauchblattzone** befinden sich oft vollständig unter Wasser. Sie müssen das für die Fotosynthese nötige Wasser, das im Wasser gelöste Kohlenstoffdioxid sowie Mineralstoffe **direkt** über ihre Blätter aufnehmen. Als Angepasstheit sind die Blätter so dünn, dass die Spaltöffnungen nicht notwendig sind. Die **Wurzeln** dienen lediglich der **Verankerung** im Boden. Die Tauchblattzone ist in klaren Gewässern bis zu 8 Meter tief.
[Struktur und Funktion, S. 132]

Aufgaben

1 Erstelle anhand des Textes und der Abbildungen eine Liste mit den jeweiligen Anpassungen der Pflanzen an ihre Zone.

2 Gerät Schilfrohr bei starken Überschwemmungen ganz unter Wasser, füllt sich das Durchlüftungsgewebe mit Wasser. Erkläre, welche Folgen das für die Pflanze haben könnte.

Schwimmblattzone

Tauchblattzone

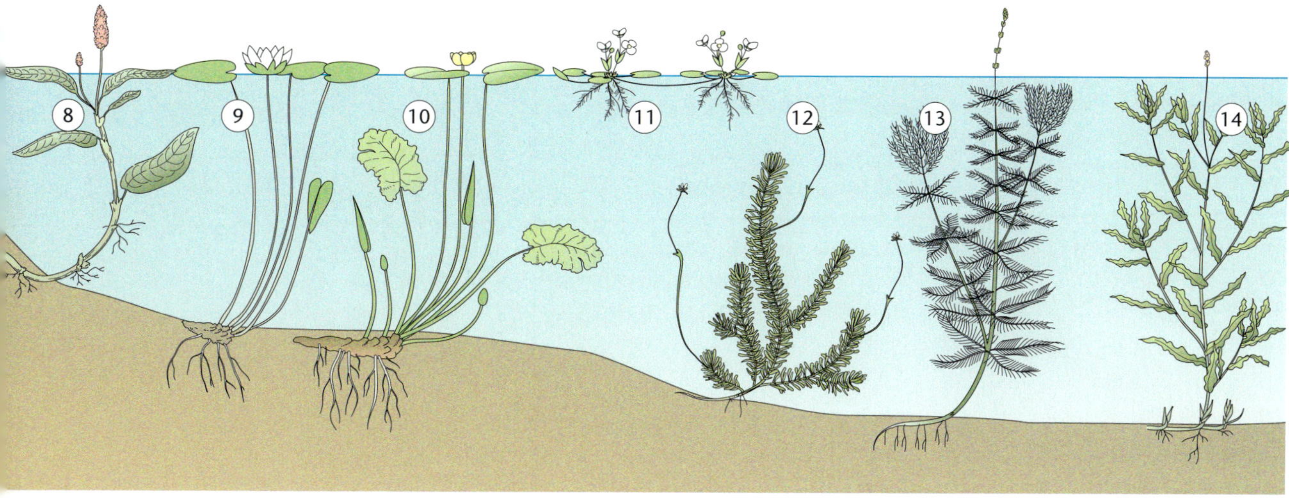

Angepasstheiten der Wasserpflanzen

1 Flexibilität hilft beim Schwimmen

Beachte: Die Weiße Seerose ist geschützt! Besorge dir daher die Pflanze aus einer Gärtnerei. Eine gute Alternative ist die Gelbe Teichrose. Aber **Vorsicht:** Beide Pflanzen sind beim Verzehr giftig!

1 Was die Seerose „können" muss!

Material
Stängel einer Seerose, dünner Ast eines Strauches oder Baumes, scharfes Messer oder Skalpell, Schere, Frischhaltefolie, Trinkglas, Wasserwanne

Versuchsanleitung
Schneide vorsichtig (!) mit dem scharfen Messer oder dem Skalpell ein jeweils ca. 10–15 cm langes Stück des Seerosenstängels und des Strauch- oder Baumästchens ab.

2 Zu Versuch 1 d)

3 Als es für Taucher noch keine Pressluftflaschen gab

Aufgaben
1. a) Vergleiche die Querschnitte. Was fällt sofort auf? Versuche, beide zu biegen (nicht brechen!).

b) Drücke den Stängel der Seerose unter Wasser und lasse ihn los. Notiere deine Beobachtung.

c) Welchen Vorteil bringen die Beobachtungen aus a) und b) der Seerose? Die Abbildung (▷ B 1) wird dir helfen.

d) Umwickle den Seerosenstängel nicht zu locker mit etwas Frischhaltefolie und schneide den Ansatz mit einer Schere bündig ab, um den direkten Kontakt deines Mundes mit der Pflanze zu vermeiden (▷ B 2). Puste nun damit in ein Glas Wasser.
Vergleiche mit deiner Beobachtung, wenn du genauso mit dem Aststück des Strauches/Baumes aus Versuch 1 a) verfährst). Welche Angepasstheit für die Schwimmblattpflanze im Wasser wird hier demonstriert? Versuche Parallelen zu (▷ B 3) herzustellen.

2 Beschichtet oder unbeschichtet?

Material
Blatt einer Seerose, Löschblatt, Schere, Bleistift, Imprägnierspray, Wasserwanne

Versuchsanleitung
Schneide aus dem Löschblatt vier Quadrate (ca. 10 x 10 cm) aus. Beschrifte mit einem Bleistift zwei davon mit „unbeschichtet", die anderen mit „beschichtet". Besprühe zwei der Quadrate auf beiden Seiten mit Textil- oder Schuhimprägnierspray.
Vorsicht: Auf gute Belüftung achten, Dämpfe nicht einatmen!

Aufgaben
1. a) Lege ein unbeschichtetes Quadrat schräg in die eine Hand und lasse etwas Wasser aus der anderen Hand darüber laufen. Verfahre genauso mit einem beschichteten Stück. Lasse auf die gleiche Weise etwas Wasser über die Ober- und Unterseite des Seerosenblattes laufen. Vergleiche die Wasserbenetzung und notiere deine Beobachtung.

b) Lege nun die beiden anderen Stücke Löschpapier und das Seerosenblatt nebeneinander in eine gefüllte Wasserwanne. Erzeuge mit einer Hand Wellenbewegungen und beobachte, was mit den „Blättern" geschieht. Interpretiere deine Beobachtung.

2. Auch die Blätter von Landpflanzen haben eine Art „Wachsbeschichtung", die Kutikula (▷ B 4). Vergleiche den Zweck dieser Schichten bei den Schwimmblatt- und bei den Landpflanzen.
[Struktur und Funktion, S. 132]

3. Die Spaltöffnungen dienen dem Gasaustausch mit der Luft.
Wie müsste der Querschnitt eines Schwimmblatts der Seerose im Vergleich zu dem Laubblatt einer Landpflanze (▷ B 4) aufgebaut sein? Begründe.

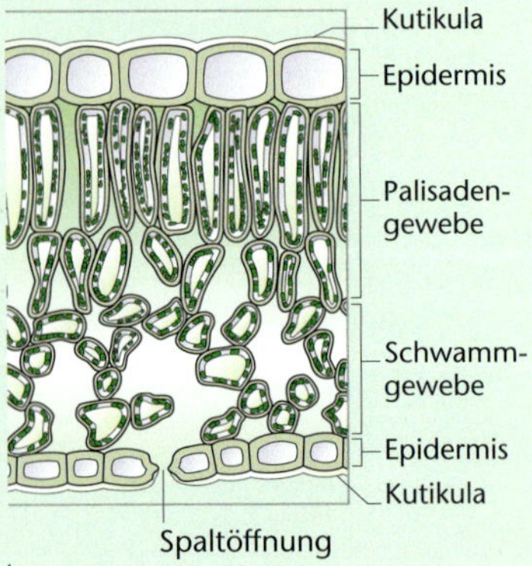

4 Laubblatt-Querschnitt einer Landpflanze

Pflanzen am und im Wasser

Schwarz-Erle = Rot-Erle
Dieser Baum mit den oft herzförmig abgerundeten Blattenden gedeiht hervorragend auf dauerhaft feuchten oder überschwemmten Böden. Ein Grund dafür ist das Durchlüftungssystem. Dieses stellt die Sauerstoffversorgung der „überwässerten" Pflanzenteile sicher. Das dichte und tiefgreifende Wurzelwerk ist wichtig für die Befestigung des Ufers und bietet Lebensraum für viele Lebewesen. Daher ist die Schwarz-Erle ökologisch sehr bedeutsam.

Weiden
Ebenfalls in Ufernähe und häufig in der Bruchwaldzone zu finden sind einige Weiden-Arten. Zu erkennen sind diese an ihren länglichen, lanzettförmigen Laubblättern. Auch sie sind gut an den Sauerstoffmangel bei anhaltender Staunässe angepasst.

Weiße Seerose
Sie findet man in stehenden Gewässern. Ihre Blätter haben luftgefüllte Kammern und können daher auf der Wasseroberfläche schwimmen. Die abgetauchten Blattstiele sind bis zu 3 m lang. Im schlammigen Boden ist die Pflanze durch einen bewurzelten Erdspross verankert. Die Weiße Seerose bildet die größte Blüte unter den einheimischen Pflanzen aus. Nach der Bestäubung durch Käfer und Fliegen entstehen klebrige, schwimmfähige Samen, die an Tieren haften bleiben und so verbreitet werden.

Rohrkolben
Diese bis zu 2 m hohen, grasähnlichen Gewächse sind bestens an ihren Standort im Gewässer angepasst: Starken Wind und Wellenschlag überstehen sie mithilfe ihrer festen und gleichzeitig biegsamen Stängel und Blätter. Die Bestäubung wie auch die Verbreitung der flugfähigen Früchte erfolgt durch den Wind.

Wasserpest
Der erste Teil des Namens dieser Tauchblattpflanze beschreibt den Lebensraum, der zweite Namensteil ihre Verbreitung: Dieser aus Nordamerika stammende Neophyt breitete sich innerhalb kurzer Zeit in vielen Gewässern so stark aus („wie die Pest"), dass er für die Schifffahrt und die Fischerei zu einem fast unüberwindbaren Hindernis wurde.

Wasserlinsen
Bei den sehr kleinen, schwimmenden „Linsen" gibt es keine Unterscheidung zwischen Stängel und Blatt. Der einzelne Wurzelfaden dient zur Aufnahme von gelösten Mineralstoffen. Zu finden sind die Wasserlinsen in eher nährstoffreichen Gewässern. Im Laufe des Sommers können sie manchmal die ganze Oberfläche eines Gewässers bedecken.

Algenblüte

Auch wenn man weiß, dass das Wasser von Badeseen sauber ist, lädt in manchen Sommern die grünbraune Färbung eines Sees nicht wirklich zum Schwimmen ein. Genaueres Betrachten, z. B. mit einem Mikroskop, offenbart aber die Schönheit und Einzigartigkeit dieser „**Algenblüte**". Sie entsteht, wenn sich Algen, die in allen stehenden Gewässern zu finden sind, durch intensive Sonneneinstrahlung und hohen Mineralstoffgehalt stark vermehren.

Klares Wasser voller Leben

Auch wenn man sie mit bloßem Auge nicht sieht, sind sie doch da: Winzige Organismen, die nur unter dem Mikroskop zu erkennen sind. Zieht man ein feinmaschiges Netz, ein sogenanntes **Planktonnetz**, durch das Seewasser, so bleiben diese winzigen Lebewesen darin hängen. Weil sie frei im Wasser schweben und ihre Schwimmrichtung durch die Wasserströmung vorgegeben ist, nennt man sie **Plankton** (von griechisch planktos: „Umhergetriebener"). Dazu zählt das tierische Plankton, das **Zooplankton**. Vertreter des Zooplanktons sind z. B. Wimpertierchen, Ruderfußkrebse oder Hüpferlinge. Zum anderen gibt es Organismen, die mithilfe ihrer Chloroplasten Fotosynthese betreiben. Sie nennt man pflanzliches Plankton oder **Phytoplankton**.

Neben den Blaualgen, die zu den Bakterien gehören, schweben auch Grün- und Kieselalgen als Phytoplankton im Wasser. Die Phytoplankton-Organismen sind lebensnotwendig für alles Leben auf der Erde, denn sie produzieren einen Großteil des gesamten **Sauerstoffgehalts** der Luft und sind außerdem der Ausgangspunkt aller **Nahrungsketten** (s. Seite 104/105). Auch die Zooplankton-Organismen ernähren sich von ihnen. Normalerweise wird die Anzahl der Phytoplankton-Lebewesen durch ihre Fressfeinde reguliert. Bei der Algenblüte kommt es jedoch zu einer Massenvermehrung, die sogar zum Umkippen eines Gewässers führen kann (s. Seite 113).

Schwebend im Wasser

Damit die Planktonorganismen nicht untergehen, haben sie bestimmte Vorrichtungen, die ihnen das **Schweben** im Wasser ermöglichen. So vergrößert zum Beispiel der Hüpferling seine Körperoberfläche und damit seinen Wasserwiderstand durch seine langen Antennen. Die Rädertierchen haben im Zellinneren Öltröpfchen eingeschlossen, die für Auftrieb sorgen. [Struktur und Funktion, S. 132]

Aufgaben

1 Informiere dich über die Vielfalt des Planktons.
a) Finde jeweils drei Vertreter des Zooplanktons und des Phytoplanktons.
b) Fertige eine Zeichnung eines Planktonorganismus an.

2 Betrachte die Lebewesen auf dieser Seite und suche die Schwebevorrichtungen der einzelnen Organismen.

Hüpferling

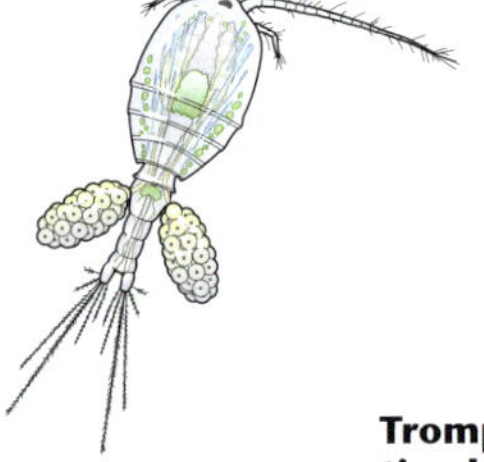

Rädertierchen

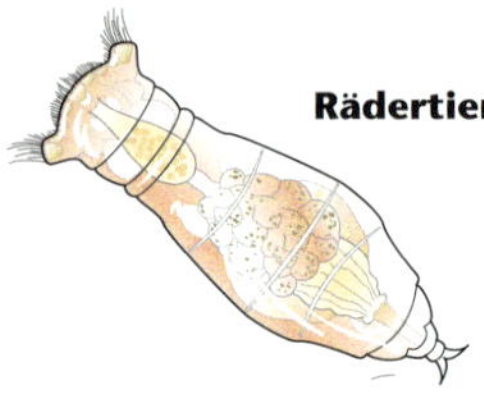

Trompetentierchen

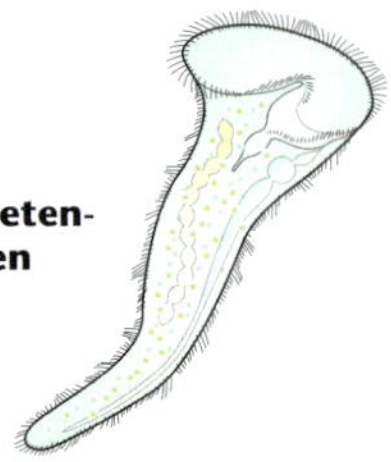

Goldalge

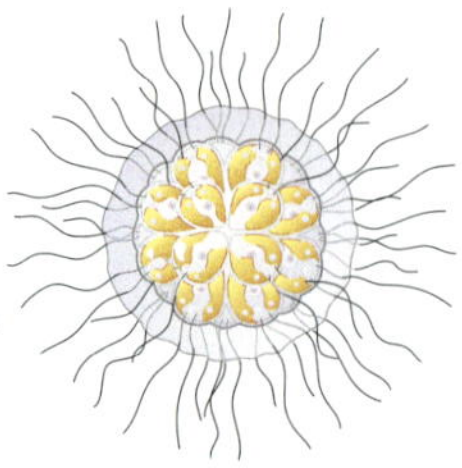

Blaualge

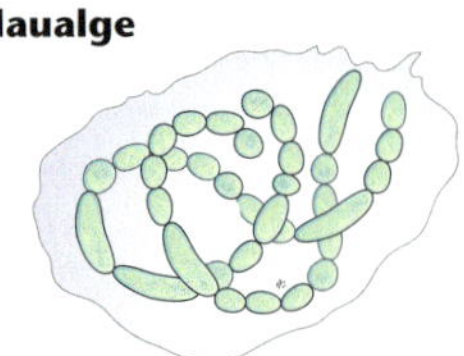

Werkstatt

Mikroorganismen im Heuaufguss

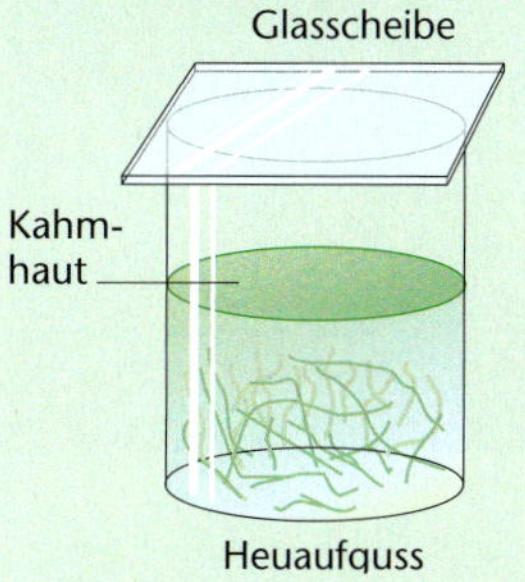

Experiment: Heuaufguss
An abgestorbenen, vertrockneten Pflanzenteilen haften unbewegliche Dauerstadien verschiedener Mikroorganismen, die nach Zufuhr von Wasser wieder aktiv werden. Mithilfe eines Heuaufgusses lassen sich viele dieser Kleinstlebewesen züchten und dann genau untersuchen.

Material
Glasgefäß (ca.1 l), Tümpelwasser, zerschnittenes Heu, Glasplatte, Pipette, Mikroskop

Versuchsanleitung
Gib etwa eine Handvoll zerschnittenes Heu in das Glasgefäß und fülle es gut zur Hälfte mit dem Tümpelwasser. Decke den Heuaufguss zum Schutz vor Verdunstung und Eindringen von Fremdkörpern mit der Glasplatte ab, stelle ihn an einen hellen Ort und lasse ihn bei Raumtemperatur einige Tage stehen. Achte darauf, dass das Gefäß nicht in der prallen Sonne steht, sonst setzen sehr schnell Fäulnisprozesse ein.

Aufgaben
1. Fertige ein Beobachtungsprotokoll über den Zeitraum von einer Woche nach folgendem Muster an:

Datum	**Beobachtung**
16.6.	unverändert
17.6.	leichte Braunfärbung
18.6.	usw.

2. Nach ein paar Tagen bildet sich auf der Wasseroberfläche des Heuaufgusses die sogenannte „Kahmhaut". Sie besteht vor allem aus Bakterien und Hefepilzen.
Entnimm mit der Pipette einen Teil dieser gallertartigen Schicht und untersuche sie unter dem Mikroskop. Welche Organismen kannst du erkennen? Vergleiche mit den Abbildungen und bestimme.

3. Entnimm mit der Pipette einen Tropfen aus dem freien Wasser
– direkt unterhalb der Kahmhaut,
– aus der unteren Wasserschicht.
a) Gib jeweils einige Tropfen auf einen Objektträger und mikroskopiere ohne Deckgläschen mit verschiedenen Helligkeiten und Vergrößerungen.
b) Erfasse mithilfe der Abbildungen die Organismen in einer Tabelle.
c) Füge in die Tabelle ein, ob das jeweilige Lebewesen sehr häufig, häufig, mäßig oder nur selten vorhanden ist.
d) Fertige eine Zeichnung eines Organismus deiner Wahl an.
e) Fertige nach einigen Tagen erneut eine Zeichnung dieser Art an. Notiere, ob und welche Unterschiede es gibt.

4. Das Pantoffeltierchen Paramecium caudatum findet sich sehr häufig in Heuaufgüssen, die mit Tümpelwasser angesetzt wurden.
a) In welcher Schicht findest du mehr Pantoffeltierchen? Erkläre.
b) Beobachte die Fortbewegung der Pantoffeltierchen.
c) Plane ein Experiment, mit dem du herausfinden kannst, ob Pantoffeltierchen zur Reaktion auf Lichtreize fähig sind.
Experimentiere und interpretiere dann deine Ergebnisse.

5. Stelle einen Heuaufguss her, den du mit Leitungswasser statt Tümpelwasser ansetzt.
Erstelle ein Beobachtungsprotokoll wie in Aufgabe 1 und erkläre die Unterschiede.

Nach Abschluss der Arbeiten sollte der dann oft auffällig riechende Heuaufguss im Hausmüll oder im Ausguss entsorgt werden.

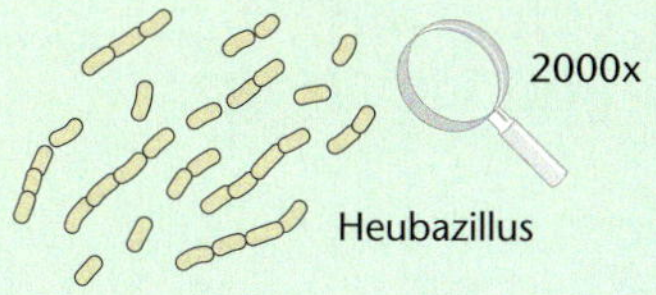

Heubazillus

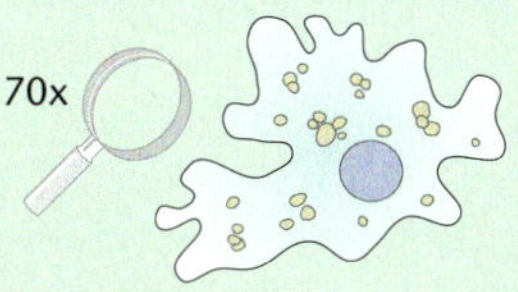

Schlammamöbe

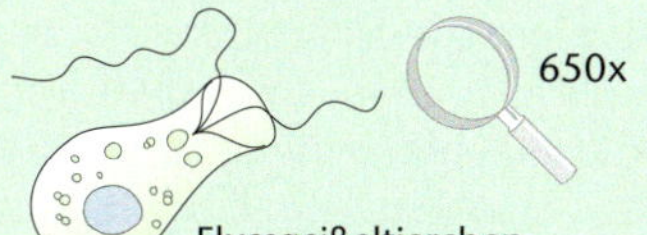

Flussgeißeltierchen

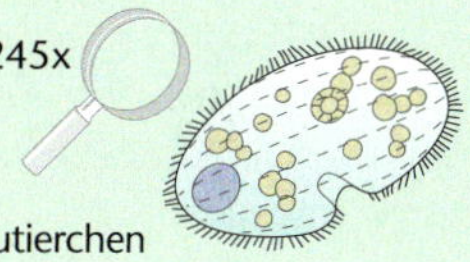

Heutierchen

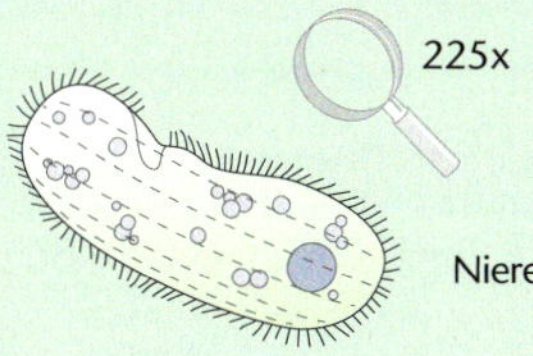

Nierentierchen

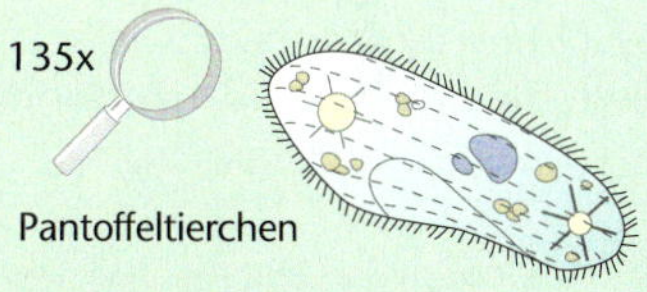

Pantoffeltierchen

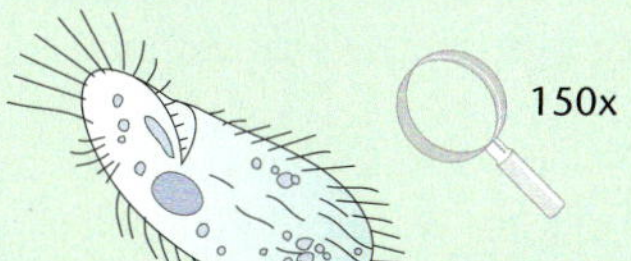

Borstentierchen

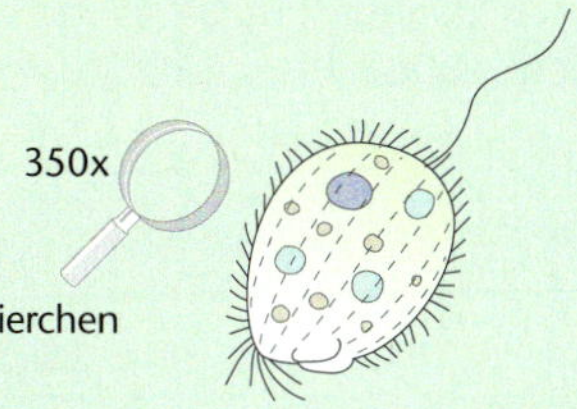

Stinktierchen

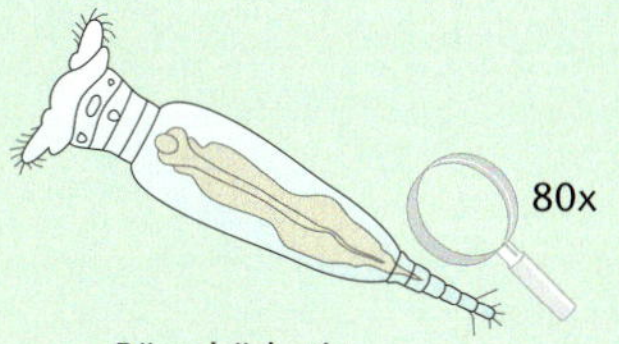

Rüsselrädertier

Leben auf und im Wasser

Umweltkatastrophen

Wenn riesige Mengen Öl ins Meer fließen, wie zum Beispiel im April 2010 nach der Explosion der Bohrinsel „Deepwater Horizon“ im Golf von Mexiko, sind nicht nur die Gefieder von im Wasser landenden Seevögeln betroffen. Die größte Gefahr besteht für die Nahrungsketten im Meer, denn die Planktonorganismen nehmen die giften Stoffe aus dem Öl auf. Da sie am Anfang der Nahrungsketten stehen, reichern sich die Giftstoffe in den ganzen Nahrungsketten an. Größere Konsumenten nehmen mitunter solch große Mengen an Giften auf, dass sie daran sterben. Was das für den Menschen bedeutet, der am Ende vieler Nahrungsketten steht, kann bisher noch nicht abgeschätzt werden.

- Informiere dich über die großen Ölkatastrophen der vergangenen 10 Jahre und markiere in einer Weltkarte die betroffenen Gebiete.
- Wie viel Öl ist dort jeweils ins Meer geflossen? Ergänze deine Karte.
- Öl im Gefieder schadet Vögeln auf vielerlei Art. Recherchiere.

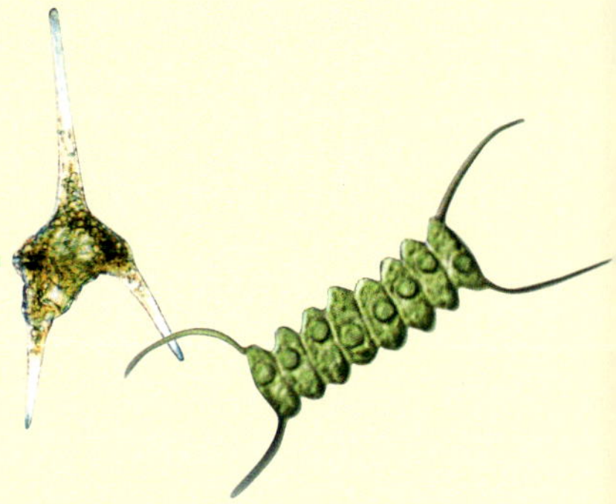

Umhergetriebene

Planktonorganismen können sich nicht selbstständig fortbewegen und sind somit darauf angewiesen, von der Strömung bewegt zu werden. Das lange Schweben im Wasser wird durch bestimmte Körpermerkmale ermöglicht, die sich im Laufe von Jahrmillionen herausgebildet haben.

- Überlege, wie Organismen, bei denen keine Körperfortsätze zu erkennen sind, im Wasser schweben können.
- Findest du Beispiele von Lebewesen außerhalb des Wassers, bei denen Schweben oder langsames Absinken eine wichtige Rolle spielen? Wo in der Technik findest du Beispiele? Vergleiche.

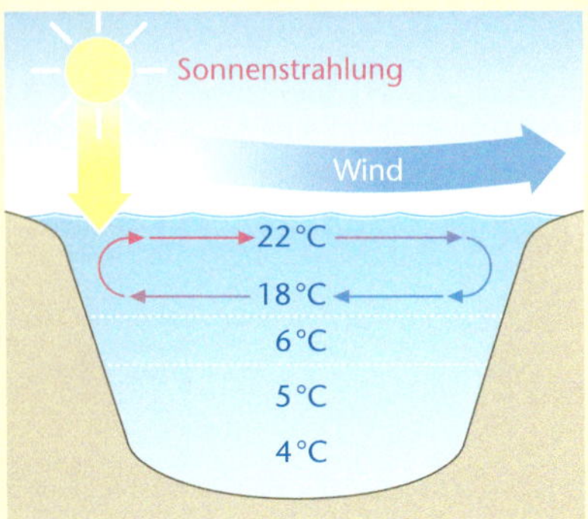

- Welchen Einfluss die Gestalt eines Körpers auf die Sinkgeschwindigkeit hat, kannst in einem Experiment herausfinden:
Wiege drei gleich schwere Knetkugeln ab (ca. 5 g) und forme daraus eine Kugel, eine Scheibe und einen Stern. Lasse die drei Gestalten jeweils in einem mit Wasser gefüllten Standzylinder absinken und stoppe die Zeit, bis die Formen am Boden angekommen sind.
  - Visualisiere deine Ergebnisse in einer Tabelle und einem Säulendiagramm.
  - Vergleiche die Ergebnisse und interpretiere sie.
  - Experimente auch mit verschiedenen Wassertemperaturen und vergleiche mit der Tabelle.
  - Überlege unter Einbezug dieser Erkenntnisse und mithilfe der Grafik, in welcher Schicht das Plankton am längsten schweben kann.
  - Warum ist es dennoch die oberste Schicht eines Sees, die als nahrungserzeugende Schicht bezeichnet wird? Begründe.

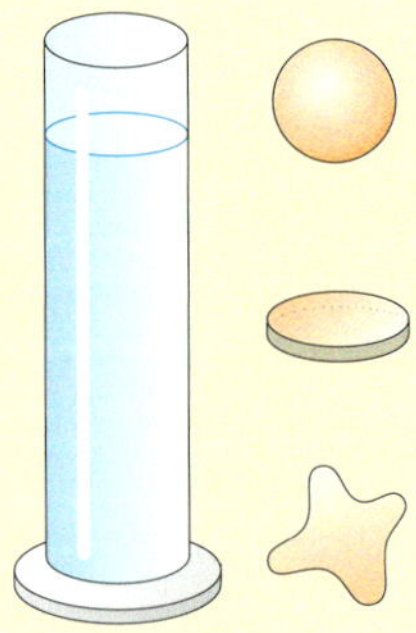

Viskosität (Zähflüssigkeit) des Wassers bei verschiedenen Temperaturen

Temperatur in °C	Viskosität in %
5	84,5
10	78,7
15	63,7
18	58,3
20	56,0
25	49,8
30	44,7
35	40,3

Wasserläufer

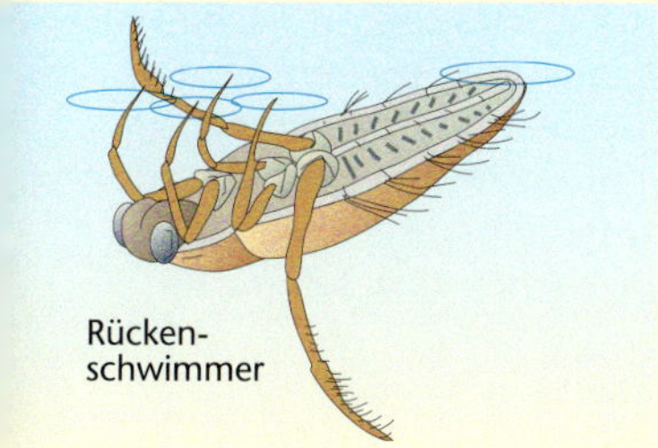

Rücken-
schwimmer

Reges Leben auch auf dem Wasser

Nicht nur im Wasser, sondern auch im Bereich der Grenzfläche zwischen Wasser und Luft kannst du viele Tiere entdecken. So nutzen zum Beispiel der Wasserläufer oder der Rückenschwimmer die Oberflächenspannung des Wassers. Diese ermöglicht ihnen ihre jeweils eigene Fortbewegungsart. Auch dazu sind bestimmte Anpassungen nötig.

- Informiere dich über die beiden Tierarten.
- Welche Körperstellen des Wasserläufers bzw. des Rückenschwimmers haben Kontakt mit dem Wasser?
- Sieh genau hin und überlege:
  - Wie kommt es, dass Wasserläufer über das Wasser laufen können?
  - Was „hält" den Rückenschwimmer in seiner Position?

Die Oberflächenspannung des Wassers hält nicht unbegrenzt. Versuche, einige leichte Objekte, z. B. Reißnägel oder Büroklammern, in unterschiedlichen Positionen auf die Wasseroberfläche zu legen. Beobachte dabei genau die Wasseroberfläche.

- Gehen die Objekte unter oder schwimmen sie? Finde eine mögliche Erklärung.
- Suche Gemeinsamkeiten mit dem Wasserläufer.

Algenblüte

Nach achtjähriger „Pause" war der mittelfränkische Altmühlsee in den Sommern 2009 und 2010 wieder von einem rasanten Anstieg der Blaualgen betroffen. Da die Blaualgenblüte nicht nur hässlich aussieht, sondern in größeren Mengen auch eine Gesundheitsgefahr darstellt, mussten Strände in der Urlaubsregion gesperrt werden. Eine Informationstafel zum Ist-Zustand und dem Soll-Zustand klärte interessierte Urlauber über die Ursachen auf.

- Beschreibe den Istzustand und erkläre auch den Sollzustand.
- Welche Folgen hat die Algenblüte
  - für das Ökosystem Altmühlsee,
  - für die Menschen der Region?
- Finde Möglichkeiten, wie der Sollzustand erreicht werden kann.

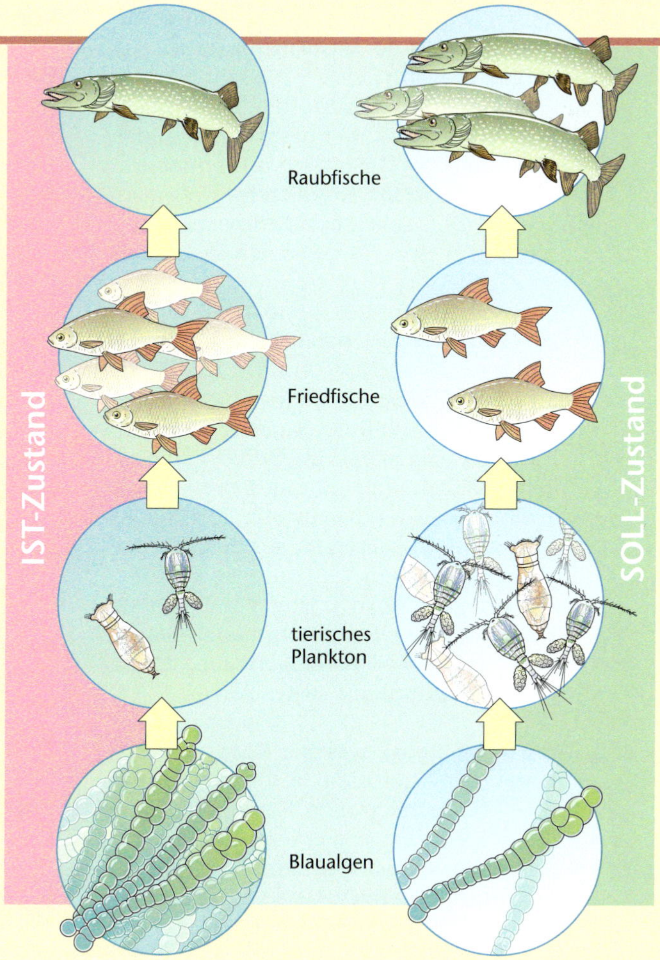

Der Wasserfloh – fast überall zu finden

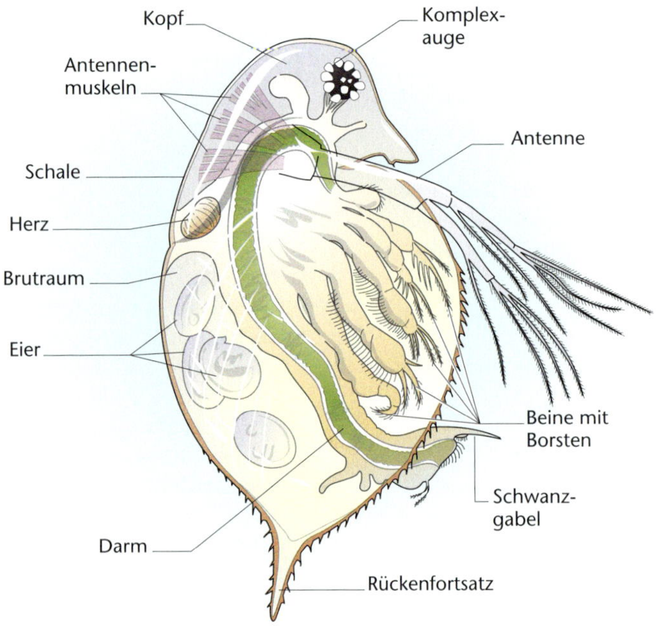

1 Der Wasserfloh

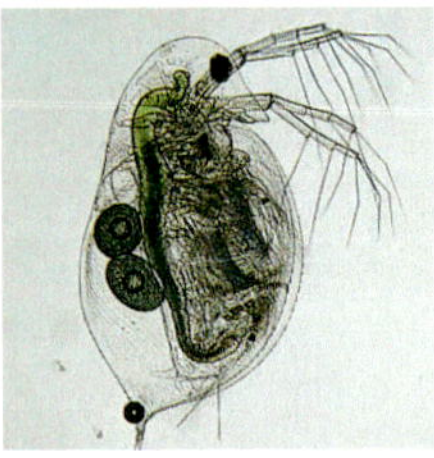

„Hüpfend" unter Wasser

Wasserflöhe kannst du in den meisten stehenden Gewässern finden. Seinen Namen verdankt der **Wasserfloh** seinen ruckartigen Bewegungen im Wasser und der Ähnlichkeit mit den Flöhen. Flöhe und Wasserflöhe sind aber nicht miteinander verwandt: Der Wasserfloh mit seinen fünf Beinpaaren ist ein **Kleinkrebs**. Die eigentlichen Flöhe haben drei Beinpaare und gehören entsprechend zu den Insekten.

Der Wasserfloh nutzt seine **Beine** nicht zur Fortbewegung, sondern zum Nahrungserwerb und zur Atmung. Durch ständige Bewegungen der Beine wird Wasser und darin enthaltener Sauerstoff sowie Nahrung zum Körper gestrudelt. An den Beinen sitzen Borsten, mit denen der Wasserfloh kleinste Schwebstoffe, z. B. Planktonalgen und Bakterien, aus dem Wasser filtert und so dem Verdauungssystem zuführt. Zum Antrieb wird mit einem am Kopf sitzenden **Antennenpaar** stoßartig gerudert (▷B 1). Dadurch entsteht der Eindruck des „Hüpfens" unter Wasser.

Harte Schale(n), weicher Kern

Unter dem Mikroskop lassen sich die wenige Millimeter großen Tiere gut beobachten (s. Seite 93). Man erkennt den Kopf mit den großen Antennen und ein in der Kopfmitte liegendes, schwarzes **Komplexauge**. Der Körper wird geschützt von einer durchsichtigen, teilweise geöffneten Schale aus **Chitin**. Mit etwas Geduld erkennst du das schlagende Herz.

Männchen nur in schlechten Zeiten

Im Sommer vermehren sich Wasserflöhe überwiegend **ungeschlechtlich**: Im **Brutraum** (▷B 1) wachsen die Embryonen aus unbefruchteten Eiern heran. Daraus entstehen bei günstigen Bedingungen nur Weibchen, die sich wiederum sehr zahlreich vermehren. Verschlechtern sich die Bedingungen, z. B. durch Absinken der Temperatur oder verringertes Nahrungsangebot, so entstehen weniger Nachkommen, dafür aber auch Männchen. Jetzt findet auch **geschlechtliche Fortpflanzung** statt. Die dabei produzierten **Dauereier** können dann ungünstige Lebensbedingungen wie den Winter überstehen.

Fressen und gefressen werden

Im Frühjahr schlüpfen aus den Dauereiern wieder nur Weibchen. Durch das ansteigende Nahrungsangebot vermehren sich die Wasserflöhe sehr stark und sind deshalb selbst eine wichtige Nahrungsgrundlage für größere Wassertiere.

▶ Der Wasserfloh ist ein Kleinkrebs. Er lebt im Süßwasser und ernährt sich von winzigen Organismen, die er aus dem Wasser filtert. Aufgrund seiner enormen Vermehrungsrate ist er ein wichtiges Glied im Ökosystem See.

Aufgaben

1 Manche Aquarianer nutzen Wasserflöhe gerne als Fischfutter und als „Reinigungspersonal" gegen Algenbewuchs. Erkläre.

2 Begründe, warum im Sommer Wasserflöhe häufig massenhaft auftreten und im Spätherbst vergleichsweise selten.

3 Erstelle mithilfe des Textes einen Steckbrief des Wasserflohs. Informiere dich dann, z. B. im Internet, über die „echten" Flöhe und stelle Unterschiede bzw. Gemeinsamkeiten von Wasserflöhen und „echten" Flöhen in einer übersichtlichen Tabelle einander gegenüber.

4 Wasserflöhe ernähren sich und dienen vielen anderen Wassertieren als Nahrung. Zeichne ein Diagramm, in dem du diese verzweigten Nahrungsbeziehungen darstellst.

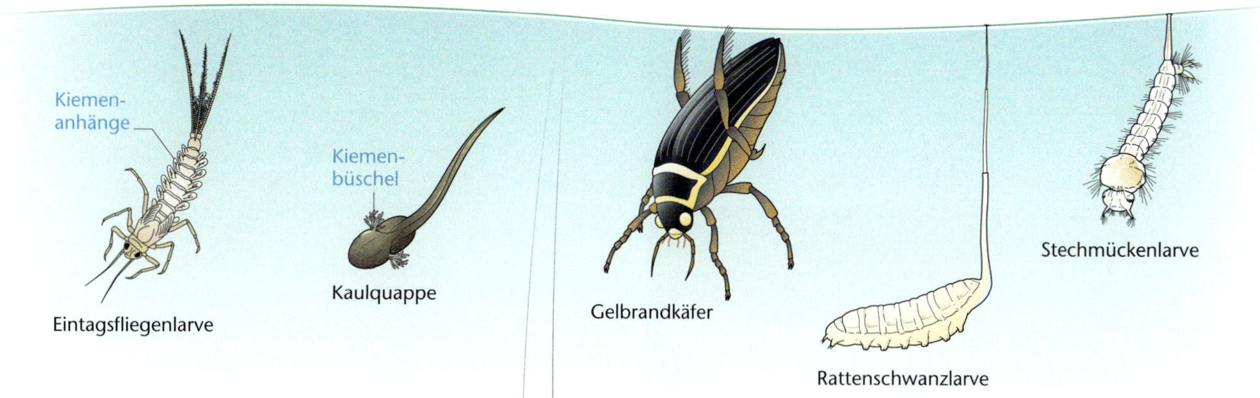

Die meisten Organismen benötigen **Sauerstoff** zum Leben. Der Sauerstoff befindet sich „frei" in der Luft oder gelöst im Wasser. Die Bedingungen für die Evolution des Lebens waren offensichtlich im Wasser zunächst günstiger als an Land. Vergleicht man aber die Versorgung mit Sauerstoff, stehen die Tiere im Lebensraum Wasser vor zwei Schwierigkeiten: Zum einen ist der Anteil von Sauerstoff im Wasser viel geringer als in der Luft. Zum anderen ist die Aufnahme des im Wasser gelösten Sauerstoffs sehr energieaufwändig.

Trotzdem ist der Lebensraum Wasser von den unterschiedlichsten Tierarten besiedelt. Welche Angepasstheiten und Strategien gewährleisten deren Versorgung mit Sauerstoff?

Dünnhäutigkeit ist von Vorteil

Eine einfache Möglichkeit ist die **Hautatmung**. Besonders ausgeprägt ist sie bei einigen Wasserwürmern und Amphibien. Der Sauerstoff gelangt durch die sehr dünnen Hautschichten in den Körper und wird dort verteilt.

Kiemen – nicht nur bei Fischen

Als die typischen Wassertiere gelten die Fische. Sie besitzen spezielle Atemorgane, die **Kiemen**. Die Fische müssen unter Energieaufwand ständig Wasser an den sehr dünnen, stark durchbluteten **Kiemenblättchen** vorbeipumpen. Hier erfolgt dann der Gasaustausch: Sauerstoff wird aus dem Wasser ins Blut aufgenommen und Kohlenstoffdioxid wird abgegeben.

Nach einem ähnlichen Prinzip atmet der **Wasserfloh**: Die stark aufgefächerten **Beine** mit einer großen Oberfläche übernehmen die **Kiemenfunktion**. Damit der Gasaustausch effektiv ist, muss der Wasserfloh seine Kiemenbeine durch ständige Bewegungen umspülen.
Bei der **Eintagsfliegenlarve** sitzen die blattartigen **Kiemenanhänge** am Hinterleib. Die **Kaulquappen** tragen in den ersten Tagen ihrer Entwicklung seitliche **Kiemenbüschel**.

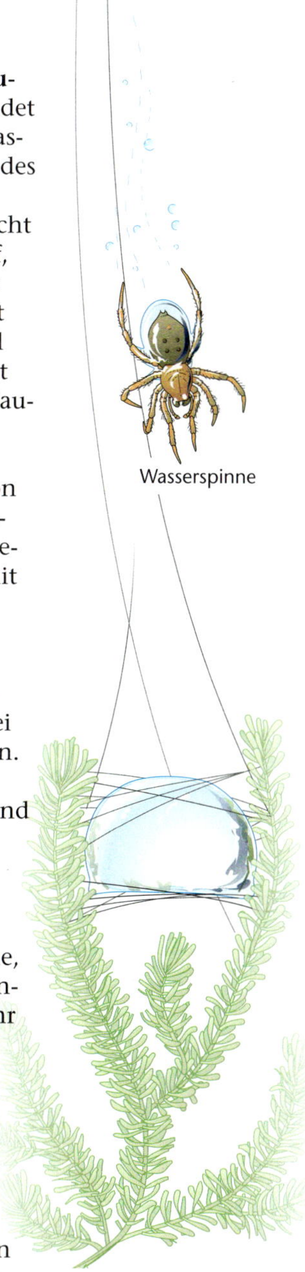

Mit dem Schnorchel unter Wasser

Viele Insektenlarven, z. B. die **Rattenschwanzlarven**, entwickeln sich im Wasser. Sie verfügen am Hinterleib über ein **Atemrohr**, mit dem sie den Sauerstoff direkt aus der Luft aufnehmen. Dafür müssen sie aber immer knapp unter der Wasseroberfläche bleiben.

Luftvorrat verschafft Mobilität

Der **Gelbrandkäfer** ist ein Schwimmkäfer, der aber zum „Lufttanken" an die Wasseroberfläche kommen muss. Mit dem Luftvorrat, den er unter seinen Flügeldecken speichert, kann er anschließend wieder abtauchen.

Eine besonders eindrucksvolle Strategie ist bei der **Wasserspinne** zu beobachten: Sie hat zwischen Wasserpflanzen ein Netz gespannt, unter dem sich eine Luftblase befindet. Zum Füllen dieser **„Taucherglocke"** holt sie mit ihrem Hinterleib Luft von der Wasseroberfläche.

Aufgabe

1 Der Anteil des im Wasser gelösten Sauerstoffs ist in kaltem Wasser höher als in warmem Wasser. Erkläre, warum dies im Hochsommer für Fische in flachen Seen zu einem Problem werden kann.

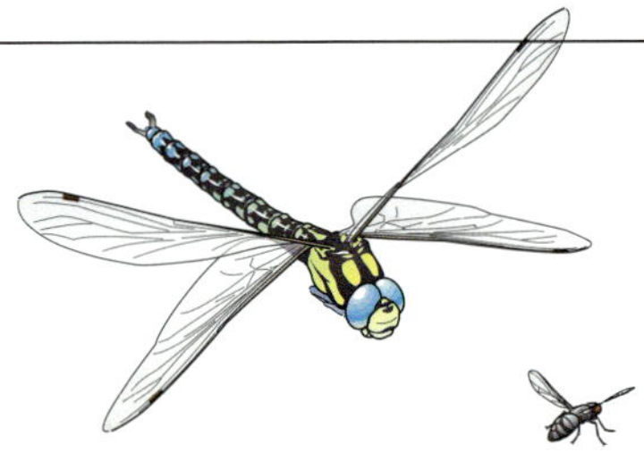

Blaugrüne Mosaikjungfer

Libelle lässt sich trocknen

Kunstflieger über dem Wasser

Pfeilschnell schießen sie über das Wasser, segeln ohne Flügelschlag, stehen ruhig in der Luft, manche Arten legen sogar plötzlich den „Rückwärtsgang“ ein. Bei diesen Kunstfliegern handelt es sich um **Libellen**, die man in die zwei Gruppen der **Klein-** und **Großlibellen** einteilt. Ihr Körperbau ist ein Meisterwerk der Evolution und seit etwa 150 Mio. Jahren nahezu unverändert. Mit ihren farbigen, metallisch glänzenden Körpern zählen die Libellen zu den prächtigsten Vertretern der **Insekten**. Ihre Flugkünste verdanken sie der Möglichkeit, ihre beiden Flügelpaare unabhängig von einander zu steuern.

Libelle schlüpft

Gefressen wird im Flug

Beobachten kann man die geschickten Flieger an Gewässern, auf Wiesen oder Waldlichtungen. Aufgrund ihrer oft auffälligen **Färbungen** werden sie von vielen Menschen ähnlich gefürchtet wie Wespen oder Hornissen. Das ist aber unbegründet, denn die für uns völlig **harmlosen Libellen** haben keinen giftigen Stechapparat. Gemeinsam ist den erwachsenen Libellen und den Hornissen jedoch ihre **Nützlichkeit** als **Räuber**: Durch blitzschnelle Flugmanöver jagen sie andere Insekten, meist Fliegen oder Stechmücken, die sie im Flug erbeuten und auch fressen.

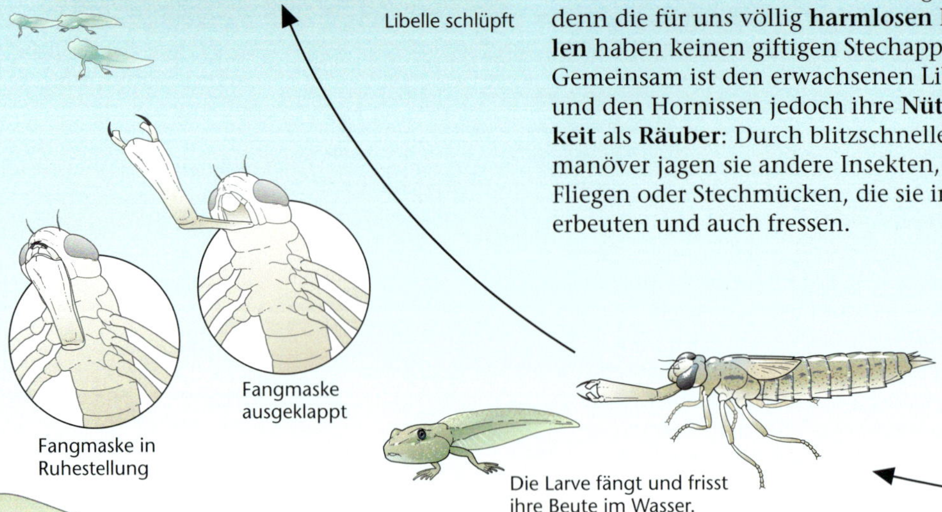

Die Larve fängt und frisst ihre Beute im Wasser.

Paarungsrad

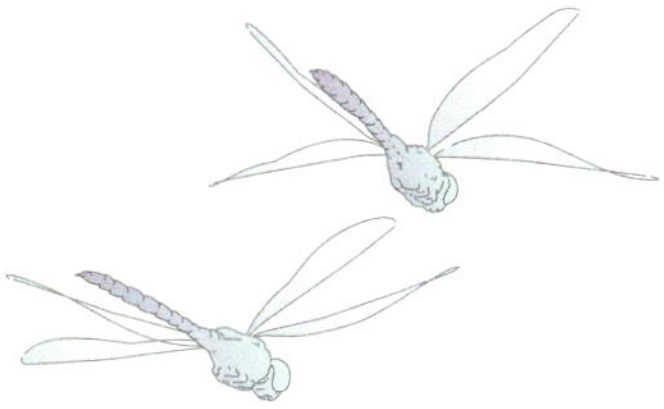

Akrobatisch anmutende Paarung
Während der **Paarung** vereinigen sich die beiden Partner zu einer für Libellen typischen Paarungsfigur. Dieses **Paarungsrad** kann auf festem Untergrund entstehen, meistens aber fliegen die Partner während der Paarung. Anschließend legt das Weibchen die befruchteten Eier an Wasserpflanzen oder einfach im Wasser ab.
Aus den Eiern schlüpfen die **Larven**, die den erwachsenen Libellen im Körperbau bereits ähneln. Während der Wachstumszeit, die einige Jahre dauern kann, kommt es in gewissen Abständen zu mehreren **Häutungen**. Die Libellenlarven durchlaufen eine **unvollständige Metamorphose**.

Libellenlarven – Räuber unter Wasser
Den im Wasser gelösten Sauerstoff nehmen die Larven der **Kleinlibellen** über **Tracheenkiemen** am Hinterleib auf, die **Großlibellenlarven** dagegen über **Tracheen** im Enddarm. Pressen die Großlibellenlarven das aufgenommene Atemwasser kräftig aus dem Enddarm, werden sie durch den **Rückstoß** wie eine Rakete nach vorne geschleudert. Ist ein mögliches Beutetier in Reichweite einer Larve, schnellt deren **Fangmaske** am Unterkiefer hervor und packt das Opfer.

Das Schlüpfen – ein Kraftakt
Zum Schlüpfen verlässt die Larve das Wasser und klettert auf einen Pflanzenstängel. Die **Larvenhülle** platzt hinten am Brustteil auf und die erwachsene Libelle schiebt sich langsam aus der Hülle. Sie kann aber noch nicht sofort fliegen, denn zunächst müssen die **Flügel** gedehnt, getrocknet und gefestigt werden. Erst danach beginnt die Lebensphase als Flugkünstler.

Auch Bayerns Libellen sind gefährdet
In Bayern sind 68 Libellenarten heimisch. Etwa die Hälfte davon steht als „gefährdet" auf der **Roten Liste**, jede sechste Art ist sogar vom Aussterben bedroht. Dies liegt vor allem daran, dass die für die Larvenentwicklung nötigen Gewässer verschmutzt sind oder trockengelegt wurden. [System, S. 136]

Libellen haben in ihrem Lebenszyklus erst eine Phase im Wasser, dann eine in der Luft. An die jeweils räuberische Lebensweise sind sie bestens angepasst.

Aufgaben

1 Finde mithilfe des Textes und durch Recherche heraus, wie du die Larven und erwachsenen Tiere der Groß- und Kleinlibellen voneinander unterscheiden kannst. Erstelle dazu eine Tabelle mit mindestens drei unterschiedlichen Merkmalen.

2 Begründe anhand des Textes, warum es sich bei der Entwicklung der Libellen um eine unvollständige und nicht um eine vollständige Metamorphose handelt.

Eiablage

Larve

Die Entenfamilie
Die **Stockente** ist auf unseren Teichen und Seen der häufigste Wasservogel. Dies liegt unter anderem daran, dass sie weder an die Gewässer noch an die Nahrung besondere Ansprüche stellt.
Während der **Balz** im Frühjahr werben die männlichen Enten, die **Erpel**, mit einem bunten **Prachtkleid** um die unscheinbar braun gefiederten Weibchen. Das braune Gefieder hat für die **Weibchen** besonders während des Brütens einen großen Vorteil: Sie sind damit gut **getarnt** und werden von Feinden, wie z. B. Greifvögeln, kaum entdeckt. Der Erpel brütet nicht.

Die Enten bauen ihr **Nest** an einem trockenen Platz zwischen dichtem Pflanzenbewuchs. Manchmal benutzen sie auch ein verlassenes Krähennest hoch oben in einem Baum. Bei den Entenweibchen sprießen vor der Fortpflanzungszeit auf der Körperunterseite „**Nestdunen**“, mit denen das Nest ausgepolstert wird. Verlässt das Weibchen kurz das Nest, deckt es die Eier mit diesen Federn sorgfältig zu. Die Jungen sind **Nestflüchter**: Sie können sofort schwimmen und werden von der Mutter nur bei der Futtersuche betreut.

Lebensraum Gewässer
Als **Schwimmvögel** sind Stockenten an ihren Lebensraum hervorragend angepasst (▷ B 1). Zwischen den drei nach vorn gerichteten Zehen besitzen sie **Schwimmhäute**. Diese legen sich zusammen, wenn der Fuß nach vorn bewegt wird. Beim Rückwärtsschlag der Füße spreizen sie sich auseinander. Dadurch wird der Körper voranbewegt. Damit kein Wasser in das Gefieder eindringen kann, werden die Federn stets mit Fett aus der **Bürzeldrüse** eingefettet. Diese Drüse befindet sich an der Schwanzwurzel. Zwischen den Federn liegt ein Luftpolster, das gegen die Kälte isoliert und im Wasser den Auftrieb erhöht. [Struktur und Funktion, S. 132]

Köpfchen unter Wasser ...
Stockenten können nicht tauchen. Sie müssen ihre Nahrung durch **Gründeln** (▷ B 1) suchen. Dabei ragt ihr Hinterteil fast senkrecht aus dem Wasser.
Der **Seihschnabel** ist eine Besonderheit der Entenvögel. Er ist am Schnabelrand mit **Hornleisten** besetzt. Durch diese wird der vom Grund aufgenommene Schlamm mit der Zunge herausgedrückt. Die Nahrung wird zurückgehalten und sofort geschluckt.

Stockenten sind Schwimmvögel mit besonderen Schwimmfüßen. Für die Nahrungssuche im Bodenschlamm nutzen sie ihren Seihschnabel.

Aufgaben

1 Erkläre den Vorteil der jeweiligen Federkleider von Ente und Erpel im Frühjahr.

2 Erstelle eine Liste mit den Anpassungen der Stockente an ihren Lebensraum.

1 Anpassungen der Stockente an den Lebensraum Wasser

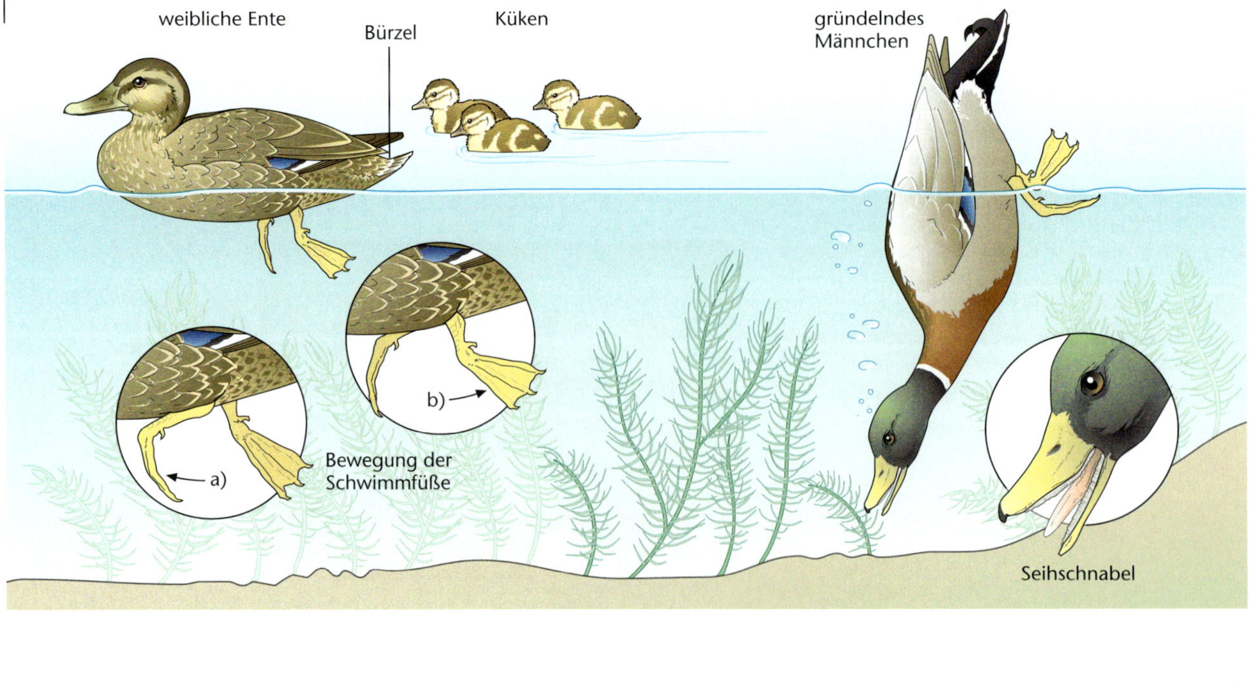

Wasservögel

Die **Reiherente** gehört auch zur Familie der Entenvögel, ist jedoch deutlich kleiner als die Stockente. Sie ist an tiefen und nährstoffarmen Gewässern anzutreffen und ernährt sich von Schnecken, Muscheln und Würmern. Das Nest wird an Land oder in Ufernähe gebaut und ab Mai mit 5 bis 12 Eiern belegt. Auch die Männchen kümmern sich um die Jungenaufzucht.

Blässrallen, auch Blässhühner genannt, haben keine Schwimmhäute, sondern je einen „Schwimmlappen" an ihren drei Zehen. Mit diesem **Lappenfuß** können sie sehr schnell schwimmen und sprungtauchen. Im April werden in das im Schilf versteckte Nest 7 bis 9 Eier gelegt, aus denen die zunächst grauschwarz gestreiften Jungen schlüpfen. Blässhühner ernähren sich von Pflanzen und Kleintieren, die sie im Wasser oder in Ufernähe suchen.

Die durch ihren schwarzen Höcker am Schnabelgrund gut erkennbaren **Höckerschwäne** sind mit einer Körperlänge von bis zu 160 cm und gut 13 kg Gewicht die größten einheimischen Wasservögel. Höckerschwäne gehören zur Familie der Entenvögel. Sie ernähren sich von Wasserpflanzen, die sie in bis zu 1,50 m Wassertiefe gründeln. Weibchen und Männchen bleiben lebenslang zusammen und bauen jedes Jahr im März ein Nest, in das 5 bis 8 Eier gelegt werden. Um zum Fliegen abzuheben, laufen die schweren Tiere wie auf einer Startbahn einige Meter auf dem Wasser.

Die **Tafelente** gründelt nicht wie die meisten anderen Vertreter aus der Familie der Entenvögel. Sie taucht bis zu 5 m tief nach Wasserpflanzen, Insekten und Weichtieren. Das Weibchen errichtet direkt am Wasser ein Nest und bebrütet dort zwischen Mai und Juni 6 bis 9 Eier. Die Männchen bleiben stets in der Nähe und schlagen bei Gefahr Alarm. Ihren Namen verdankt die Tafelente ihrem wohlschmeckendem Fleisch.

Die gut an ihren grünen Stelzfüßen zu erkennenden **Teichrallen** oder **Teichhühner** ernähren sich von Insekten, Froschlaich und Schnecken. Im April bauen das Männchen und das Weibchen gemeinsam zwei Nester. Das Weibchen legt aber nur in das von ihr erwählte Nest 5 bis 11 Eier. Am Bebrüten der Eier und der Aufzucht der Jungtiere sind beide Elternteile beteiligt.

Der **Haubentaucher** ist ungefähr so groß wie eine Stockente. Im Gegensatz zu ihr kann er aber bis zu 6 m tief tauchen. Beim Tauchgang kann der Haubentaucher bis zu einer Minute unter Wasser bleiben. Dabei fängt er Fische, Wasserinsekten, Frösche und Kaulquappen.
Sowohl beim Nestbau im April als auch beim Bebrüten der 3 bis 4 Eier wechseln sich Männchen und Weibchen ab. Die wie Zebras gestreiften Jungvögel sind zwar Nestflüchter, werden aber von den Altvögeln, im Gefieder versteckt, meistens auf dem Rücken getragen und sogar beim Tauchen mit unter Wasser genommen. Nach 11 Wochen sind die Jungen selbstständig und verlassen die Elterntiere.

Streit ums Essen?
Die Nahrung im und am See ist begrenzt, aber dennoch gibt es unter den Wasservögeln kaum Streit ums Essen. Dies liegt daran, dass die einzelnen Arten unterschiedliche Ansprüche an ihre Nahrung stellen und diese auch an unterschiedlichen Orten suchen. So können sie im selben Lebensraum leben, ohne sich gegenseitig Konkurrenz zu machen. Man sagt, sie bilden verschiedene **ökologische Nischen**.

Mit dem Begriff „Nische" ist aber nicht eine bestimmte Stelle gemeint, an dem sich ein Tier oder eine Art aufhält. Die ökologische Nische wird vielmehr durch **alle Umweltfaktoren** bestimmt, die für das Überleben einer Art von Bedeutung sind. Dazu müssen zum einen die **biotischen Faktoren**, wie z. B. die Nahrungsquellen oder Brutplätze, den jeweiligen Bedürfnissen einer Art genügen. Zum anderen müssen die „passenden" **abiotischen Faktoren**, wie z. B. Temperatur und Licht, gegeben sein. Besitzt eine Art auch die Fähigkeit, sich an gewisse Veränderungen anzupassen, kann sie den Lebensraum dauerhaft besiedeln und eine eigene ökologische Nische bilden.

Aus den kurzen Steckbriefen dieser beiden Seiten lässt sich einer der Faktoren herauslesen, weshalb die verschiedenen Wasservogelarten ohne **Konkurrenz** zueinander leben können: Jede der Arten ist auf bestimmte Nahrungsquellen spezialisiert. Für die unterschiedlichen Ernährungsweisen sind bestimmte Angepasstheiten erforderlich, wie z. B. unterschiedliche Schnabel- und Fußformen.
[Struktur und Funktion, S. 132]

Graureiher, umgangssprachlich auch Fischreiher genannt, sind häufig an unseren Seen zu sehen. Dort staksen sie ganz ruhig durch das seichte Wasser, beugen langsam den Kopf und stechen dann mit ihrem Schnabel blitzschnell nach kleinen Fischen, Molchen, Schlangen und Wasserinsekten. Ihre Beute verschlingen sie im Ganzen.

Mit untergetauchtem Kopf und senkrecht aus dem Wasser ragendem Bürzel gründelt die **Stockente** am unter ihr liegenden Gewässerboden nach Essbarem. Mit ihrem Schnabel rupft sie Pflanzenteile ab und drückt dabei aufgenommenes Wasser durch die Hornleisten des Seihschnabels nach draußen. Wie in einem Küchensieb bleibt die Nahrung, zum Beispiel Weichtiere, Larven und kleine Frösche, darin hängen.

Die schwarzen, in der Sonne blau metallisch glänzenden **Kormorane** sind Fischfresser. Auf der Jagd tauchen sie von der Wasseroberfläche geradlinig nach unten, verfolgen ihre Beute und erbeuten sie mit dem Schnabel. An der Wasseroberfläche verschlingen sie den Fisch.

Im Frühling und Sommer kann man **Graugänse** bei der Nahrungssuche am Seeufer beobachten. Sie ernähren sich hauptsächlich von kurzen Gräsern und Kräutern. Nur selten suchen sie auf der Wasseroberfläche oder gründelnd im See ihre Nahrung. In der kalten Jahreszeit weiden die Tiere auf abgeernteten Getreidefeldern.

Der **Drosselrohrsänger** bevölkert das dichte Schilf und Ufergebüsch von Seen, Mooren und Flüssen. Mit seinem langen, schmalen, spitzen Schnabel erbeutet er Insekten, deren Larven, Spinnen und Weichtiere.

Verschiedene Fußformen und ihre ökologischen Nischen:

Aufgaben

1 Beschreibe die verschiedenen ökologischen Nischen, die von den Vogelarten auf den Seiten 102/103 gebildet werden.

2 a) Sieh dir die unterschiedlichen Schnäbel und Extremitäten der abgebildeten Vögel an und beschreibe sie möglichst genau.
b) Begründe anhand der verschiedenen Schnabel- und Fußformen, inwieweit die Tiere an ihre jeweilige Ernährungsweise angepasst sind.

1 Beispiel für eine Nahrungskette im See

Fressen und gefressen werden
Die **grünen Pflanzen** bauen bei der Fotosynthese Traubenzucker auf und geben den für das Leben auf der Erde unentbehrlichen Sauerstoff ab. Der Traubenzucker ist die Grundlage für den Aufbau weiterer, energiereicher Stoffe, wie z. B. der Eiweiße und Fette. Deshalb nennt man grüne Pflanzen **Produzenten**.

Pflanzenfresser ernähren sich direkt von den Produzenten, man bezeichnet sie als **Konsumenten erster Ordnung**. Zu diesen zählen im See z. B. Wasserschnecken, Wasserflöhe oder Insektenlarven. Diese meist sehr kleinen Organismen sind die Beute von **Fleischfressern**. Dazu gehören z. B. das Rotauge oder der Gelbrandkäfer. Sie sind **Konsumenten zweiter Ordnung**. Der Hecht und der Graureiher sind die letzten Glieder dieser Nahrungskette, die **Endkonsumenten** (▷ B 2).

Die Fleischfresser sind jedoch nicht nur auf eine Beutetierart spezialisiert, sondern ernähren sich von verschiedenen Lebewesen. Die Nahrungsbeziehungen zwischen den Organismen im See bestehen also aus vielen **Nahrungsketten** (▷ B 1), die wie die Fäden eines Netzes miteinander verknüpft sind. Man spricht deshalb von einem **Nahrungsnetz** (▷ B 2).

Ein ewiger Kreislauf
Den bei der Fotosynthese gebildeten Traubenzucker nutzen die Pflanzen als Energielieferant und zum Aufbau körpereigener Stoffe. Diese und den Sauerstoff benötigen wiederum die Konsumenten erster Ordnung für ihre Lebensvorgänge und zum Aufbau ihrer Körpersubstanz. So werden energiereiche Stoffe von Stufe zu Stufe der Nahrungskette weitergegeben und Kohlenstoffdioxid frei.

Stirbt ein Organismus, wird er von den **Destruenten** unter Sauerstoffverbrauch zu Mineralstoffen, Kohlenstoffdioxid und Wasser abgebaut. Diese Abbauprodukte stehen dann den grünen Pflanzen wieder zur Verfügung. Damit schließt sich der **Stoffkreislauf** im **Ökosystem See** (▷ B 3). [System, S. 136]

Einbahnstraße Energie – die Nahrungspyramide
Den größten Teil der mit der Nahrung aufgenommenen **Energie** benötigen die Lebewesen in einem Ökosystem für ihre Stoffwechselvorgänge. Nur etwa 10 % der Energie können sie für den Aufbau der eigenen Körpersubstanz nutzen. Diese „Energieabnahme" lässt sich gut in einer **Nahrungspyramide** darstellen (▷ B 4). Sie besteht aus verschiedenen **Nahrungsebe-**

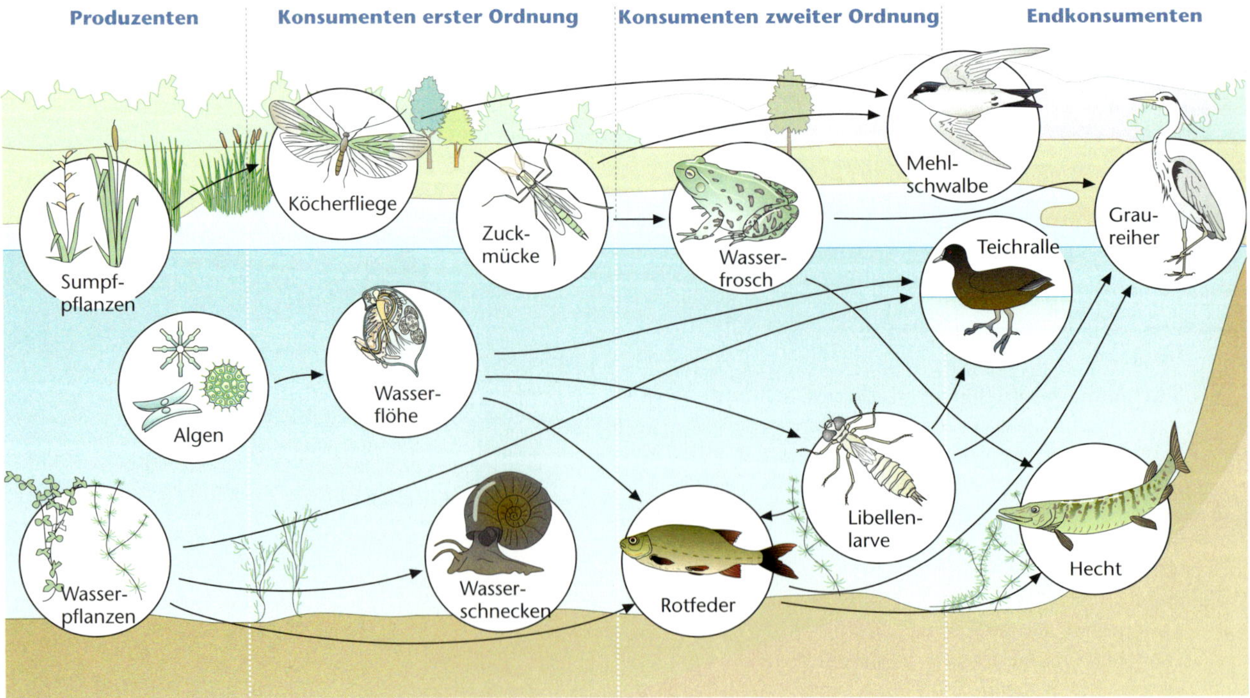

2 Nahrungsnetz im See

nen, die durch Produzenten und Konsumenten gebildet werden. In jeder Ebene wird dabei immer die gesamte Masse der jeweiligen Lebewesen angegeben. Die Gesamtmasse der Lebewesen bezeichnet man als **Biomasse**. Vergleicht man nun jeweils die Biomasse von Produzenten und Konsumenten miteinander, erkennt man, dass diese bis zu den Endkonsumenten deutlich abnimmt. Die Biomasse der Produzenten ist am größten, die der Erstkonsumenten sehr viel kleiner, die Biomasse der Zweitkonsumenten ist wiederum deutlich geringer als die der Erstkonsumenten usw.

So wird von einer Nahrungsebene zur nächsthöheren immer nur ein Bruchteil der Energie weitergegeben. Dies hat zur Folge, dass in der Biomasse der Endkonsumenten nur noch ca. 0,1 % der ursprünglich gespeicherten Energie enthalten sind.

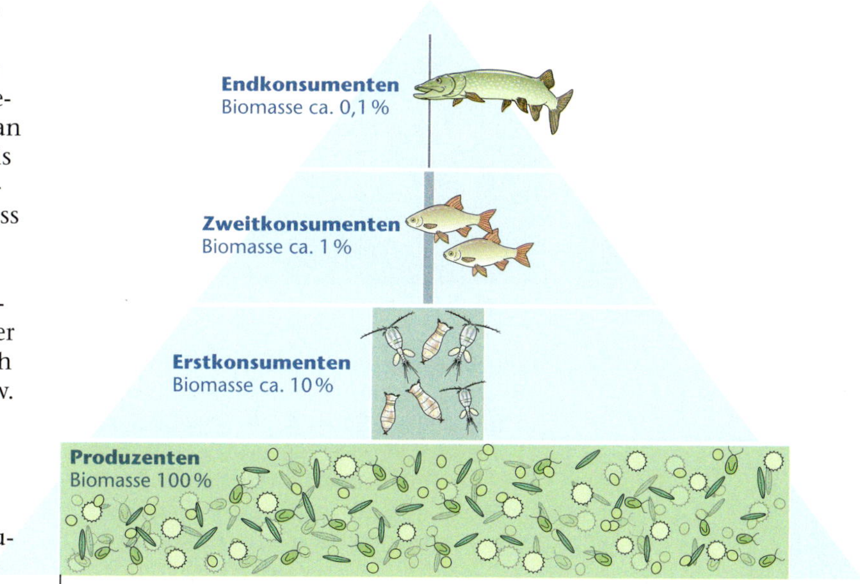

4 Die Nahrungspyramide

Aufgaben

1 Begründe, von welchen Gliedern der Nahrungskette sich der Mensch ernähren müsste, um möglichst viel der vorhandenen Energie zu nutzen.

2 Überlege anhand eines Beispiels, was passiert, wenn ein Glied eines Nahrungsnetzes entfernt wird.

3 Übertrage das Schema (▷ B 3) zum Stoffkreislauf im See in dein Heft und ergänze es mit folgenden Begriffen: Destruenten – Produzenten – Sauerstoff – Kohlenstoffdioxid – abgestorbene Organismen – Konsumenten erster bzw. zweiter Ordnung – Endkonsument – Mineralstoffe.

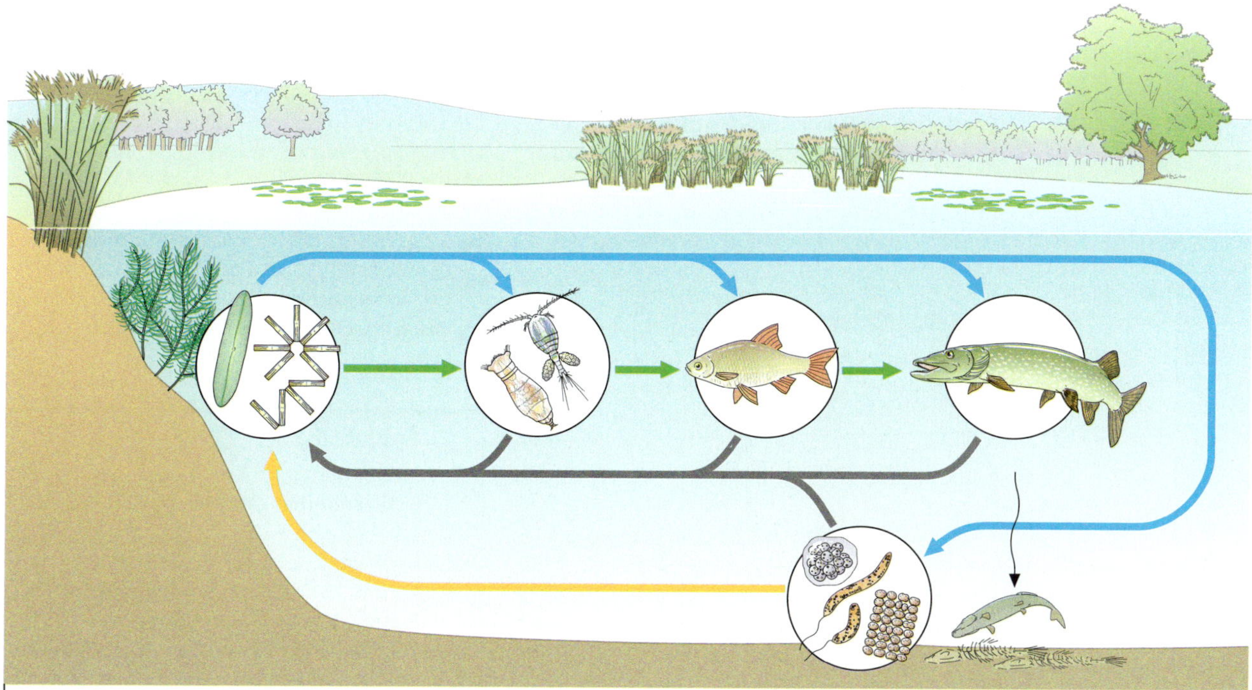
3 Stoffkreislauf im See

1 Süßwasseraquarium

2 Salzwasseraquarium

3 Tropenaquarium

Besucht man in einem Zoo oder Tiergarten das Aquarienhaus, kann man dort Tiere und Wasserpflanzen aus verschiedenen Gewässern der Erde bewundern. Da jede Tier- und Pflanzenart an die jeweiligen Umweltbedingungen ihres Herkunftsgewässer angepasst ist, gibt es zahlreiche Süß- und Meerwasserwasserbecken mit unterschiedlichen Wassertemperaturen und Salz-, Sauerstoff- und Säuregehalt. Die Aquarienbewohner sollen unter **optimalen Bedingungen** leben können.

Schon ein kleiner Fehler der Technik oder eines Tierpflegers genügt, um die Umweltbedingungen in einem Aquarium zu verändern. Beispielsweise kann allein die Veränderung eines **abiotischen Umweltfaktors**, wie z. B. der Temperatur, dazu führen, dass sich die Lebensbedingungen stark verschlechtern. Jedoch sind Tiere und Pflanzen sowohl in einem Aquarium als auch in der Natur in der Lage, gewisse Schwankungen der Umweltbedingungen zu ertragen: Sie besitzen eine **Toleranz**.

Verändert sich aber ein Umweltfaktor so stark, dass er sich dem Rand des **Toleranzbereiches** nähert, können sich die Tiere und Pflanzen nicht mehr fortpflanzen und entwickeln. Diesen Bereich bezeichnet man als **Pessimum** (▷ B 4). Außerhalb des Toleranzbereiches ist kein Leben mehr möglich. [System, S. 136]

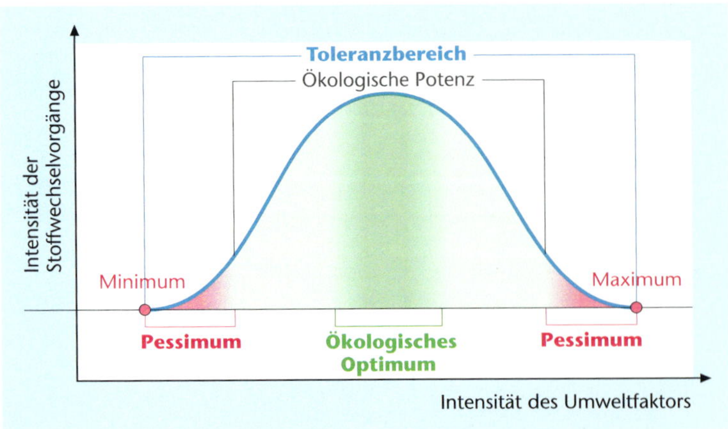

4 Toleranzkurve und ökologisches Optimum

Das ökologische Optimum

Im Gegensatz zu einem Aquarium werden natürliche Ökosysteme, wie z. B. Seen oder Flüsse, nicht von außen kontrolliert. Die Umweltbedingungen unterliegen einem steten Wandel und auch die Lebensgemeinschaften, die **biotischen Faktoren**, sind wesentlich vielfältiger als in einem Aquarium. So herrscht z. B. in einem See ein ständiger Wettstreit zwischen Tieren einer Art wie auch zwischen verschiedenen Arten. Die Tiere stehen untereinander in **Konkurrenz** um den Lebensraum, die Nahrung und die Fortpflanzungspartner. Ist die Konkurrenz zu stark, kann sich eine „unterlegene" Art nicht behaupten und wird in kurzer Zeit verschwinden.

Kommt eine Art hingegen besonders häufig in einem Ökosystem vor, bedeutet das, dass für sie die abiotischen und biotischen Faktoren optimal sind. Die Art befindet sich im sogenannten **ökologischen Optimum** (▷ B 4).

Lebewesen entwickeln sich im ökologischen Optimum am besten. Ist nur ein Umweltfaktor zu weit vom ökologischen Optimum einer Art entfernt, kann sie nicht überleben.

Aufgaben

1. Nachwuchs in einem Aquarium ist für den Besitzer immer eine Freude. Erkläre.
2. In einem Zuchtbecken für Zierfische kommt es durch ein Versehen eines Tierpflegers zu einem Anstieg der Salzkonzentration des Wassers. Schildere die Folgen für die Fische unter Zuhilfenahme des Diagramms (▷ B 4).

Der Viktoriasee – Ein See gerät aus dem Gleichgewicht

Der **Viktoriasee**, der größte Süßwassersee Afrikas, war bis zu den 1960er-Jahren wegen seines einzigartigen Artenreichtums ein beliebtes Forschungsfeld für Biologen aus aller Welt. Heute ist die Artenvielfalt nicht mehr gegeben. Zum Beispiel sind von den ursprünglich 500 **Buntbarsch-Arten** (▷ B 2) nur noch etwa 200 Arten zu finden und auch viele andere Lebewesen sind aus dem See verschwunden. Wie konnte das passieren?

2 Buntbarsch

3 Nilbarsch

Das biologische Gleichgewicht

In der Regel verändert sich innerhalb eines gesunden Ökosystems die Zusammensetzung der Arten und Anzahl der einzelnen Lebewesen kaum, auch wenn sich bestimmte Arten im ökologischen Optimum befinden. Zahlreiche Mechanismen verhindern, dass sich eine Art zu stark vermehrt und somit andere Arten in einem Biotop verdrängt. Kommt es z. B. zu einer starken Vermehrung der Mückenlarven, die zu den **Beutetieren** der räuberisch lebenden Buntbarsche gehören, wird sich nach einiger Zeit auch die Anzahl der **Räuber** erhöhen.

Diese und andere **Räuber-Beute-Beziehungen** tragen einen wesentlichen Teil dazu bei, dass die Anzahl der Arten in etwa gleich bleibt. Man sagt, das Ökosystem befindet sich im **biologischen Gleichgewicht** (▷ B 1).

Wenn das Gleichgewicht gestört wird

Auch wenn die Lebewesen eine gewisse Toleranz gegenüber Schwankungen der Umweltbedingungen aufweisen, kann das biologische Gleichgewicht eines Ökosystems ins Ungleichgewicht geraten, z. B. durch die Eingriffe des Menschen. Für den Viktoriasee führten diese zur ökologischen Katastrophe. Eines der negativen Beispiele war das Einsetzen fremder Arten wie dem **Nilbarsch** (▷ B 3). Durch diese Maßnahme erhoffte man sich höhere Fangquoten, da sich Nilbarsche viel schneller vermehren als die heimischen Buntbarsche. Allerdings hatte man nicht bedacht, dass der Nilbarsch ein Raubfisch ist und die kleineren Buntbarsche zu seiner bevorzugten Beute wurden. So kam es, dass in wenigen Jahrzehnten mehr als die Hälfte der Buntbarscharten verschwunden waren.
[Entwicklung, S. 134]

▶ Bleibt der Zustand eines Ökosystems trotz Veränderungen der Umweltbedingungen über einen längeren Zeitraum erhalten, befindet es sich im biologischen Gleichgewicht. Insbesondere durch den Einfluss des Menschen kann dieses Gleichgewicht gestört werden.

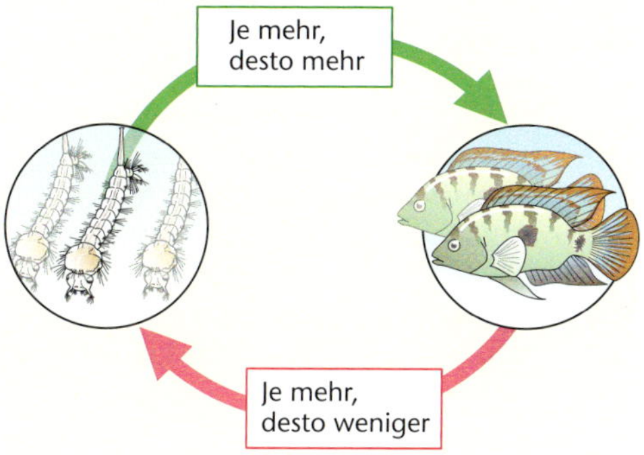

1 Räuber-Beute-Beziehungen im Viktoriasee

Aufgaben

1 Nicht nur das Einsetzen fremder Arten kann das biologische Gleichgewicht in einem Ökosystem stören. Nenne weitere Beispiele und beschreibe deren Folgen für das jeweilige Ökosystem.

2 Die Anzahl der Nilbarsche im Viktoriasee ist wieder stark gesunken. Erkläre.

3 Durch die Einführung des Nilbarsches hat sich die Anzahl der Malariaerkrankungen (s. Seite 74) am Viktoriasee stark erhöht. Erläutere dieses Phänomen.

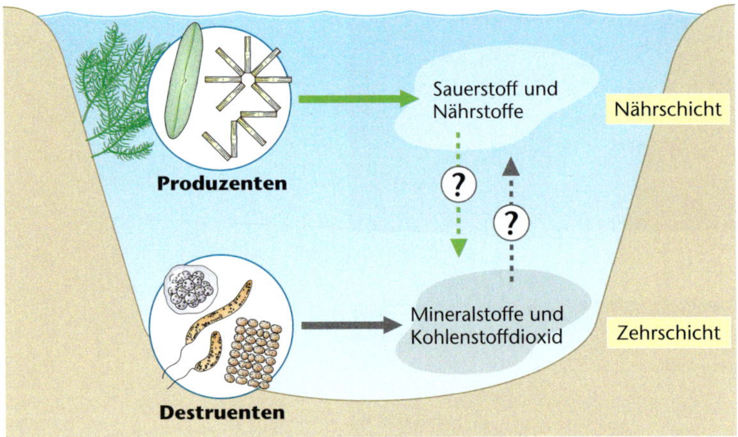

1 Vereinfachter Stoffkreislauf in einem See

Schichten im See
Im Frühjahr und im Frühsommer kommt es in Seen häufig zu einer massenhaften Vermehrung von **Algen**. Das Wasser färbt sich dann für eine gewisse Zeit grün und die Sichttiefe nimmt stark ab. Während einer solchen „**Algenblüte**" kann es passieren, dass ein Badesee für eine kurze Zeit gesperrt werden muss. Doch mit der Zeit gehen die Algen wieder zurück.

Die Algen findet man vor allem an der Wasseroberfläche eines Sees. Dort ist der Lichteinfall stark genug, sodass sie Fotosynthese betreiben und energiereiche Stoffe und Sauerstoff herstellen können. Zusammen mit anderen Wasserpflanzen sind die Algen die **Produzenten** im See und bilden so eine wichtige Lebens- und Nahrungsgrundlage für andere Lebewesen. Die obere Schicht des Sees wird deswegen **Nährschicht** genannt (▷ B 1).

Sterben Pflanzen oder Tiere, sinken sie langsam nach unten. In dieser dunklen, tieferen Schicht zersetzen **Destruenten** die Überreste zu Mineralstoffen und Kohlenstoffdioxid. In dieser Schicht wird unter Sauerstoffverbrauch mehr Biomasse abgebaut, als durch Fotosynthese entsteht. Man nennt diese Schicht deshalb **Zehrschicht**. [System, S. 136]

Temperatur in °C	**Dichte** in g/cm³
0	0,99987
2	0,99997
4	1,00000
5	0,99999
25	0,99707

2 Dichtetabelle von Wasser

Der See im Frühjahr ...
Mit der zunehmenden Sonneneinstrahlung im **Frühjahr** erwärmt sich das Wasser. Nach einiger Zeit hat es bis zum Seegrund eine einheitliche Temperatur von ungefähr 4 °C. Wirken zusätzlich starke Winde auf das Wasser ein, kommt es zu einer **Durchmischung** von Oberflächen- und Tiefenwasser und dadurch zu einem **Stoffaustausch**: Sauerstoff gelangt vom sauerstoffreichen Oberflächenwasser in die sauerstoffarme Tiefe. Gleichzeitig dringen viele Mineralstoffe und Kohlenstoffdioxid aus der Zehrschicht in das Oberflächenwasser des Sees vor und stehen dort den Pflanzen und Algen zur Verfügung (▷ B 1). Es findet eine **Vollzirkulation** des Wassers statt (▷ B 3).

... im Sommer
Im **Sommer** erwärmt die Sonne das Oberflächenwasser so stark, dass es Temperaturen von über 25 °C erreichen kann. Etwa ab 8 Metern Wassertiefe nimmt die Temperatur schnell ab und bleibt bis zum Grund des Sees stabil bei 4 °C (▷ B 3).

Ursache dieser stabilen Temperaturschichtung ist die Abhängigkeit der **Dichte** des Wassers von der **Temperatur** (▷ B 2). Wasser hat bei 4 °C seine größte Dichte. Dies bedeutet, dass 4 °C warmes Wasser schwerer ist als kälteres oder wärmeres Wasser und nach unten sinkt. Das wärmere Oberflächenwasser hat eine geringere Dichte und schwimmt auf dem Tiefenwasser.

Zwischen dem warmen und kalten Wasser liegt eine schmale Schicht, die **Sprungschicht** (▷ B 3). Im Sommer kann das Oberflächenwasser zwar durch Winde durchmischt werden, allerdings verhindert die Sprungschicht eine Durchmischung mit dem Tiefenwasser. Man nennt dies die **Sommerstagnation**. Tote Lebewesen sinken jedoch weiterhin nach unten und werden von den Zersetzern unter Sauerstoffverbrauch abgebaut. In der Tiefenschicht wird der Sauerstoff knapp.

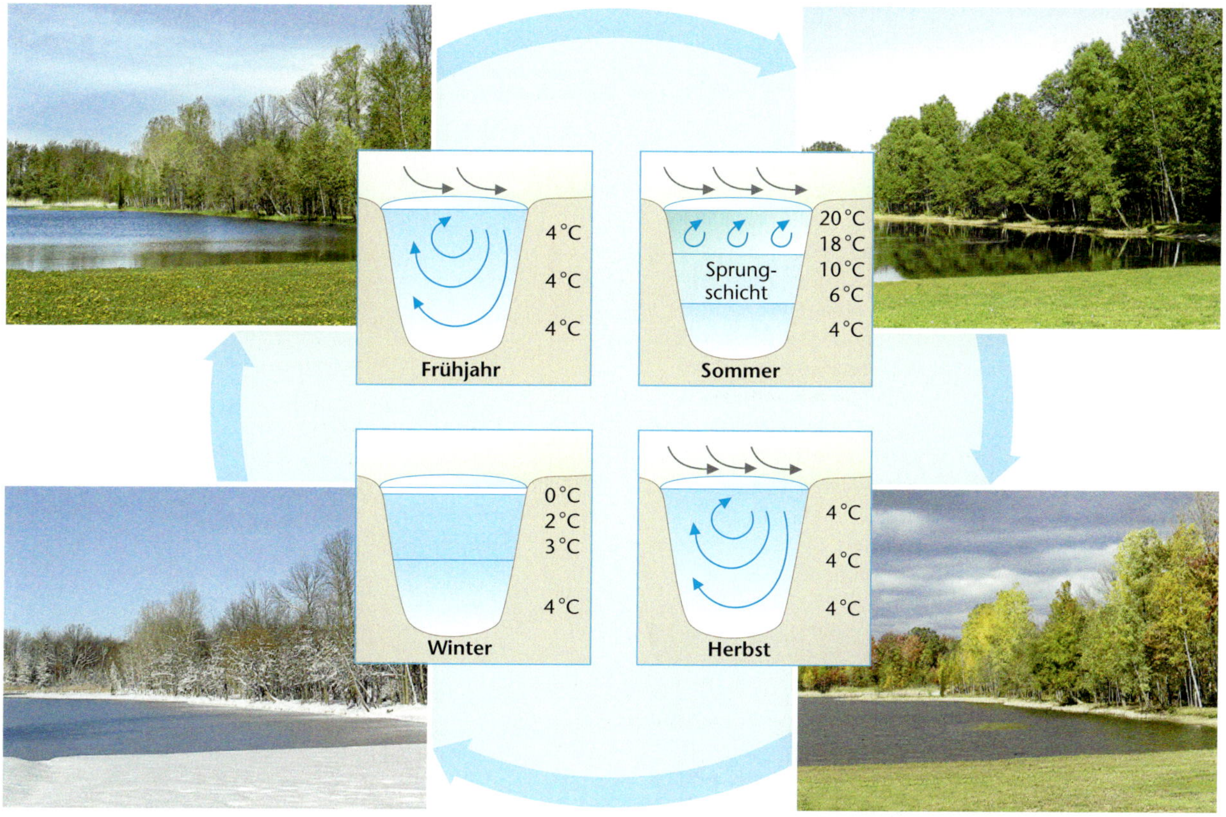

3 Der See im Jahresverlauf

... im Herbst

Im **Herbst** kühlt sich das Oberflächenwasser allmählich wieder ab, bis die Temperaturen in allen Wassertiefen etwa gleich sind. Damit ist auch die Dichte des Seewassers überall gleich groß. Mit dem Auftreten von Herbststürmen kommt es erneut zu einer **Vollzirkulation**, wodurch wieder ausreichend Sauerstoff in das Tiefenwasser transportiert wird.

... und im Winter

Sinken im **Winter** die Temperaturen, kühlt auch das Oberflächenwasser des Sees ab und es bildet sich eine Schicht kalten Wassers oder eine sogar eine Eisschicht. Diese **Deckschicht** verhindert eine Zirkulation und es kommt zur **Winterstagnation**. Direkt unter der Deckschicht liegt die Wassertemperatur bei 0 °C, innerhalb von 1 bis 2 Metern steigt sie jedoch wieder bis auf 4 °C an. Dieses Seewasser enthält genügend Sauerstoff und Nährstoffe, sodass Wassertiere, wie z. B. Fische, problemlos überwintern können.

Im Frühjahr und Herbst sorgt eine Vollzirkulation des Wassers für einen Austausch von Sauerstoff, Kohlenstoffdioxid und Mineralstoffen zwischen dem Oberflächen- und dem Tiefenwasser eines Sees. Im Winter und Sommer kommt es zu einer Stagnation des Stoffaustausches. [Entwicklung, S. 134]

Aufgaben

1 Überlegt und plant einfache Modellexperimente, mit denen ihr die Phasen des Sees im Jahresverlauf (Frühjahr/Herbst, Winter, Sommer) simulieren könntet. Folgende Materialien stehen zur Verfügung: Glaswanne, Wasser mit unterschiedlichen Temperaturen, Fön, Farbstoff, Frischhaltefolie. Ordnet die Materialien jeweils den Gegebenheiten in einem See zu.

2 Erstelle mithilfe des Textes jeweils für Frühjahr/Herbst und Sommer eine Tabelle, welche die Sauerstoff- und Mineralstoffkonzentration des Oberflächen- und Tiefenwassers in einem See vergleicht.

Wasser – ein Lebenselixier

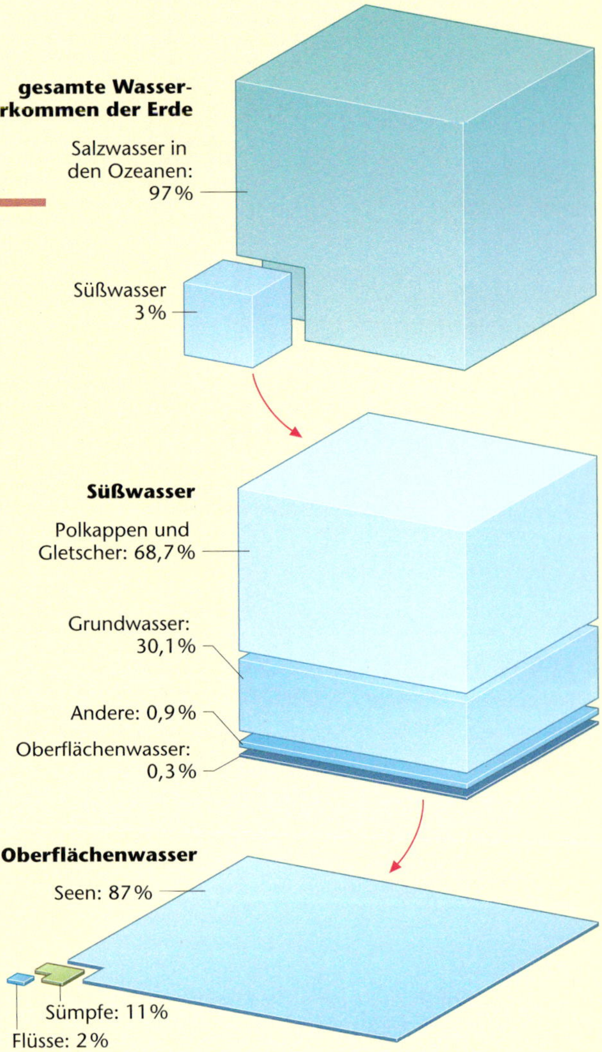

Wasserqualität

Für uns ist es selbstverständlich, dass ausreichend sauberes Trinkwasser zur Verfügung steht. Aber nur wenige Prozent des auf der Erde vorhandenen Wassers können als Trinkwasser verwendet werden. Dazu kommt, dass die Niederschläge sehr ungleich verteilt sind – in vielen Gebieten der Erde leiden die Menschen unter Wasserknappheit und darunter, dass das Trinkwasser stark verunreinigt ist. Jedes Jahr sterben 1,5 Mio. Kinder an den Folgen von Krankheiten, die durch verschmutztes Wasser hervorgerufen wurden.

- Wo auf der Erde sind die Probleme mit Trinkwasser besonders groß?

- Welche Krankheiten können durch verschmutztes Wasser auftreten?

Wassergehalt von Organismen in % des Gesamtgewichts	
Algen	bis 98%
Blätter (höhere Pflanzen)	80 – 90%
Gurke	bis 95%
Holz	50%
Ohrenqualle	98,2%
Wasserfloh	73,9%
Kartoffelkäfer	62 – 66%
Schleie	80%
Frosch	77%
Mensch	60%

Wassergehalt

Jeder Mensch besteht zu ungefähr 60% aus Wasser. Er verliert jeden Tag mehr als 2 Liter Wasser, die er auch wieder mit Getränken und der Nahrung aufnehmen muss. Wasser ist lebensnotwendig. Verliert der Körper mehr als 12% Wasser, stirbt der Mensch.

- Suche nach Beispielen für Organismen, die nur sehr wenig Wasser aufnehmen müssen. Wie funktioniert bei ihnen das „Wassersparen"?

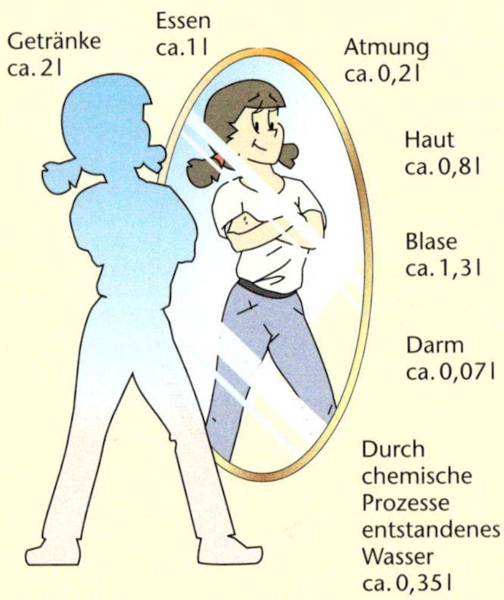

Wasserkreislauf

Obwohl man oft davon spricht, wird Wasser niemals „verbraucht“, sondern befindet sich in einem ständigen Kreislauf: Es verdunstet von der Oberfläche der Flüsse, Meere und Seen oder wird von den Pflanzen transpiriert. Durch Regen kommt es wieder auf die Erde zurück, wo es auf Gewässer trifft oder in das Grundwasser versickert.

- In welchen Aggregatzuständen kommt Wasser auf der Erde vor?
- Wie entstehen Niederschläge?
- Wie viele mm Niederschlag fallen bei uns im Jahr? Wie sind sie über das Jahr verteilt?
- In welchen Regionen der Erde gibt es zu wenige, wo sehr viele Niederschläge?
- Welche Auswirkungen hat dies auf die dortige Landwirtschaft?

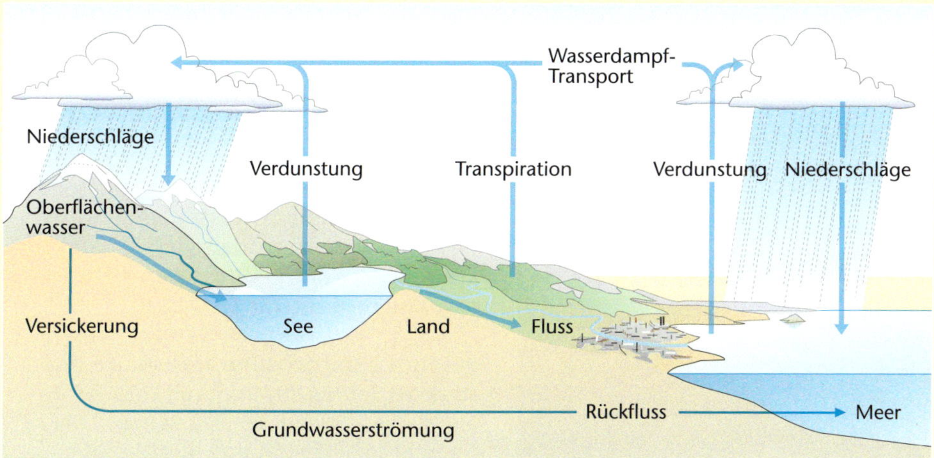

„Virtuelles Wasser“

Die gute Nachricht lautet: Der Wasserverbrauch in deutschen Haushalten geht seit Jahrzehnten immer weiter zurück. Momentan verbrauchen wir Deutschen etwa 124 l Wasser pro Kopf und Tag.

Die schlechte Nachricht lautet: Deutschland gehört weltweit zu den 10 Ländern, die das meiste „virtuelle Wasser“ verbrauchen.

Unter „virtuellem Wasser“ versteht man die Menge an Wasser, die insgesamt benötigt wird, um bestimmte Waren herzustellen.

Um beispielsweise 1 kg Baumwoll-Kleidung zu produzieren, werden durchschnittlich 11 000 l Wasser verbraucht: 85 % davon werden für den Anbau der Baumwoll-Pflanzen benötigt, der Rest steckt in den weiteren Verarbeitungsschritten.

- Wie könnte in Deutschland der Verbrauch an virtuellem Wasser gesenkt werden?
- Entwerfe anhand der Tabelle einen „Maßnahmenkatalog“, wie du selbst einen Beitrag zur Senkung des Verbrauchs an „virtuellem Wasser“ leisten könntest.

Menge an „virtuellem Wasser“ in:	
1 kg Rindfleisch	15 500 l
1 kg Äpfel	700 l
1 kg Kakao	10 000 l
1 T-Shirt	2 700 l
1 Mobiltelefon	3 000 l
1 kg normales Papier	2 000 l
1 kg Recyclingpapier	20 l

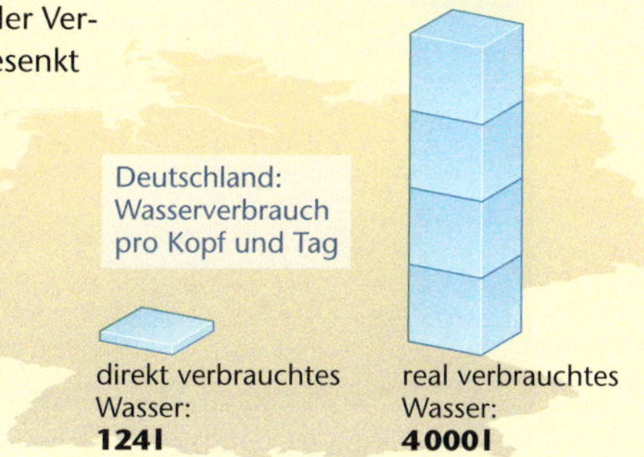

Dem Wasser geht's dreckig

Fast jede Nutzung des Wassers durch den Menschen birgt die Gefahr einer Verschmutzung, insbesondere das **Einleiten** von **Schadstoffen** in die Gewässer.

1 Ausbringen von Gülle

2 Auch Müll belastet unsere Gewässer

3 Industrieabwässer 1991 (müssen heute gereinigt werden)

Vom Acker ins Wasser

Die **Landwirtschaft** z. B. bringt Dünger, Gülle und Pflanzenschutzmittel auf den Feldern aus (▷ B 1). Dünger und Gülle enthalten viele Phosphat- und Nitratmineralstoffe, die das Pflanzenwachstum auf den Feldern fördern sollen. Die Pflanzenschutzmittel sollen Schädlinge von den Kulturpflanzen fernhalten.

Doch selbst wenn das Düngen genau nach Vorschrift erfolgt, kommt es zu Belastungen der Umwelt: Bei Regen werden die Mineralstoffe ausgewaschen und gelangen in angrenzende Flüsse und Seen. Dort stören sie die empfindlichen **biologischen Gleichgewichte** der Ökosysteme. Eingebrachte Pflanzenschutzmittel wirken als Gifte auf die Lebewesen im Wasser. Auch das **Grundwasser**, aus dem wir größtenteils unser **Trinkwasser** gewinnen, wird durch Versickerung der Dünge- und Pflanzenschutzmittel belastet.

Gefährliche Abwässer

Die **Industriebetriebe** sind zwar gesetzlich verpflichtet, ihre **Abwässer** zu reinigen (▷ B 3). Die darin enthaltenen Schadstoffe können aber oft nicht ganz entfernt werden und belasten die Gewässer.

Besonders die **privaten Haushalte** sind stark an der Verunreinigung unserer Gewässer beteiligt. In Deutschland verbraucht jede Person pro Tag 124 Liter Wasser. 124 Liter verbrauchtes Wasser bedeuten aber auch 124 Liter verunreinigtes Wasser. Mit unseren Abwässern gelangen Fäkalien, Waschsubstanzen, Essensreste und viele andere Stoffe mehr in die Kanalisation. Moderne Kläranlagen können dem Abwasser den größten Teil der Verunreinigungen entziehen. Bestimmte, schwer abbaubare Schadstoffe bleiben jedoch im Wasser und gelangen in den **natürlichen Wasserkreislauf**.

In Gewässern konnte man z. B. **Rückstände** von **Medikamenten** und **Hormone** von Antibabypillen nachweisen. Die immer noch wirksamen Stoffe werden von den Lebewesen aufgenommen, reichern sich in den Nahrungsketten an und gefährden ganze Bestände. Hormone wirken sich z. B. auf die Fortpflanzung aus. So konnte man in manchen Flüssen bereits deutlich mehr Weibchen als Männchen innerhalb einiger Fischbestände feststellen. [Entwicklung, S. 134]

Dünge- und Pflanzenschutzmittel sowie schwer oder nicht abbaubare Schadstoffe in Abwässern belasten die Oberflächengewässer, das Grundwasser und damit auch unser Trinkwasser.

Düngung am falschen Ort

Mit den Abwässern von Landwirtschaft, privaten Haushalten und Industrie gelangen ständig auch **Mineralstoffe** in die Gewässer. Bis zu einer gewissen Menge können die zugeführten Mineralstoffe in einem gesunden See abgebaut werden. Die Mengen an zugeführten und abgebauten bzw. von Pflanzen aufgenommen Mineralstoffen bleiben im Gleichgewicht (siehe S. 106/107). Werden jedoch über längere Zeit zu viele Mineralstoffe eingeleitet, wird der See „krank" und stirbt langsam ab. Diese **Überdüngung** mit Mineralstoffen nennt man **Eutrophierung** (▷ B 5).

Ohne Sauerstoff kippt der See um

Infolge der Eutrophierung wachsen immer mehr Tiere und Pflanzen heran, sterben ab und sinken auf den Seegrund. Dort können die **Destruenten** die großen Mengen an abgestorbenen Lebewesen nicht mehr vollständig abbauen.
Bald wird auch der Sauerstoff knapp, da die Destruenten bei den Abbauprozessen den Sauerstoff aufgebraucht haben. Nun übernehmen Bakterien, die ohne Sauerstoff leben können, den Abbau der toten Organismen. Dabei entstehen übelriechende **Faulgase** und **Faulschlamm**. Die Faulschlammschicht wird immer dicker, das Wasser wird trüb und es gibt kaum noch grüne Pflanzen, die Sauerstoff produzieren. Infolge des Sauerstoffmangels sterben die meisten Lebewesen ab und nur noch Organismen, die ohne Sauerstoff auskommen, können überleben. Man sagt, der See ist **„umgekippt"** (▷ B 4).
[System, S. 136]

Eutrophierung bedeutet, dass ein überdüngtes Gewässer durch Sauerstoffmangel umkippt und fast alle Lebewesen darin sterben.

Aufgaben

1 Beschreibe mit eigenen Worten die Abfolge des „Umkippens" eines Sees.

2 a) Überlege, wie sich ein „Weibchenboom" bei einer Fischart langfristig auf deren Bestand auswirken könnte.

b) Erläutere, warum die Lebewesen an der Spitze der Nahrungspyramide, z. B. Raubfische oder der Mensch, durch Hormone und Giftstoffe in den Nahrungsketten besonders belastet sind.

3 Die Ausbringung von Gülle mit Injektionsgeräten wird finanziell unterstützt. Hierbei wird die Gülle direkt in den Boden gespritzt und nicht erst auf der Oberfläche verteilt. Überlege dir die Vorteile dieser Methode.

4 Beschreibe die Störungen eines Badesees durch unser Freizeitverhalten.

5 Eutrophiertes Gewässer

4 Eutrophierung eines Sees

Werkstatt

Wir untersuchen ein Gewässer

Untersucht man ein Gewässer, sollte man nicht nur die Pflanzen und Tiere kennen, die dort leben. Wichtig sind auch Kenntnisse über die physikalischen und chemischen Bedingungen, denn sie haben einen großen Einfluss auf die hier lebenden Arten. Ändern sich diese Bedingungen, kann dies auch eine Veränderung der Tier- und Pflanzenwelt zur Folge haben. Führt die Versuche in Gruppen durch. Notiert an den Messtagen auch die meteorologischen Daten, wie z. B. Bewölkung, Niederschläge und Lufttemperatur. Beachtet genau die **Entsorgungshinweise** für die eingesetzten Chemikalien!

1 Physikalische Daten: Messung der Sichttiefe

Die Messung der Sichttiefe gibt Auskunft über die Trübung des Wassers. Sie wird durch Algen oder andere Schwebstoffe, wie z. B. Lehmpartikel, beeinflusst.

Material

Weißer Topfdeckel (Durchmesser ca. 25 cm) mit Löchern, Schnur mit Markierungen (alle 10 cm), Papier, Stift

Versuchsanleitung

a) Befestigt die Schnur am Griff des Topfdeckels so, dass er unter Wasser nicht zur Seite kippt.
b) Lasst den Topfdeckel mit der Schnur an einer möglichst tiefen Stelle so weit eintauchen, bis ihr ihn gerade noch sehen könnt.
c) Wiederholt den Versuch an mehreren Tagen.

Aufgaben

1. Notiert die an den verschiedenen Tagen gemessenen Sichttiefen und erstellt eine Tabelle.

2. a) Vergleicht die verschiedenen Ergebnisse. Bringt sie in Zusammenhang mit Dauer und Intensität der Niederschläge vor bzw. während euren Messungen.
b) Wodurch wird die Sichttiefe in dem von euch untersuchtem Gewässer jeweils beeinflusst?

2 Physikalische Daten: Messung der Temperatur

Die Wassertemperatur ist für biologische Prozesse, wie Fotosynthese oder Abbauvorgänge, wichtig. Auch die Löslichkeit des Sauerstoffs hängt von der Wassertemperatur ab.

Material

Thermometer mit Öse, an einer Schnur mit Markierungen (alle 10 cm) befestigt, Papier, Stift

Versuchsanleitung

Messt an mehreren Tagen immer zur gleichen Zeit an a) verschiedenen Stellen, b) an einer Stelle die Temperatur an der Wasseroberfläche.

Aufgaben

1. Notiert eure Ergebnisse.

2. An welchen Stellen ist der Teich sehr kalt / warm? Begründet.

3. Vergleicht eure erhaltenen Werte mit der Lufttemperatur und dem Bewölkungsgrad, die ihr an den Messtagen bestimmt habt.

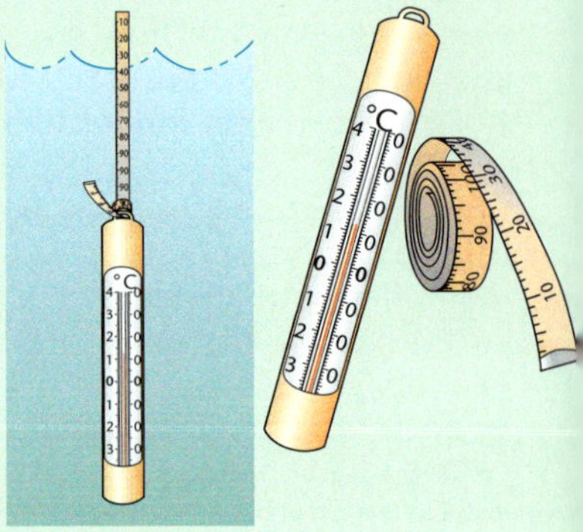

3 Chemische Daten: Sauerstoffnachweis

Sauerstoff ist lebensnotwendig für die meisten Wasserorganismen. Er gelangt ins Wasser, indem er darin aus der Luft gelöst oder durch Fotosynthese von Algen und anderen Wasserpflanzen gebildet wird. Die Menge des Sauerstoffs ist ein Anzeiger für die Güte des Gewässers.

Material

Testkit für chemische Messungen (s. Seite 123), Thermometer

Versuchsanleitung

a) Führt die Sauerstoffmessung entsprechend der Anleitung der Testkits durch.
b) Messt die Temperatur des Wassers wie in Versuch 2.
c) Vergleicht eure Messwerte mit Werten einer Tabelle, in der die Löslichkeit des Sauerstoffs in Abhängigkeit von der Temperatur angegeben ist (s. Seite 119).

d) Was könnt ihr über den Sauerstoffgehalt des Wassers aussagen?

4 Chemische Daten: Messung des pH-Werts

Chemische Messungen führt man am einfachsten mit speziellen Testkits durch.

Der pH-Wert gibt an, ob ein Gewässer sauer (pH < 7), neutral (pH = 7) oder alkalisch (pH > 7) ist. Bei unbelasteten Gewässern liegt der pH-Wert zwischen 6,5 und 8. Weicht der pH-Wert hiervon ab, hat dies Auswirkungen auf die Pflanzen und Tiere.

Material
pH-Teststreifen, Farbskala, Papier, Stift

Versuchsanleitung
Führt die pH-Wert-Messung entsprechend der Anleitung des Testkits durch.

Aufgaben
1. Vergleicht die Verfärbung des Teststreifens mit der Farbskala.

2. Ermittelt den pH-Wert und notiert ihn. Gebt an, ob es sich um ein saures, neutrales oder alkalisches Gewässer handelt.

3. Informiert euch über die Abhängigkeit der im Wasser lebenden Tiere und Pflanzen vom pH-Wert.

5 Chemische Daten: Nitrate und Phosphate

Stickstoff und Phosphor sind wichtig für das Pflanzenwachstum. Im Wasser liegen sie gelöst, hauptsächlich in Form ihrer Salze (Nitrate, Phosphate), vor.
Bereits in geringen Konzentrationen besitzen Nitrate und Phosphate düngende Wirkung. Dadurch beschleunigt sich das Wachstum der Algen und der anderen Wasserpflanzen.

Material
Testkit für chemische Messungen, Papier, Stift

Versuchsanleitung
Führt die Messungen entsprechend den Anleitungen der Testkits durch.
a) Taucht einen Teststreifen zur Nitratbestimmung ins Wasser.
b) Wiederholt den Versuch mit einem neuen Teststreifen an verschiedenen Stellen.
c) Führt die Versuche mit Teststreifen zur Phosphatbestimmung entsprechend durch.

Aufgaben
1. Vergleicht die Verfärbung der Streifen mit der jeweiligen Farbskala und notiert eure Ergebnisse.

2. Für die Belastung eines Gewässers mit Nitraten gibt es folgende Einteilung:
< 0,1 mg/l: praktisch unbelastet
< 5,0 mg/l: mäßig belastet
> 5,0 mg/l: stark belastet
a) In welchem Bereich liegen die gefundenen Werte?
b) Welche Auswirkungen könnte der ermittelte Nitratgehalt auf die Pflanzen im Wasser haben?
c) Welche Folgen ergeben sich für das Gewässer?

3. Für die Belastung eines Gewässers mit Phosphat gibt es folgende Einteilung:
< 0,03 mg/l: praktisch unbelastet
< 0,5 mg/l: mäßig belastet
> 0,5 mg/l: stark belastet
a) In welchem Bereich liegen die gefundenen Werte?
b) Welche Auswirkungen könnte der ermittelte Phosphatgehalt auf die Wasserpflanzen und das gesamte Gewässer haben?

6 Biologische Daten: Bestimmung von Pflanzen

Das Wachstum von Pflanzen wird von den physikalischen und chemischen Bedingungen beeinflusst. Es gibt Pflanzen, die hauptsächlich an Orten wachsen, an denen typische physikalische und chemische Bedingungen herrschen. Sie werden deshalb **Zeigerpflanzen** genannt.

Material
Bestimmungsbuch, Lupe, Papier, Stift

Versuchsanleitung
Bestimmt mithilfe des Bestimmungsbuches die Pflanzen, die ihr am und im Gewässer findet.

Aufgaben
1. Tragt die Fundorte der Pflanzenarten in eure Skizze ein.

2. In Bestimmungsbüchern sind oft für viele Pflanzen verschiedene Wachstumsbedingungen angegeben. Überprüft, ob diese Angaben mit den von euch gefundenen Daten übereinstimmen.

3. Stellt die Ergebnisse eurer Untersuchungen in Form einer kleinen Ausstellung in der Schule vor. Wählt euch dabei selbst Unterthemen und entwerft zu jedem dieser Unterthemen ein Plakat.

Probenstelle	Lufttemperatur	Bewölkung	Wassertemperatur	pH-Wert	Nitratgehalt	Phosphatgehalt
1						
2						
3						
4						
5						
6						
7						
8						

1 Datenblatt

Quelle

Feuersalamander

Feuersalamanderregion	
Strömung	schwach
Temperatur	2 °C–10 °C
Sauerstoffgehalt	niedrig

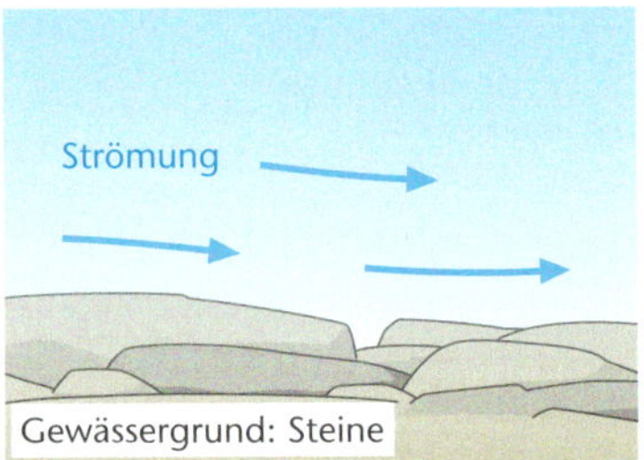

Von der Quelle …
Alle Fließgewässer haben ihren Ursprung in einer **Quelle**. Dort hat das Wasser noch die Temperatur des Grundwassers von 2 °C bis 10 °C. Der Gehalt an Sauerstoff ist relativ niedrig und die Strömung in der Nähe der Quelle ist häufig recht schwach.

Der Boden besteht meist aus Fels und es gibt keine Fische oder Wasserpflanzen im Wasser.
Da sich dies im Laufe eines Fließgewässers verändert, unterteilt man Fließgewässer in verschiedene **Regionen**, die nach den dort lebenden Tieren benannt werden. [System, S. 136]

Schmerle

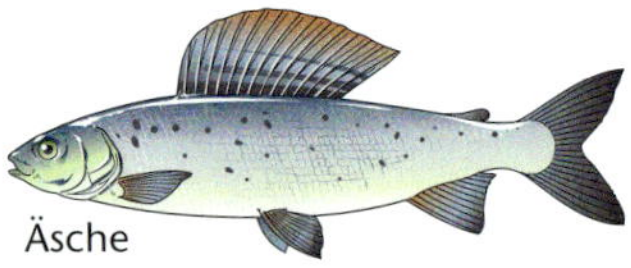

Äsche

Bachforelle

Oberlauf

Forellen- und Äschenregion	
Strömung	– starkes Gefälle – starke Strömung
Temperatur	bis 15 °C
Sauerstoffgehalt	sehr hoch, aufgrund starker Aufwirbelungen

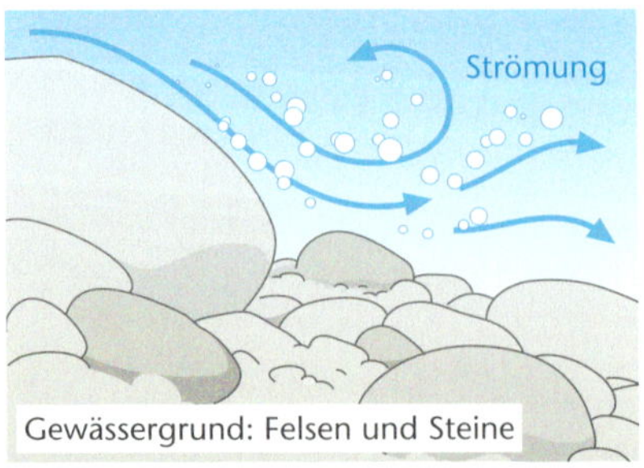

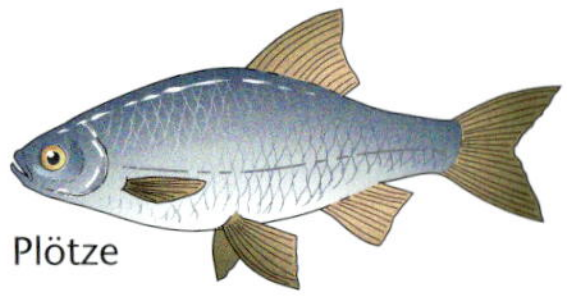

Plötze

Barbe

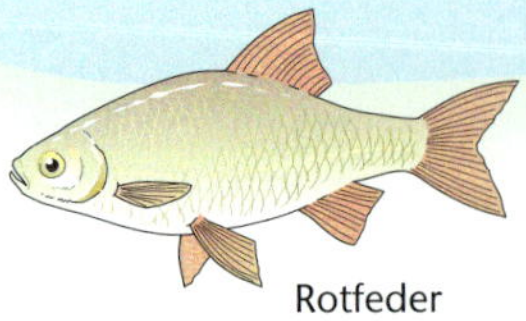

Rotfeder

Mittellauf

Barbenregion	
Strömung	relativ gering
Temperatur	– über 15 °C im Sommer – Eisdecke im Winter
Sauerstoffgehalt	– geringer als im Oberlauf, – typische Tag-Nacht-Schwankungen (Sonnenlicht)

Schilfrohr

Wasserpest

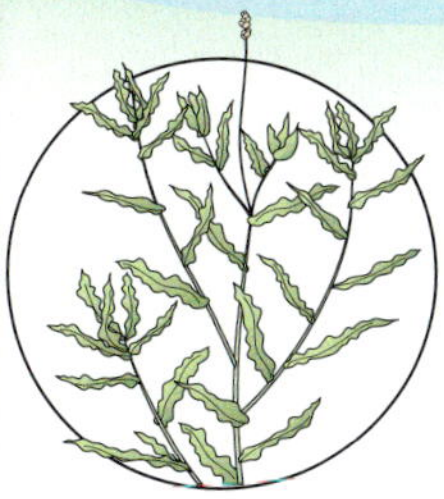
Laichkraut

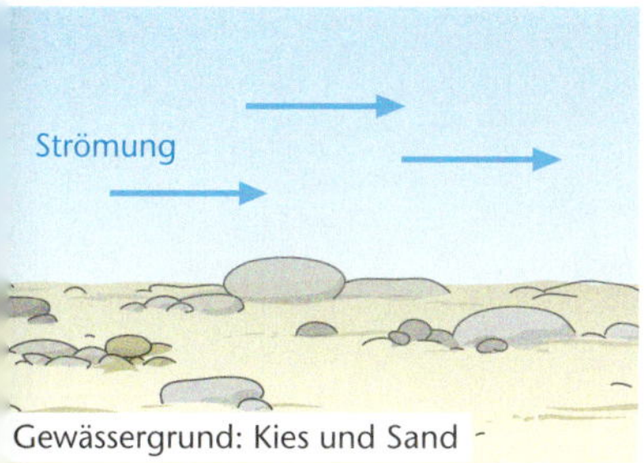

Unterlauf

Brachsenregion	
Strömung	gering bis stehend
Temperatur	– über 20 °C im Sommer – Eisdecke im Winter
Sauerstoff-gehalt	von der Oberfläche zum Grund sehr stark abnehmend (Sonnenlicht)

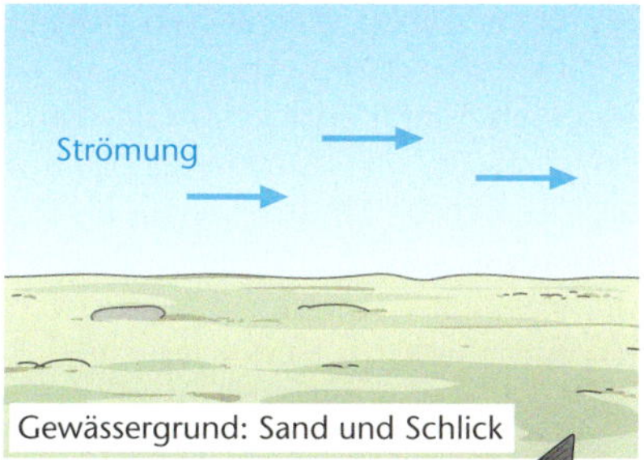

Brachse

Güster

Schilfrohr

Mündung

Kaulbarschregion	
Strömung	– sehr gering bis stehend – Brackwasser
Temperatur	deutlich über 20 °C im Sommer
Sauerstoff-gehalt	sehr gering

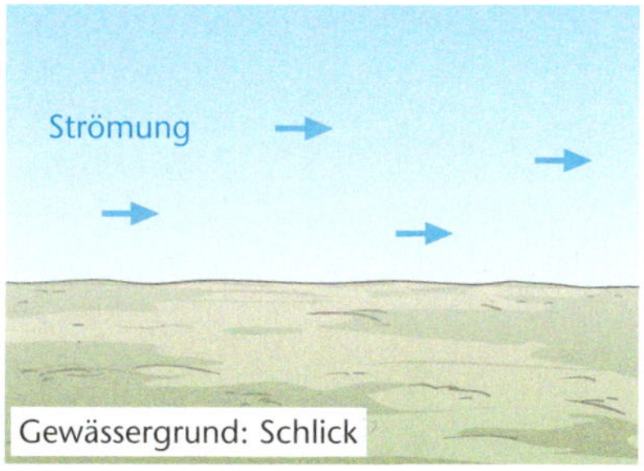

Kaulbarsch

Flunder

... zur Mündung
Im Mündungsbereich fließt der Fluss mit geringer Strömungsgeschwindigkeit ins Meer. Das Süßwasser des Flusses vermischt sich mit dem Salzwasser und bildet **Brackwasser**.
Hier leben vor allem Flundern und Kaulbarsche, weshalb man auch von der **Kaulbarschregion** spricht.

1 Bach am Wegrand

2 Waldbach

Bäche – zwischen Quelle und Fluss
Bäche sind die typischen Ökosysteme im Oberlauf von Fließgewässern. Dem **Quellbach** fließt im weiteren Verlauf mehr und mehr Wasser zu. So wird er breiter und tiefer, bis er einen **Fluss** bildet. Der Übergang vom Bach zum Fluss ist meist nicht eindeutig festzulegen. Es gibt jedoch typische Merkmale, anhand derer man einen Bach von einem Fluss unterscheiden kann: Bäche sind schmale Fließgewässer, die höchstens so breit sind, dass die Baumkronen der am Ufer stehenden Bäume über dem Bachbett noch ein dichtes Blätterdach bilden können. Daraus ergibt sich, dass Bäche maximal fünf Meter breit sind.

Der bedeutsamste **abiotische Faktor** für das Ökosystem Bach ist die **Strömungsgeschwindigkeit**. Auch die **Wassermenge** spielt eine wichtige Rolle. Regen, Schneeschmelze und Trockenzeiten führen im Lauf des Jahres zu starken Schwankungen des Wasserstandes. Je schneller die Wassermassen sind, desto stärker kommen die Bestandteile des Bachgrundes in Bewegung. Steigt die Geschwindigkeit über elf Kilometer pro Stunde, werden Sand, Steine und Geröll als sogenanntes **Geschiebe** im Bach abwärts bewegt. So kommt es im Lauf des Jahres immer wieder zu starken Veränderungen des Bachbetts und der Uferregion. [Entwicklung, S. 134]

Schnittpunkt

Geografie: Die Donau, der Hauptfluss Bayerns

Die Donau ist nach der Wolga der längste Strom in Europa. Als eigentliche Quelle wird der Ursprung des Donaubachs in Donaueschingen bezeichnet (▷B 1). Dieser Bach vereinigt sich jedoch bereits nach wenigen hundert Metern mit der **Brigach**. Den Namen „Donau" erhält das Gewässer aber erst östlich von Donaueschingen nach dem Zusammenfluss der Brigach mit dem zweiten Quellbach **Breg**. Daher gibt es mit dem Ursprung der Breg eine zweite Donauquelle bei Furtwangen (▷B 2). Nur wenige Fließgewässer haben ihren Ursprung in einer einzigen Quelle. Die meisten lassen sich nicht direkt einer Quelle zuordnen, sondern entstehen aus zahlreichen kleinen Zuflüssen. Solche Regionen nennt man **Quellgebiete**. Diese Quellgebiete können sehr groß sein und erstrecken sich manchmal sogar über ganze Alpentäler oder Moore.

1 Donauquelle in Donaueschingen

2 Donauquelle in Furtwangen

Zwei Lebensräume in einem
In den schnell fließenden Bereichen des Baches besteht der **Bachgrund** aus Felsen und Steinen unterschiedlicher Größe. Er bildet im Bach den Lebensraum **Hartboden** (▷ B 3). Die meisten Lebewesen sind an die schnelle Strömungsgeschwindigkeit in diesem Bereich angepasst. In Bächen gibt es aber an Biegungen oder nach großen Steinen auch Bereiche mit geringer Strömung. Dort setzt sich neben kleineren Steinchen auch Sand ab. Dadurch bildet sich sandiger Bachgrund, der auch **Weichboden** heißt (▷ B 4). So entstehen in Bächen zwei verschiedene Lebensräume in enger Nachbarschaft, die von unterschiedlichen Organismen bewohnt werden.

Salze und Gewässergüte
Für das Pflanzenwachstum spielt neben der Beschaffenheit des Bodens auch die **Konzentration** der im Wasser gelösten **Salze** eine wichtige Rolle: Nitrate und vor allem Phosphate sind dabei von großer Bedeutung. Ebenso wie die Ammoniumsalze, geben sie zudem wichtige Hinweise auf die Belastung eines Gewässers und damit für die **Gewässergüte**.

Sauerstoff
Der im Wasser gelöste Sauerstoff ist für die meisten Organismen lebenswichtig. Der **Sauerstoffgehalt** in einem kalten, schnell fließenden Gewässer ist wesentlich höher als in einem warmen, stehenden Gewässer. Dennoch beträgt die maximale Sauerstoffmenge in einem Liter kaltem Wasser nur etwa ein Drittel der Menge in einem Liter Luft. Aus diesem Grund haben Wassertiere wesentlich wirkungsvollere Atmungsorgane als Landbewohner. Das lässt sich z. B. an einigen Insektenlarven, die in Bächen leben, gut zeigen. Ihre **Kiemenanhänge**, mit deren Hilfe sie den Sauerstoff aus dem Wasser entnehmen, machen einen großen Teil ihrer Körperoberfläche aus (▷ B 5). [Struktur und Funktion, S. 132]

▶ Bäche sind schnell fließende, schmale Fließgewässer mit einer hohen Sauerstoffkonzentration. Neben Hartboden mit hoher Fließgeschwindigkeit gibt es auch Weichboden-Bereiche mit niedriger Strömung.

Aufgaben

1 Wie bei allen Gasen, ist die tatsächliche Menge Sauerstoff, die sich in einem Liter Wasser lösen lässt (in mg/l), von der Temperatur abhängig.
a) Stelle den in der Tabelle (▷ B 6) gezeigten Zusammenhang zwischen maximaler Sauerstoffkonzentration und Temperatur des Wassers in einem Liniendiagramm dar.
b) Formuliere den Zusammenhang zwischen Wassertemperatur und Sauerstoffgehalt mit deinen eigenen Worten.
c) Berechne den Gehalt von Sauerstoff in der Luft in mg pro Liter. Vergleiche den errechneten Wert mit dem maximalen Sauerstoffgehalt im Bachwasser der Temperatur von 10 °C.

2 Erkläre, warum direkt an der Quelle eines Baches nur sehr wenige Tiere vorkommen.

3 Betrachte die Körperformen der beiden Fische (▷ B 7). Begründe, welcher von beiden im Ökosystem Bach seinen Lebensraum findet.

5 Gelbhaft-Larve

Temperatur in °C	O_2 in mg/l
0	14,14
5	12,37
10	10,92
15	9,75
25	8,11
35	7,04

6 Temperatur des Wassser

7 Zu Aufgabe 3

3 Hartboden

4 Weichboden

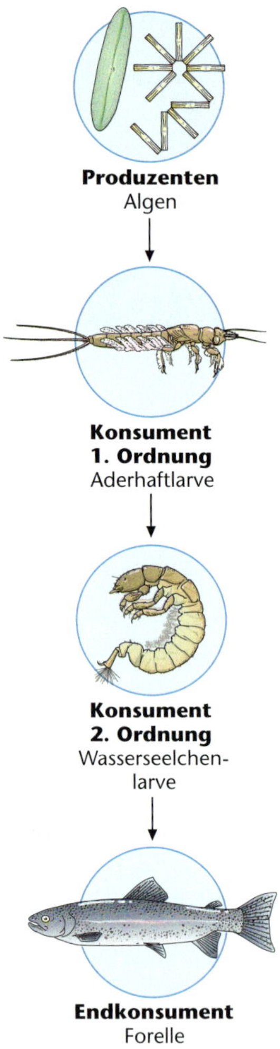

1 Nahrungskette

Von Algen zu Forellen

Die verschiedenen Organismen eines Ökosystems sind durch Nahrungsbeziehungen vielfältig miteinander verknüpft. Grüne Pflanzen stehen dabei als **Produzenten** am Anfang einer jeden **Nahrungskette**. Für ihren Stoffwechsel benötigen sie nur einen Teil der gespeicherten Energie. Der Rest steht den Konsumenten zur Verfügung. In Bächen sind die Produzenten meist Algen oder einzellige Pflanzen. Die pflanzenfressende Larve des Aderhaft ist ein **Konsument erster Ordnung**, der wiederum als Nahrung für die Larve des Wasserseelchens dient. Dieser **Konsument zweiter Ordnung** ist wiederum Nahrung für räuberisch lebende Köcherfliegenlarven, die als **Konsument dritter Ordnung** von Forellen gefressen werden. Da die Forellen im Bach keine natürlichen Feinde haben, spricht man auch vom **Endkonsumenten** der Nahrungskette (▷ B 1).

Vernetzte Beziehungen

In natürlichen Ökosystemen sind die Nahrungsketten in der Regel stark verzweigt. Die meisten Lebewesen sind Glieder verschiedener Nahrungsketten. Forellen fressen nicht nur Köcherfliegenlarven, sondern jagen wahllos alle Insektenlarven. Sie können daher sowohl als Konsumenten zweiter Ordnung als auch als Konsumenten dritter oder vierter Ordnung eingestuft werden. Betrachtet man die verschiedenen **Räuber-Beute-Beziehungen** aller Organismen, so entsteht ein komplexes **Nahrungsnetz** (▷ B 2).

Über das Wasser hinaus

Die Blätter der Bäume am Ufer fallen in das Wasser und sinken langsam auf den Grund des Baches. Für viele Insektenlarven dient dieses zerfallende organische Material, **Detritus** genannt, als Nahrungsgrundlage. Die Larven entwickeln sich dort, bis sie schließlich als ausgewachsene Insekten das Wasser verlassen. In der Luft und an Land sind sie Nahrung für zahlreiche Tiere wie Spinnen, Fledermäuse und Vögel. So ist das Ökosystem Bach über das Nahrungsnetz eng mit den angrenzenden Bereichen, z. B. Wald oder Wiese, verbunden. Naturnahe Bäche spielen so eine wichtige Rolle für die Vernetzung von verschiedenen **Biotopen**. Viele solcher Bäche stehen aus diesem Grund unter Naturschutz.

Nahrungsketten sind zu Nahrungsnetzen verknüpft und verbinden so verschiedene Biotope miteinander.

Aufgaben

1 Suche die einzelnen Nahrungsketten in (▷ B 2) heraus und ordne die verschiedenen Ebenen wie in (▷ B 1) zu.

2 Ordne den Menschen in das Nahrungsnetz ein und beschreibe, welche Folgen eine starke Befischung von Forellen haben könnte.

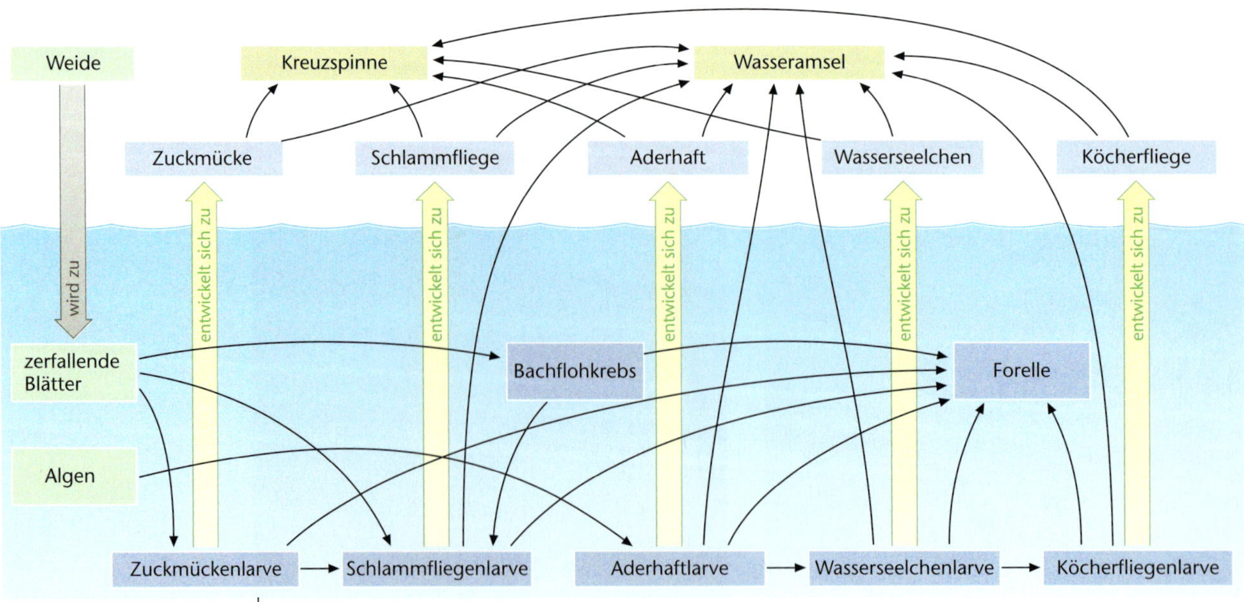

2 Nahrungsnetz am Bach

Der Mensch baut Fließgewässer um

Bis ins 19. Jahrhundert entwickelten sich die meisten Bäche und Flüsse ohne größere Eingriffe des Menschen. Dann wurden Flüsse, wie Rhein und Donau, für die Schifffahrt ausgebaut (▷ B 3). Flussläufe wurden begradigt, verkürzt und mit Staustufen versehen. Die Flüsse wurden in ein Betonbett verlegt und die Ufer befestigt. Um Flächen für Landwirtschaft und Wohngebiete zu schaffen, wurden auch kleinere Flüsse begradigt, in unterirdische Rohre verlegt und Flussauen und Kleingewässer trockengelegt. Kaum ein Gewässer ist heute noch in seinem natürlichen Zustand. [Entwicklung, S. 134]

Beton, wo Kies sein sollte

Ist das Bachbett begradigt und betoniert, wird der Wasserstrom nicht mehr durch Sand, Steine und Geröll gebremst und aufgewirbelt (▷ B 1). Die Tiere finden keinen Halt und keine Verstecke und werden von der schnellen Strömung weggetrieben.

Aufgestaut und ausgebremst

Aufstauungen der Bäche dienen als Trinkwasserspeicher, Hochwasserschutz oder zur Energiegewinnung. Je näher man einer **Aufstauung** kommt, desto langsamer fließt der Bach (▷ B 2). Der Grund wird feinkörniger und die Wassertiefe nimmt zu. Das nahezu still stehende Wasser kann sich viel stärker erwärmen und hat auch einen wesentlich geringeren Sauerstoffgehalt. Lebewesen, die an niedrigere Temperaturen und starke Strömung angepasst sind, können hier nicht mehr überleben.

Renaturierung

In den vergangenen Jahren erkannte man die Gefahren für Fließgewässer, die durch die Eingriffe des Menschen entstanden sind. An vielen Orten wurden Gewässer **renaturiert**, d. h. wieder in einen möglichst naturnahen Zustand versetzt (▷ B 4).

Saurer Regen

Über den Regen machen sich auch die Folgen der **Luftverschmutzung** im Bach bemerkbar. Schwefeloxide aus Abgasen von Kraftwerken, Heizungen und Fahrzeugen bilden mit dem Regenwasser Säuren. Für die Lebewesen im Bach spielt der **Säuregehalt** eine wichtige Rolle. So sind beispielsweise bei zu hoher Säurekonzentration Lebewesen wie Eintagsfliegen und Forellen nicht mehr zu finden.

Von den Feldern in den Bach

Dünger, Insektenvernichtungsmittel und Pflanzenschutzmittel, die auf die Felder ausgebracht werden, spült der Regen in die naheliegenden Gewässer. **Überdüngung** führt dort zu übermäßigem Pflanzenwachstum und damit zu erheblichen Schwankungen des Sauerstoffgehaltes. Tagsüber wird dieser durch die Fotosynthese erhöht und sinkt nachts durch die Zellatmung der Pflanzen stark ab.

▶ Bauliche Veränderungen, Landwirtschaft und Luftverschmutzung haben schwerwiegende Folgen für Gewässer.

Im Mineraldünger enthaltene Ionen:

Phosphationen:	PO_4^{3-}
Nitrationen:	NO_3^-
Ammoniumionen:	NH_4^+
Sulfationen:	SO_4^{2-}

Aufgaben

1 Zeichne ein Nahrungsnetz der Tiere, die an einer Staustelle vorkommen könnten.

2 An Staustellen kommen keine Wasseramseln vor. Erkläre diese Beobachtung.

1 Bach im Betonbett

2 Gestauter Bach

3 Begradigte Donau

4 Renaturierte Donau

Werkstatt

Bach – abiotische Faktoren

Bäche sind Ökosysteme, die du meist auch in deiner näheren Umgebung finden und mit einfachen Mitteln untersuchen kannst. Das Gewässer und seine Bewohner sollen dabei aber auf keinen Fall Schaden nehmen! Halte dich daher stets an folgende Regeln:
- Am Gewässer nicht einfach losstürmen, sondern zunächst ruhig und mit Abstand beobachten.
- Besprecht vorher, wie und wo ihr die Untersuchungen durchführen könnt, ohne dass Tiere und Pflanzen beschädigt werden.
- Unterschätzt die Fließgeschwindigkeit und die Wassertiefe von Bächen nicht! Versichert euch stets, dass ihr einen sicheren Stand habt und nicht in das Gewässer fallen könnt.

1 Kartierung

Mit einer Kartierung kannst du dir einen Überblick über den Bach verschaffen, bevor du ihn näher untersuchst.

Material
Papier, Bleistift

Versuchsanleitung
Fertige nach Vorlage von (▷ B 1) eine Karte des Baches an. Achte auf Besonderheiten wie Einleitungen und Zuflüsse. Markiere verschiedene Messstellen, an denen du später die verschiedenen Untersuchungen durchführst.

2 Wassertiefe

Die Wassertiefe erlaubt einen ersten Einblick in die verschiedenen Messstellen. Führe diese Messungen nur in Bächen durch und nur an Stellen, an denen du einen sicheren Stand hast.

Material
Meterstab, Gummistiefel

Versuchsanleitung
Miss die Wassertiefe an den einzelnen Messstellen, indem du den Meterstab jeweils einmal am Rand und einmal in der Bachmitte bis zum Grund eintauchst und den Wert abliest. Trage alle Werte in eine Tabelle ein.

3 Fließgeschwindigkeit

Die Fließgeschwindigkeit ist besonders wichtig für die Lebewesen in einem Bach.

Material
Driftkörper (z. B. einen kleinen Holzklotz), Stoppuhr, Maßband, Markierung für Start und Ziel

Versuchsanleitung
Miss entlang des Ufers eine 10 Meter lange Strecke ab und markiere deutlich Anfangs- und Endpunkt (▷ B 2). Wirf nun den Driftkörper vor dem Startpunkt möglichst in die Mitte des Baches ins Wasser. Halte die Stoppuhr bereit und miss die Zeit, die der Driftkörper für die 10 m lange Strecke benötigt.
Trage den Wert in eine Tabelle ein und berechne die zurückgelegte Strecke pro Sekunde (m/s). Führe den Versuch mindestens fünf Mal durch. Bilde den Mittelwert und rechne das Ergebnis in Stundenkilometer (km/h) um. Mit der Driftkörpermethode erhältst du nur einen ungefähren Wert für die Strömungsgeschwindigkeit.

Aufgaben
a) Finde Fehlerquellen, die dafür verantwortlich sind, dass diese Methode keine exakten Werte liefert.

b) Entwickle einen Versuchsplan für andere Methoden. Dokumentiere die Arbeit in einem Versuchsprotokoll.

c) Führe deine Messungen in Bereichen mit starker und schwacher Strömung durch.

d) Vergleiche den Bachuntergrund der verschiedenen Messbereiche und stelle einen Zusammenhang zur Fließgeschwindigkeit her.

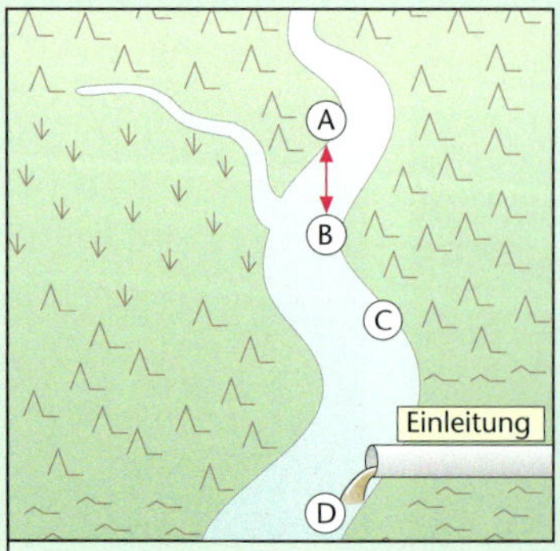

1 Bachkartierung

2 Messung der Fließgeschwindigkeit

4 Bachgefälle

Das Gefälle ist maßgebend für die Fließgeschwindigkeit eines Baches.

Material

Ein etwa 12 m langer, durchsichtiger Schlauch, Maßband

Versuchsanleitung

Für diese Messung solltet ihr zu dritt sein. Steckt eine Messstrecke von 10 m ab. Legt den Schlauch auf dieser Strecke in Längsrichtung in den Bach und füllt ihn mit Wasser. Hebt ihn dann an beiden Enden aus dem Bach heraus. Der Wasserstand hat am oberen und unteren Ende die gleiche absolute Höhe (▷ B 3). Messt die Abstände zwischen der Wasseroberfläche des Baches und der Wasserlinie im Schlauch. Schreibt die Werte (h1 und h2) in ein Protokoll und bildet die Differenz (h2 – h1).

Um nun das Gefälle in Prozent anzugeben, müsst ihr euren Wert (x cm/10 m) in m/1 m umrechnen, denn 1 m Höhenunterschied auf einer Strecke von 1 m entsprechen 100 % Gefälle.

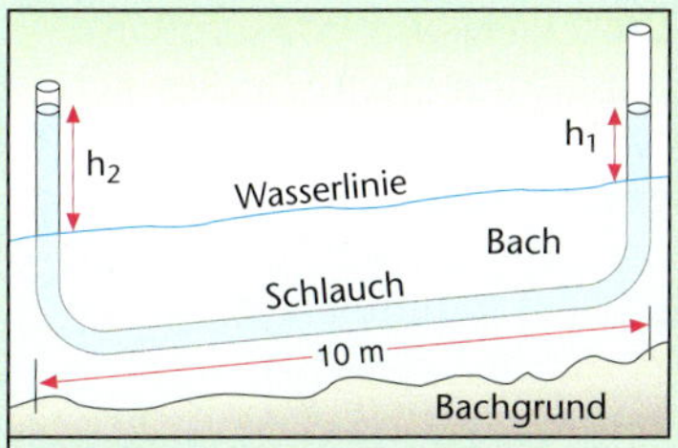

3 Messung des Bachgefälles

5 Sauerstoff und Temperatur

Die Sauerstoffkonzentration hängt von der Temperatur ab (s. S. 119).

Material

Thermometer, Sauerstoffmessgerät oder Testkit

Versuchsanleitung

Miss die Luft- und die Wassertemperatur an den verschiedenen Messstellen und trage sie in eine Tabelle ein. Bestimme auch den Sauerstoffgehalt an diesen Stellen, indem du nach der Anleitung des Gerätes oder Testkits arbeitest. Trage auch diese Werte in die Tabelle ein. Erstelle ein Diagramm, das einerseits den Zusammenhang zwischen Luft- und Wassertemperatur zeigt und andererseits den Zusammenhang zwischen Wassertemperatur und Sauerstoffgehalt.

6 Chemische Messungen

Die auf Seite 114/115 beschriebenen chemischen Untersuchungen an stehenden Gewässern könnt ihr auch bei Fließgewässern durchführen.

Material

Schöpfflasche, pH-Teststreifen mit Farbskala, Testkit für Nitrate und Phosphate, Abfallflaschen

Versuchsanleitung

Führt die Messungen wie auf Seite 114/115 beschrieben durch und tragt die Ergebnisse in eine Tabelle ein. Erstellt eine Verlaufskarte und sucht nach Erklärungen für die Änderungen der Werte.

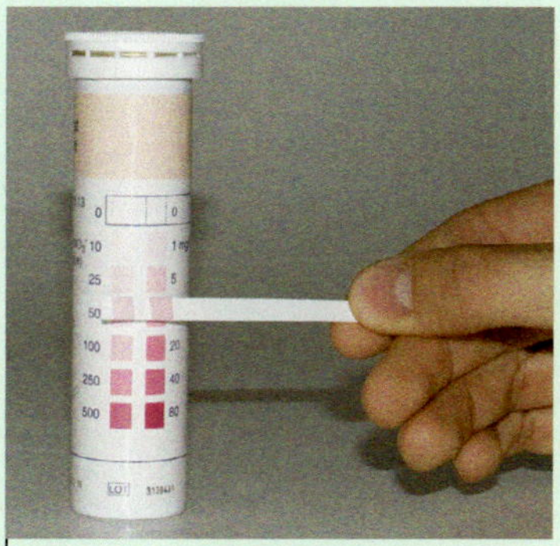

4 Nitrat-/Nitrit-Teststreifen

7 So funktionieren Testkits

Der Nachweis farbloser, in Wasser gelöster Stoffe funktioniert meist auf folgende Weise: Einer bestimmten Menge Wasser wird ein Stoff zugegeben, der sich nur mit den nachzuweisenden Stoffen verbindet. Dadurch entsteht direkt oder über Zugabe weiterer Stoffe ein bestimmter Farbstoff. Je stärker die Wasserprobe gefärbt ist, desto größer ist die Menge des darin gelösten Stoffes (▷ B 5).

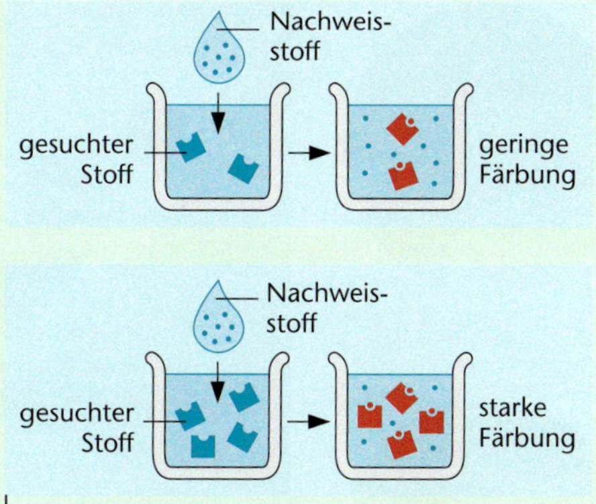

5 Stoffnachweis mit Testkits

8 Dokumentieren und Auswerten

Arbeitet in der Gruppe und legt gemeinsam eine Mappe zum Thema „Bach" an. Gestaltet ein ansprechendes Deckblatt und heftet ganz vorne die Karte aus Aufgabe 1 ein.
Tragt alle Werte in ein gemeinsames Protokoll ein und formuliert dazu die Lösungen der bearbeiteten Aufgaben. In der Mappe sollten auch Fotos der einzelnen Messstellen im Detail und des Baches in der Übersicht sein.
Auch Steckbriefe, Skizzen oder Fotos von den Lebewesen, die ihr dort angetroffen habt, sollten nicht fehlen. Pflanzen, die nicht unter Artenschutz stehen, könnt ihr auch pflücken und gepresst einkleben.

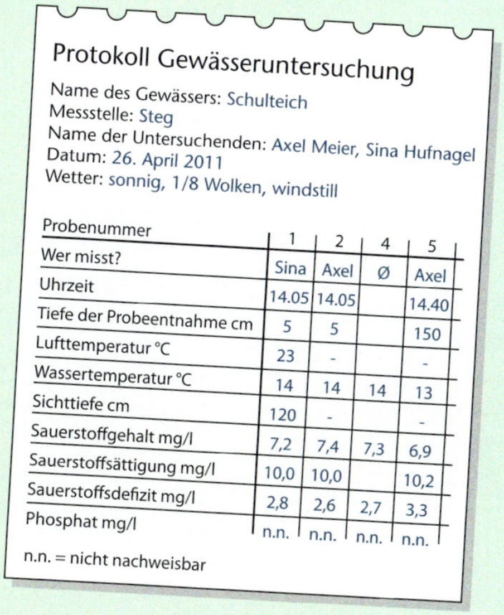

Protokoll Gewässeruntersuchung

Name des Gewässers: Schulteich
Messstelle: Steg
Name der Untersuchenden: Axel Meier, Sina Hufnagel
Datum: 26. April 2011
Wetter: sonnig, 1/8 Wolken, windstill

Probenummer	1	2	4	5
Wer misst?	Sina	Axel	Ø	Axel
Uhrzeit	14.05	14.05		14.40
Tiefe der Probeentnahme cm	5	5		150
Lufttemperatur °C	23	-		-
Wassertemperatur °C	14	14	14	13
Sichttiefe cm	120	-		-
Sauerstoffgehalt mg/l	7,2	7,4	7,3	6,9
Sauerstoffsättigung mg/l	10,0	10,0		10,2
Sauerstoffsdefizit mg/l	2,8	2,6	2,7	3,3
Phosphat mg/l	n.n.	n.n.	n.n.	n.n.

n.n. = nicht nachweisbar

6 Protokoll „Gewässeruntersuchung"

Tubifex

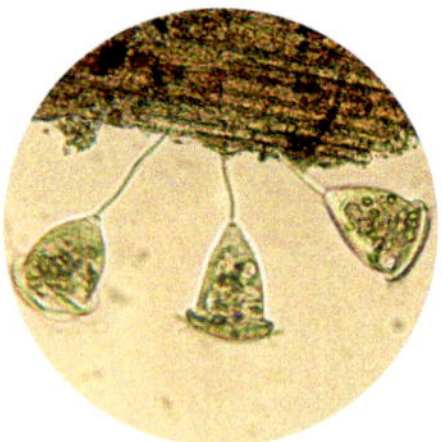

Schlammglocken-
bäumchen

Abwasserpilz

1 Abwassereinleitung

Zuviel für unsere Bäche und Flüsse

Manche Bäche laden förmlich durch ihr klares Wasser zum Baden ein, manche dagegen sind trüb, verfärbt und riechen unangenehm. Woher kommt das?
Das Wasser naturbelassener Bäche ist klar und reich an Sauerstoff, der Pflanzenbewuchs ist aufgrund des sehr niedrigen Mineralstoffgehalts gering.

Kommt es aber zu einer dauerhaften Einleitung von Abwässern (▷ B 1), gelangen vermehrt **organische Substanzen** in das Gewässer. Das sind z. B. auch Bestandteile von Kot und Urin (Fäkalien), von Speiseresten oder abgestorbenen Lebewesen. Durch deren Einleitung trübt sich das zuvor klare Wasser.

Mit und ohne Sauerstoff

Diese Stoffe sind **biologisch abbaubar**, denn sie dienen Lebewesen wie den Schlammröhrenwürmern **Tubifex** und vielen Mikroorganismen, z. B. den „**Abwasserpilz**"-Bakterien, als Nahrungsgrundlage. Diese Organismen sind **aerob**, d. h. sie benötigen Sauerstoff für ihre Stoffwechselvorgänge.

Bei den aeoroben Abbauprozessen wird der im Wasser gelöste Sauerstoff verbraucht und der **Sauerstoffgehalt** im Wasser nimmt ab. Gleichzeitig entstehen Mineralstoffe im Überschuss und es kommt zu einer Massenvermehrung von Bakterien. Diese **Bakterienrasen** überwuchern nun den Boden und Lebewesen, die auf einen höheren Sauerstoffgehalt angewiesen sind, werden verdrängt oder sterben ab.

Sinkt der Sauerstoffgehalt noch weiter, vermehren sich Bakterien, die ihre Energie in **Abwesenheit von Sauerstoff** – also unter **anaeroben** Bedingungen – gewinnen können. Bei den nun ablaufenden Fäulnisprozessen entstehen Methangas und faulig riechendes, hochgiftiges Schwefelwasserstoffgas (s. Seite 24). Setzt sich **schwarzer Faulschlamm** am sandigen Weichboden ab, wird dieser von Schlammröhrenwürmern und roten Zuckmückenlarven besiedelt. Für die meisten anderen Lebewesen sind diese Bedingungen lebensfeindlich.

Das Fließgewässer reinigt sich selbst

Mit zunehmender Entfernung von der Abwassereinleitung verringern sich die organischen Belastungen, das Wasser wird klarer und der Sauerstoffgehalt nimmt wieder zu. Hier existieren Wimpertierchen, z. B. **Schlammglockenbäumchen**, die sich von Bakterien ernähren und ihrerseits Kleinkrebsen und Insektenlarven als Nahrung dienen. Durch den hohen Gehalt an Mineralstoffen, wie Ammonium, Nitrat und Phosphat, können sich Sauerstoff produzierende Algen und Wasserpflanzen vermehren. Auch Fische finden sich wieder ein. Mit dieser fortschreitenden **Selbstreinigung** nähert sich das Gewässer also seinem ursprünglichen, „natürlichen" Zustand mit seiner Artenvielfalt.

Abwassereinleitungen belasten ein Fließgewässer und seine Artenvielfalt. Mithilfe von Kleinlebewesen findet eine Selbstreinigung des Gewässers statt.

Aufgaben

1 Sticht man mit einem Stock in den Faulschlamm eines Gewässers, steigen Gasblasen auf. Erkläre.

2 Nenne drei Mineralstoffe, die das Pflanzen- und Algenwachstum im Bach begünstigen.

3 Überlege, wie in (▷ B 2) der Verlauf der Kurven des Mineralstoffgehalts und der Bakterienanzahl aussehen könnten.

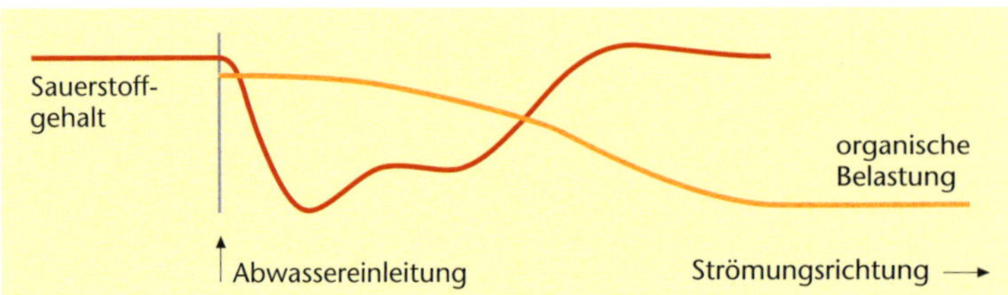

2 Der Sauerstoffgehalt verändert sich

Schutz ist eine Notwendigkeit
Sauberes Wasser ist für die Gesundheit und Lebensqualität der Menschen von besonderer Bedeutung. Daher müssen Gewässer mit noch guter Qualität vor Belastungen geschützt werden (**Verschlechterungsverbot**). Bereits belastete Gewässer müssen durch geeignete Maßnahmen aufgewertet werden (**Verbesserungsgebot**).

Wasser kennt keine Grenzen
Seit dem Jahr 2000 ist die Bestimmung der **Zustandsklassen** der Gewässer durch die Europäische Union (EU) einheitlich geregelt. Dies ermöglicht einen Vergleich der Gewässer in den Mitgliedstaaten der EU. Ziel ist es, dass bis 2015 alle Gewässer der EU mindestens einen „guten Zustand" erreichen.

Die Bewertung eines Baches
Der wichtigste Aspekt für die Einordnung eines Baches in eine Zustandsklasse ist die **biologische Bewertung**. Dazu werden im zu untersuchenden Bach ganz bestimmte tierische und pflanzliche Lebewesen gesucht. Die Lebewesen zeigen oft ein bestimmtes Merkmal des Wasserzustandes an, z. B. hohen Sauerstoffgehalt oder Belastungen mit Mineralstoffen. Man nennt sie deshalb **Leitorganismen** oder **Bioindikatoren**.

Die Anzahl der gefundenen Bioindikatoren, also ihre **Häufigkeiten**, gibt Aufschluss darüber, wie stark belastet der untersuchte Bach ist oder ob es sich um einen „Ideal-Bach", also ein naturbelassenes Fließgewässer handelt. So benötigen z. B. **Steinfliegenlarven** einen hohen Sauerstoffgehalt und kommen nur in unbelasteten Bächen vor. **Wasserasseln** kommen mit weniger Sauerstoff zurecht, **Tubifex** und Rattenschwanzlarven leben dagegen vermehrt in stark belasteten, sauerstoffarmen Gewässern.

Mikroskopisch kleines Phytoplankton, z. B. schwebende **Kieselalgen**, oder manche Algen liefern Hinweise für eine Belastung mit Mineralstoffen. **Bachforellen** besiedeln hingegen nur unbelastete, sauerstoffreiche und kühle Bäche, deren Verlauf nicht durch bauliche Maßnahmen, wie z. B. Begradigungen, verändert wurde.

Die fünf ökologischen Zustandsklassen
Beim Vergleich der Lebewesen mit denen in einem „Ideal-Bach" ergeben sich bei:

I:	**„Sehr gut"** keine oder nur sehr geringe Abweichungen.
II:	**„Gut"** geringe biologische Abweichungen.
III:	**„Mäßig"** noch gemäßigte Störungen bei den meisten Merkmalen.
IV:	**„Unbefriedigend"** deutliche Abweichungen und Belastungen.
V:	**„Schlecht"** erhebliche Abweichungen und Belastungen.

In speziellen Landkarten werden die bewerteten Gewässer mit den jeweiligen Farben der Zustandsklassen eingefärbt. Auf diese Weise erhält man einen Überblick über den Zustand der Gewässer in einer Region oder eines Landes.

Aufgaben

1 a) Vergleiche die drei Fließgewässer in (▷ B 1). Ordne sie nur anhand der Bilder und deiner Vermutungen in eine der fünf ökologischen Zustandsklassen ein.

b) Erstelle eine Tabelle, in welche du die von dir erwarteten Häufigkeiten (sehr häufig, oft, selten, keine) der erwähnten Leitorganismen beim jeweiligen Bach einträgst.

2 a) Gehe im Internet auf die nachfolgende Seite des Bayerischen Staatsministeriums für Umwelt und Gesundheit: http://www.wasserrahmenrichtlinie.bayern.de/bewirtschaftungsplaene/karten/doc/bp_karte_4_2.pdf

b) Gib an, ob deiner Meinung nach das EU-Ziel des „guten Zustands" in deiner Heimat bis 2015 erreicht werden kann. Begründe deine Meinung.

Steinfliegenlarve

Wasserasseln

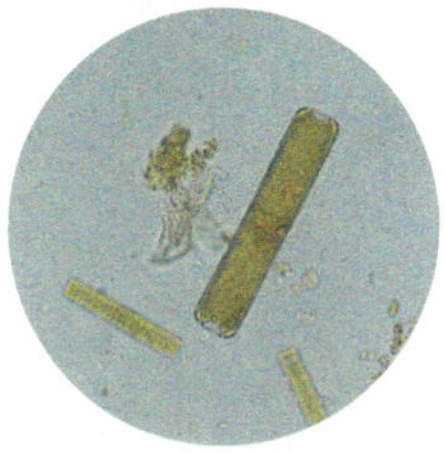
Kieselalge

Bachforelle

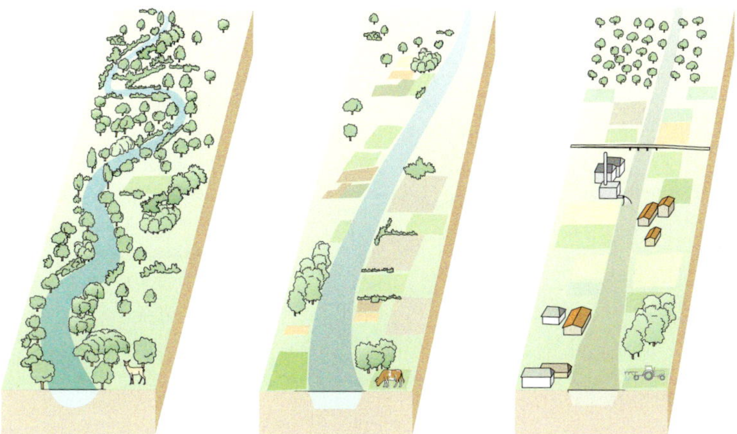
1 Unterschiedlich belastete Fließgewässer

Untersuchung eines Fließgewässers

Bevor du mit deinen Untersuchungen beginnst, ermittle anhand einer Landkarte, wie das Fließgewässer heißt, wo es entspringt (Quelle), in welchen Fluss oder See bzw. in welches Meer es schließlich mündet.

1 Kartierung

Material
Papier, Bleistift

Versuchsanleitung
Fertige nach Vorlage von S. 122 eine grobe Karte über ca. 100 m des Fließgewässers an. Markiere die Stellen, an denen du später die verschiedenen Untersuchungen durchführst. Notiere für deine Kartierung die an das Ufer angrenzenden Flächen (Wiese, Wald, Straße ...). Zeichne ein, wo die Uferbäume noch ein geschlossenes, schattiges Dach über der Wasserfläche bilden.

2 Gewässerverlauf

Hieraus kann ersichtlich werden, inwieweit der Mensch durch Begradigungen, Staustufen, Uferbefestigungen in den natürlichen Lauf des Fließgewässers eingegriffen und es verändert hat.

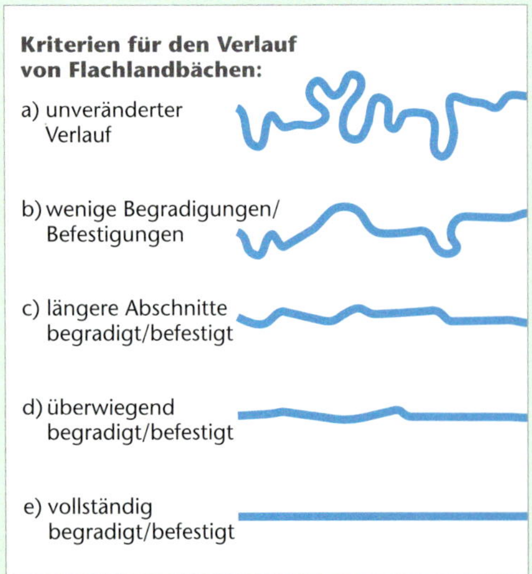

1 Zu Versuch 2

Versuchsanleitung
Vergleiche den Gewässerverlauf mit den Kriterien in (▷ B 1). Zeichne die erkannten baulichen Maßnahmen in deine Karte ein. Beachte, dass bei starkem Gefälle oder in einem engem Tal die Windungen im unveränderten Verlauf deutlich schwächer sein können als im begradigten Verlauf.

3 Farbe und Trübung

Mit diesem Versuch kannst du recht einfach Aussagen über die Gewässerqualität treffen.

Material
Gleich große, durchsichtige Gläser mit Deckel, weißer Hintergrund (Wand, Papier), Bewertungsprotokoll, Bleistift

Versuchsanleitung
Entnehme an einer oder zwei Stellen eine Wasserprobe. Vergleiche sie vor einem weißen Hintergrund und gegen das Licht mit einer Trinkwasserprobe.
Bezeichne deine Probe(n) mit:

- farblos, klar, ohne trübende Schwebstoffe
- leicht bräunlich, aber klar
- schwach getrübt
- stärker getrübt
- grünlich gefärbt

4 Geruch

Der Geruch kann die vereinfachte Untersuchung aus Versuch 3 unterstützen.

Material
Die Proben aus Versuch 3 und eventuell eine Bodenprobe, Bewertungsprotokoll, Bleistift

Versuchsanleitung
Vergleiche den Geruch deiner Proben mit der Trinkwasserprobe.

Bezeichne deine Probe(n) mit:

- Geruch neutral, frisch
- leichter Geruch, nicht unangenehm (z.B. „erdig", „metallisch")
- Geruch faulig, modrig
- riecht nach faulen Eiern, besonders bei schlammigem Boden

5 Algenbewuchs

Den Bewuchs mit Algen (**ohne** Moose und Wasserpflanzen!) untersucht man am einfachsten auf den Oberseiten von Steinen im Gewässerbett (▷ B 2). Starker Algenbewuchs auf Steinen oder grüne Algenfäden im Wasser deuten auf eine Eutrophierung (s. S. 113) hin.

Material
Bewertungsprotokoll, Bleistift, eventuell Lupe

Versuchsanleitung
Entnehme Steine von einer sonnigen und einer „überdachten" Stelle. Betrachte die Oberseite der Steine und streiche mit den Fingern darüber. Nimm eine Lupe zu Hilfe.
Bezeichne deine Steinprobe(n) mit:

- Algenbewuchs fehlt
- seltener Algenbewuchs an sonnigen Stellen
- (fast) alle Steine mit einem Algenbelag überzogen

6 Sauerstoff am Gewässergrund

Herrschen am Grund von belasteten Gewässern sauerstoffärmere Bedingungen, so kommt es zu bestimmten chemischen Reaktionen. Hierbei scheiden sich dunkle Beläge auf den Unterseiten der Steine ab.

Material
Bewertungsprotokoll, Bleistift

2 Stein aus Bachbett

Versuchsanleitung

Entnehme einen größeren, möglichst hellen Stein aus einer schnell fließenden und aus einer stillen Wasserzone. Untersuche die Unterseiten auf dunkle Verfärbungen. Bezeichne deine Steinprobe(n) mit:

Unterseiten ohne Dunkelfärbung

Dunkelfärbung nur bei Steinen aus der stillen Zone

alle Steine vollständig mit einer Dunkelfärbung

Auswertung der Untersuchungen aus den Versuchen 3 bis 6

Kein Ergebnis ist schlechter als grün, das Wasser hat mindestens eine gute Qualität.
Mindestens ein Ergebnis ist schlechter als grün, das Wasser kann belastet sein.

Mögliche Deutungen

Schlechter Geruch des Wassers, Trübungen und verfärbte Unterseiten der Steine können Hinweise für Abwassereinleitungen und daraus folgenden Sauerstoffmangel sein.
Starker Algenbewuchs auf den Steinen und frei schwimmende Algenfäden deuten auf eine Eutrophierung hin.

7 Wirbellose Tiere

Beurteile zunächst nur anhand der Informationen auf S. 116/117, in welchem der fünf Fließgewässer-Bereiche dein Gewässerabschnitt liegt.

In den verschiedenen Abschnitten eines Fließgewässers sind die Organismen auf unterschiedlichste Weise an die vielseitigen Nahrungsangebote angepasst. Fallen aufgrund eines dichten Laubdachs im Oberlauf verhältnismäßig viele Blätter ins Wasser, sind dort besonders häufig **Zerkleinerer** anzutreffen. Diese Weidegänger „grasen" den Aufwuchs, wie Algen- und Bakterienrasen, von den Steinen ab.

Sedimentfresser und **Filtrierer** ernähren sich von zerkleinerten organischen Stoffen, Bakterien und Algen. Die Sedimentfresser nehmen ihre am Boden liegende Nahrung zusammen mit dem feinsandigen Bodensediment auf. Die Filtrierer fangen die schwebenden Nahrungsteilchen aus dem Wasser. **Räuber**, wie die Libellenlarven, ernähren sich von lebendigen Tieren.

Material

Gummistiefel, 1 größeres engmaschiges Sieb, eine größere weiße Schale oder Flachwanne, einige kleine Quark- oder Joghurtbecher, Haarpinsel, weiche Federstahlpinzette, Plastikpipette, Kopie der Tiere aus den Kreisdiagrammen, Bleistift

Versuchsanleitung

Die meisten Tiere leben am Wasserboden zwischen und unter den Steinen, eingegraben im Untergrund oder auf der Oberseite von Steinen, wo sie sich mit Hafteinrichtungen festhalten. Zum Einsammeln der Tiere reicht es, wenn du etwa 10 mittelgroße Steine aus dem Gewässer holst. Sobald du einen Stein anhebst, musst du das Sieb direkt hinter dem Stein stromabwärts am Grund halten. Damit fängst du auch die Tiere, die von der Strömung mitgerissen werden.
Im Boden lebende Tiere findest du, indem du Bodenmaterial durch das Sieb filterst und dann die Tiere ausliest.

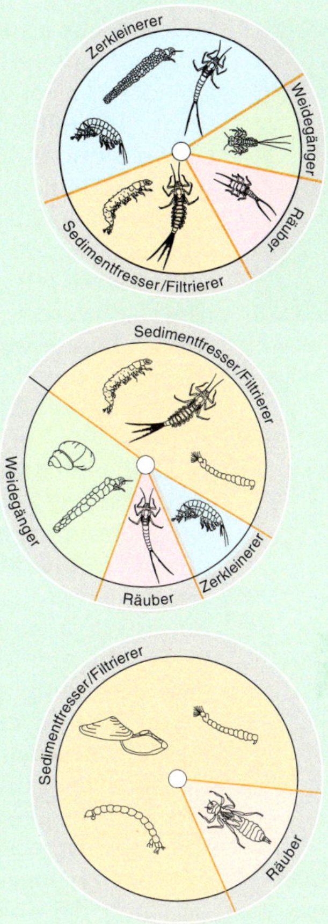

3 Zu Versuch 7

Aufgaben

1. Die Kreisdiagramme (▷ B 3) zeigen eine Verteilung der unterschiedlichen Nahrungsstrategen im Ober-, Mittel- und Unterlauf eines Fließgewässers. Ordne die Kreisdiagramme ihrem Abschnitt zu und begründe deine Wahl.
2. Gib zuerst die Steine und dann den Inhalt des Siebes in die mit Wasser gefüllte größere Schale. Sortiere nun die gesammelten Tiere in die mit Wasser gefüllten Becher.
3. Lege eine Strichliste für dein Diagramm an, ordne die Tiere den fünf Typen der Ernährungsstrategen zu und zähle die Individuen. Um die Tiere namentlich zu bestimmen, bitte deine Lehrerin/deinen Lehrer um geeignete Bestimmungsbücher oder Kopien.

Selbstverständlich müssen die gefangenen Tiere und auch die Steine nach der Untersuchung wieder zurück in ihr Gewässer!

1 Die Großstadt München hat fast 1,4 Mio. Einwohner

Wohin fließt unser Abwasser?
Jeder von uns verbraucht im Durchschnitt 124 Liter Wasser pro Tag. Unser **Abwasser** fließt zusammen mit den Abwässern von Gewerbe und Industrie in die **Kanalisation**. Würden diese Abwässer unbehandelt in Teiche und Flüsse gelangen, käme die natürliche Selbstreinigung der Fließgewässer in kurzer Zeit zum Erliegen und die Gewässer würden „umkippen". Deshalb werden bundesweit alle Abwässer über ein riesiges Kanalnetz jeweils zu einer der über 10 000 **Kläranlagen** geleitet (▷B 3).

So kann eine Kläranlage aussehen
Eine moderne Kläranlage besteht aus mehreren **Reinigungsstufen** (▷B 2). In der **mechanischen Reinigung** mit Rechen, Sandfang und Vorklärbecken wird das Abwasser von groben Stoffen gereinigt. Belebtschlammbecken bilden die **biologische Reinigung**. Ähnlich wie bei der Selbstreinigung eines Flusses, übernehmen hier Mikroorganismen, z. B. Bakterien, die Reinigung des Abwassers.
Eine weitergehende Reinigung wird durch das Nachklärbecken und die Flockungsfiltration erreicht. Nur wenn die Phosphatbelastung des Abwassers sehr hoch ist, wird eine **chemische Reinigung** durchgeführt. Während des normalen Klärprozesses werden Phosphate durch Zugabe von Eisen- und Aluminiumsalzen in unlösliche Stoffe umgewandelt. Sie können so abfiltriert werden. Danach gelangt das Wasser über den **Vorfluter**, meist ein kleiner Bach, in den natürlichen Wasserkreislauf zurück. Das geklärte Wasser hat dabei mindestens die Zustandsklasse II.

Eine schlammige Angelegenheit
In allen Klärungsstufen wird Schlamm erzeugt und in den **Faulturm** geleitet. Ähnlich wie in einer Biogasanlage (s. Seite 31) zersetzen Mikroorganismen den **Faulschlamm** unter Sauerstoffausschluss. Hierbei entsteht **Methangas**, das zur Energiegewinnung genutzt werden kann. Die Rückstände können in der Landwirtschaft als Dünger verwendet werden, wenn sie frei von Schadstoffen sind. Andernfalls werden sie in einer Müllverbrennungsanlage verbrannt.

Immer neue Herausforderungen
Auch moderne Kläranlagen können nicht alle Schadstoffe, wie z. B. Medikamentenrückstände, aus dem Wasser entfernen (s. Seite 112). Diese Schadstoffe schädigen nicht nur die Biozönosen der Gewässer,

2 Schema einer Kläranlage

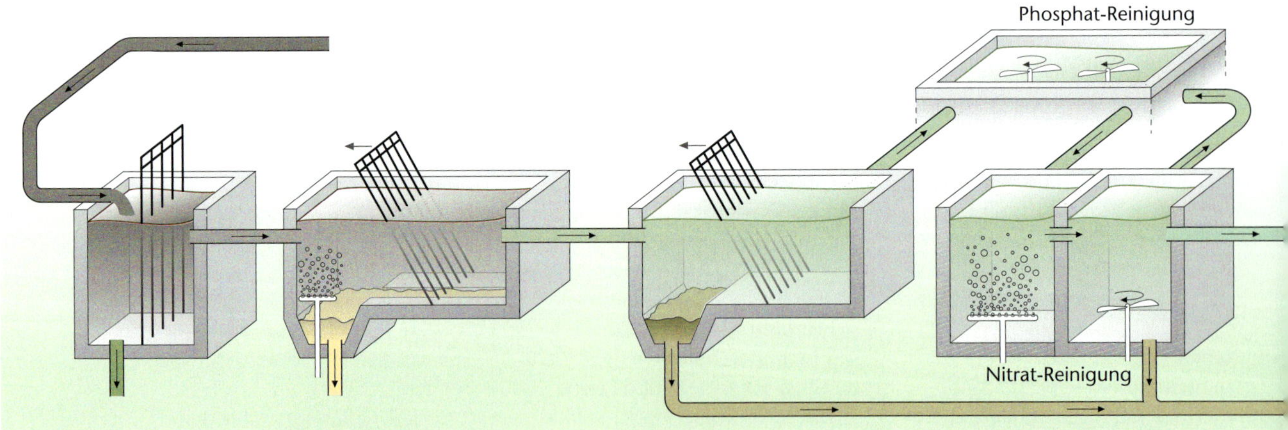

Rechen
Hier werden durch ein Gitter und Siebe grobe Stoffe aus dem ankommenden Wasser zurückgehalten.

Sandfang
In die Sandfangbecken wird Luft gepumpt, um das Abwasser aufzufrischen. Außerdem trennt sich der Sand so besser von den organischen Stoffen. Er setzt sich ab und wird mithilfe von Pumpen entfernt.
Bevor das Wasser in das Vorklärbecken gelangt, werden wasserunlösliche Stoffe wie Fette und Öle zurückgehalten.

Vorklärbecken
Die Fließgeschwindigkeit wird wiederum herabgesetzt. Das Wasser fließt nun so langsam, dass sich die meisten Schwebestoffe im Wasser als Schlamm absetzen können.
Dieser Rohschlamm wird abgepumpt und im Faulturm gelagert.

Belebtschlammbecken
Die Zufuhr von Sauerstoff bietet Bakterien und Einzellern ideale Lebensbedingungen. Die Mikroorganismen ernähren sich u.a. von den im Wasser gelösten Nitraten und Phosphaten. Dadurch werden diese Verbindungen entfernt. Der überschüssige Belebtschlamm wird zum Faulturm geleitet.

mechanische Reinigung

biologische Reinigung

sondern belasten auch unser Trinkwasser. Für das Trinkwasser gelten aber bestimmte Belastungsgrenzwerte, die in der **Trinkwasserverordnung** festgelegt sind und eingehalten werden müssen. Zum Schutz der Umwelt und unserer Gesundheit müssen deshalb immer leistungsfähigere Kläranlagen und Reinigungsmethoden entwickelt werden. [Entwicklung, S. 134]

Eine Kläranlage reinigt Abwasser in verschieden Stufen so gründlich, dass es wieder in den Wasserkreislauf abgegeben werden kann. Die Hauptreinigungsstufe ist die biologische Reinigung.

Aufgaben

1 Erkläre mögliche Folgen einer Zuleitung von Giftstoffen in eine Kläranlage.

2 Viele Gemeinden klären ihr Abwasser mit einer Pflanzenkläranlage. Recherchiere im Internet den Aufbau einer Pflanzenkläranlage und beurteile mögliche Vor- und Nachteile im Vergleich zu einer herkömmlichen Kläranlage.

3 Luftbild einer Kläranlage

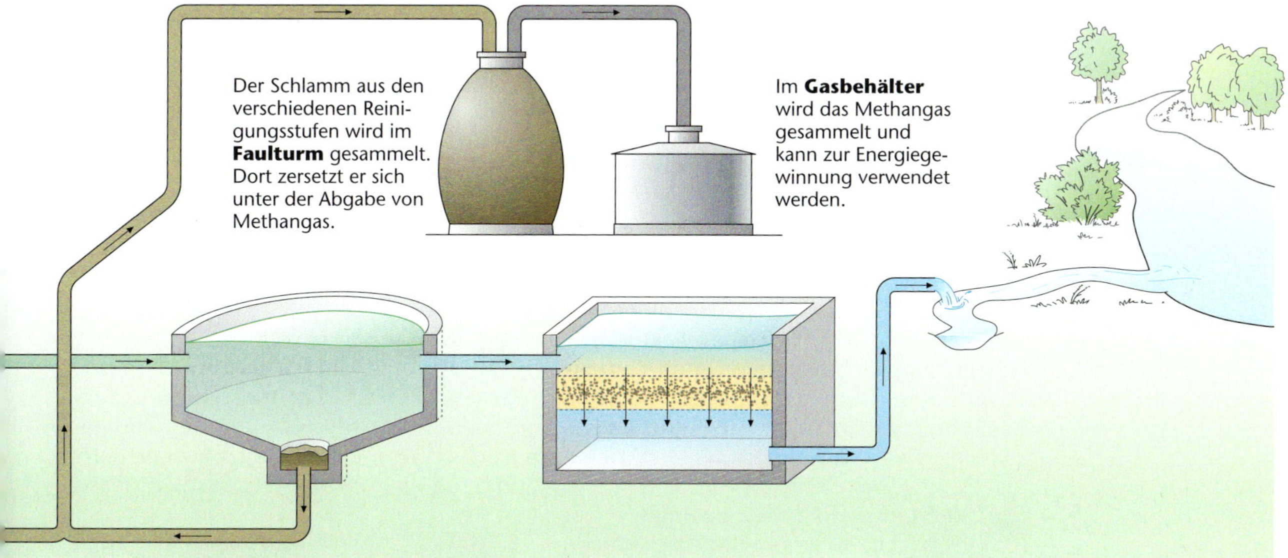

Nachklärbecken
Hier bleibt das Wasser einige Zeit stehen, damit sich die restlichen Flocken des Belebtschlamms absetzen können. Ein Teil des abgesetzten Belebtschlamms wird in den Faulturm gepumpt, der andere Teil wird nochmal in das Belebtschlammbecken zurückgepumpt.

Flockungsfiltration
Zum Schluss wird das Wasser noch von krank machenden Keimen und evtl. noch vorhandenen Phosphaten befreit. Dies geschieht mithilfe der Flockungsfiltration. Das Wasser hat nun fast Trinkwasserqualität.

Vorfluter
Über den Vorfluter, meist ein Fließgewässer, gelangt das gereinigte Wasser wieder in den natürlichen Wasserkreislauf.

(chemische Ausfällung nur nach Bedarf)

Schlusspunkt

Lebensgemeinschaft Gewässer

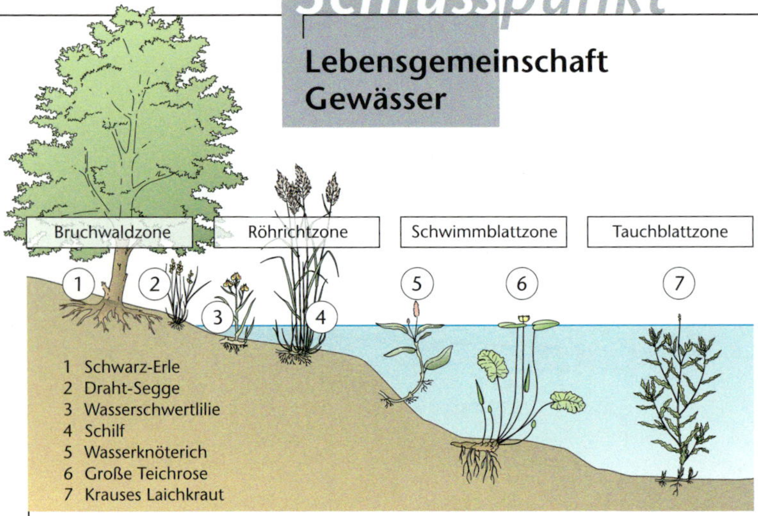

1 Zonierung eines Sees

Mal fließt's – mal steht's

Man unterscheidet fließende und stehende Gewässer. Im Gegensatz zu Flüssen und Bächen ist die Strömung in Tümpeln, Weihern, Teichen und Seen kaum wahrnehmbar.

Gewässer sind Ökosysteme

Alle Gewässer sind Biotope (Lebensräume) für die dort lebenden Tiere, Pflanzen und Mikroorganismen. Diese Biozönose (Lebensgemeinschaft) bildet zusammen mit dem Biotop ein charakteristisches Ökosystem.

Nischenbewohner

Lebewesen in einem Ökosystem sind von den dort vorherrschenden abiotischen Umweltfaktoren, wie z. B. Temperatur oder Strömungsgeschwindigkeit, abhängig. Aber auch die Faktoren der belebten Natur, die biotischen Faktoren, spielen eine wichtige Rolle. Sind in einem Lebensraum die für eine Art passenden Faktoren gegeben, bildet diese dort eine ökologische Nische.

Nicht immer ist alles optimal

Herrschen in einem Biotop die für ein Lebewesen am besten passenden abiotischen und biotischen Faktoren vor, befindet sich die Art im ökologischen Optimum. Schwankungen können innerhalb eines Toleranzbereiches ertragen werden, im ökologischen Pessimum können Organismen auf Dauer nicht überleben.

2 Wasserläufer

Angepasstheit macht's möglich

Um im Ökosystem Gewässer leben zu können, haben sowohl Pflanzen als auch Tiere und Mikroorganismen bestimmte Anpassungen entwickelt. So haben zum Beispiel viele Schwimmblattpflanzen eine dicke Kutikula und auf der Blattoberseite liegende Spaltöffnungen.

Kreisverkehr und Einbahnstraße

Innerhalb einer Nahrungskette werden energiereiche Stoffe von den Produzenten über die verschiedenen Ebenen der Konsumenten bis zu den Destruenten weitergeben. Deren Abbauprodukte stehen den Produzenten wieder zur Verfügung. Der Energiefluss dagegen verjüngt sich innerhalb der Nahrungsebenen. Man spricht von einer Nahrungspyramide.

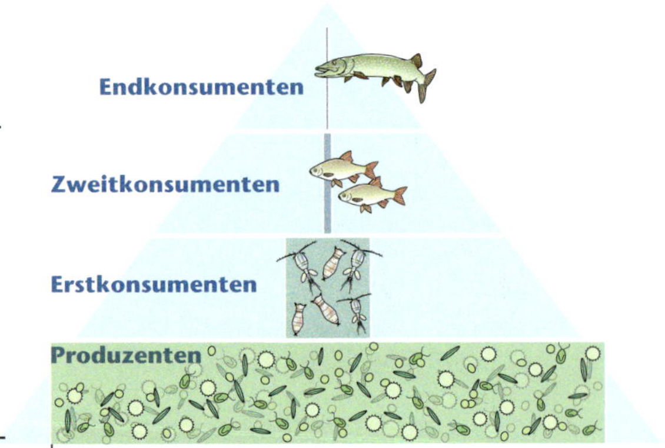

3 Nahrungspyramide

Wechselbeziehungen

Im Ökosystem hängt die Anzahl der Produzenten, Konsumenten und Destruenten direkt voneinander ab. Je mehr Räuber, desto weniger Beute – und umgekehrt. Im gesunden Ökosystem herrscht ein biologisches Gleichgewicht.

Wasser ist Leben

Alle Lebewesen bestehen zu einem Großteil aus Wasser, alle Lebensvorgänge finden in wässriger Lösung statt. Zudem ist das Wasser ein wichtiger Lebensraum für eine Vielzahl von Organismen. Wasser

4 Alle Lebewesen brauchen Wasser zum Leben

ist somit unabdingbar für das Leben auf der Erde. Der Zugang zu frischem Wasser wurde 2010 zum Menschenrecht erklärt.

Dem Wasser geht's dreckig
Gelangen auf Dauer zu viele Mineralstoffe in einen See, so eutrophiert der See und kippt schließlich um. Schadstoffe töten die Lebewesen in einem Gewässer und damit das komplette Ökosystem.

Es gibt viel zu klären
In Kläranlagen werden die Abwässer unserer Städte und Gemeinden in verschiedenen Stufen so gereinigt, dass das Wasser an die Natur abgegeben werden kann.

5 Wasser – ein Lebenselixier

Hilf mit!
Wir alle sind für die Verunreinigung der Gewässer verantwortlich. Deshalb solltest auch du deinen Wasserverbrauch und dein Konsumverhalten überdenken und die Gewässer aktiv schützen!

Aufgaben

1 Im Kapitel Lebensgemeinschaft Gewässer findest du eine Vielzahl neuer Fachbegriffe.

a) Schreibe auf die Vorderseite einer Karteikarte jeweils einen von 15 selbst gewählten Fachbegriffen, z. B. „Biozönose". Auf die Rückseite schreibst du die entsprechende Definition.

b) Spiele mit deinem Banknachbarn zusammen das Spiel zur Lebensgemeinschaft Gewässer. Mischt dazu eure 30 Karten und legt sie auf einen Stapel in die Mitte. Jeder zieht abwechselnd eine Karte und fragt seinen Partner nach dem entsprechenden Begriff. Ist die Erklärung richtig, darf der Spieler die Karte behalten. Wer am Schluss die meisten Karten hat, gewinnt.

c) Gehe auch in den nächsten Wochen deine Karteikarten immer wieder durch, damit du die Begriffe nicht verlernst.

2 Veranschauliche die Begriffe Stoffkreislauf und Energiefluss am Beispiel einer Nahrungskette der Schwimmblattzone im See.

6 Stockente und Haubentaucher

3 Stockente und Haubentaucher sind häufige Schwimmvögel an unseren Seen.
a) Stelle ihre Lebensräume und ihre Lebensweise in einer Tabelle gegenüber.

b) Überlege, warum die beiden Arten nebeneinander im Ökosystem See existieren können.

c) Erfinde einen Fantasie-Schwimmvogel, der auch im selben Lebensraum leben könnte. Erstelle einen Steckbrief dieses Fantasie-Tieres, in dem du auch seine Lebensweise möglichst genau beschreibst.

4 Baue ein einfaches Modell einer Kläranlage.
a) Erkläre das Modell deinem Banknachbarn.

b) Schlüpfe in die Rolle eines Modelltesters und erstelle eine schriftliche Analyse deines Modells: Was kann damit erklärt werden, was nicht. Wo ist das Modell ungenau, was könnte noch verbessert werden?

5 Bewerte folgende Aussage: „Durch die Industrie werden die Flüsse und damit das Grundwasser so stark verschmutzt, ich kann ja doch nichts für deren Schutz tun."

6 Von November bis Februar ist das Ausbringen von Gülle auf landwirtschaftlichen Flächen verboten. Erkläre den Sinn dieser Maßnahme aus Sicht des Gewässerschutzes.

Struktur und Funktion

Zwischen der Struktur, d.h. dem Bau einer Zelle oder eines Organs, und der Funktion, also deren Aufgaben im Organismus, gibt es einen klaren Zusammenhang. Nur wenn ein Organ bestimmte Strukturen aufweist, kann es seine Funktion optimal erfüllen. Das gilt gleichermaßen für alle Lebewesen und trifft auf verschiedene Organisationsstufen des Lebens, wie Zellen, Gewebe und Organe, zu.

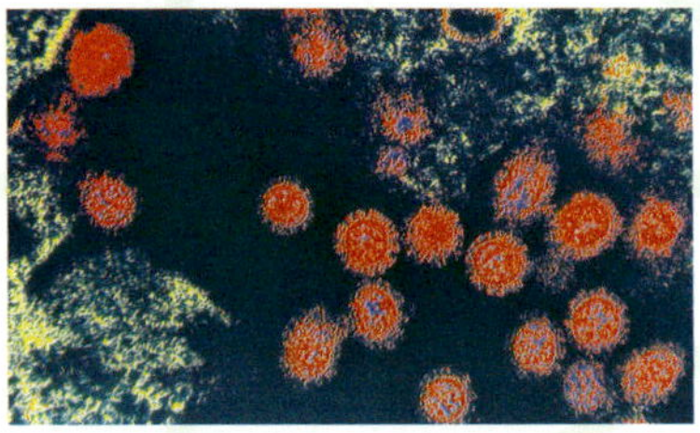

Mikroorganismen und Viren

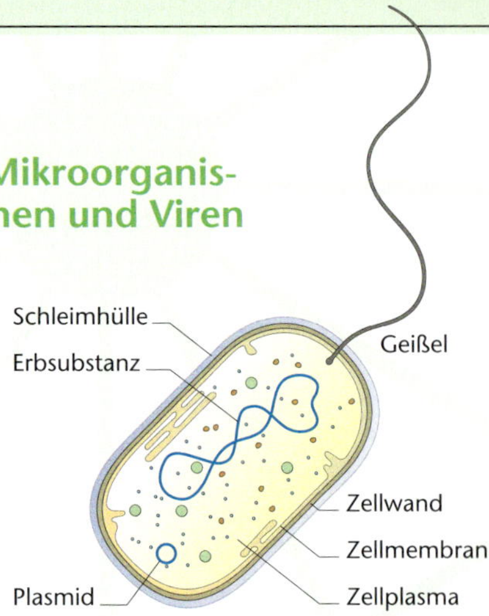

Mikroorganismen und Viren
Mikroorganismen, z. B. Bakterien, findet man nahezu überall auf unserem Planeten. Aufgrund ihrer einfachen Struktur sind sie in der Lage, sich schnell an neue Umweltbedingungen anzupassen, sich auf neue Nährstoffe einzustellen oder gegen Giftstoffe Resistenzen auszubilden.
Viren besitzen keinen eigenen Stoffwechsel und können sich auch nicht selbstständig fortpflanzen. Mithilfe spezieller Strukturen auf der Virushülle können sie jedoch an einer Wirtzelle „andocken" und ihr Erbgut in die Wirtszelle einschleusen. Das Virenerbgut programmiert die Wirtszelle so um, dass diese neue Viren bildet.

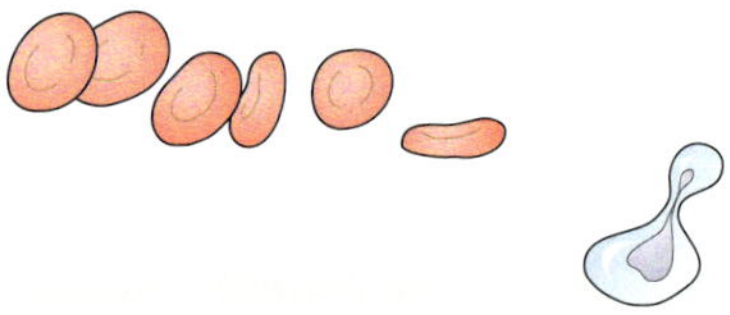

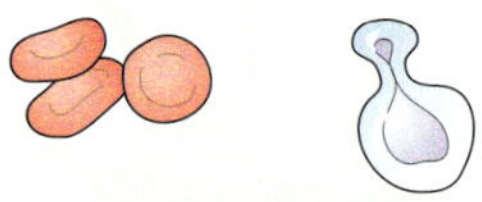

Blut

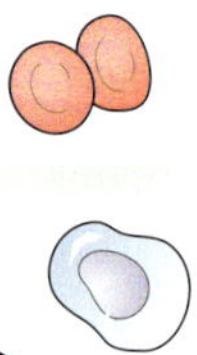

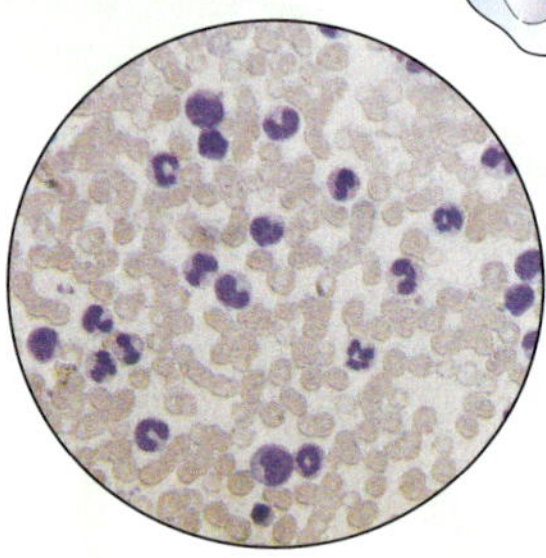

Blut
Unser Blut als Teil unseres Herz-Kreislauf-Systems wird auch als „flüssiges Organ" bezeichnet. Es besteht neben dem flüssigen Blutplasma aus verschiedenen festen Bestandteilen, den Blutzellen. Alle Blutzellen sind durch ihren Bau perfekt an ihre jeweiligen Aufgaben angepasst. So enthalten die scheibchenförmigen roten Blutzellen das Hämoglobin, das den Sauerstoff binden kann. Ihre wesentliche Aufgabe ist entsprechend der Sauerstofftransport. Während die roten Blutzellen passiv vom Blutstrom mitgenommen werden, können sich bestimmte weiße Blutzellen aktiv wie Amöben fortbewegen. Treffen sie auf einen Fremdkörper, umfließen sie ihn, nehmen ihn in ihr Zellplasma auf und verdauen ihn. Diese Blutzellen sind ein Teil unserer Immunabwehr.

Oberflächenvergrößerung
Noch bevor wir den Schimmelpilz durch seine bläulichen oder grünlichen Sporenträger erkennen können, ist das ganze Ausgangsmaterial bereits vom Pilzmycel durchzogen. Durch viele Verzweigungen der mikroskopisch kleinen Hyphen erreicht der Pilz eine enorme Oberfläche. So kann er das Ausgangsmaterial rasch zersetzen und die für ihn wertvollen Nährstoffe aufnehmen.

Pilzmycel

Oberflächenvergrößerung

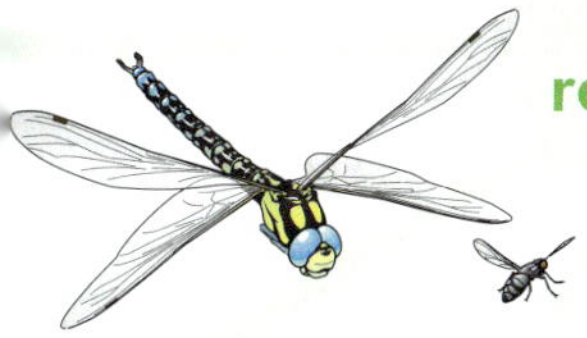

Selbst-reinigung

Blatt der Lotusblume

Selbstreinigung
Die großen Blätter der Lotusblume schwimmen auf der Wasseroberfläche. Wie bei der Seerose, befinden sich auch bei der Lotusblume die für den Gasaustausch notwendigen Spaltöffnungen auf der Blattoberseite. Schmutzpartikel könnten leicht die Spaltöffnungen verschließen oder die Lichtaufnahme für die Fotosynthese verringern. Eine spezielle Struktur der Lotuskutikula verhindert jedoch, dass sich Schmutzpartikel festsetzen können. Wasser bildet auf dieser feinen Struktur kleine Tröpfchen. Rollen diese Tröpfchen über das Blatt, bleibt der Schmutz am Tropfen haften und wird abgewaschen. Diese Fähigkeit zur Selbstreinigung, den Lotus-Effekt®, findet man auch bei vielen anderen Pflanzen und sogar bei Insekten, z. B. bei Libellen und Schmetterlingen.

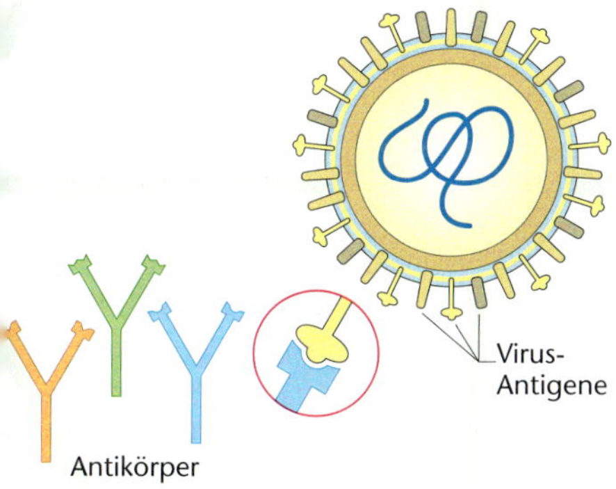

Schlüssel-Schloss-Prinzip

Schlüssel-Schloss-Prinzip
Antigene sind Strukturen auf der Oberfläche von Körperzellen oder von eingedrungenen Fremdkörpern. Sie dienen als Erkennungsmerkmal und als Bindungsstelle für Antikörper und Zellen der Immunabwehr. Wird z. B. ein Antigen als körperfremd erkannt, bildet das Immunsystem spezielle Antikörper gegen dieses Antigen. Die Antikörper kreisen mit dem Blut im Körper. Treffen sie auf Erreger mit dem passenden Antigen, heften sie sich nach dem Schlüssel-Schloss-Prinzip an deren Oberfläche und verbinden mehrere Erreger miteinander. Der entstehende Antigen-Antikörper-Komplex kann von den Riesenfresszellen des Immunsystems leicht gefunden und verdaut werden.

Aufgaben

1 Das Prinzip der Oberflächenvergrößerung spielt auch bei Tieren und Pflanzen eine wichtige Rolle. Erkläre, wie z. B. die Wurzel einer Pflanze eine größere Oberfläche erreicht.

2 Ist es richtig, Blut als „flüssiges Organ" zu bezeichnen? Nimm unter Berücksichtigung der Definition von „Organ" Stellung zu dieser Aussage.

3 Erstelle eine Liste mit weiteren Beispielen für das Schlüssel-Schloss-Prinzip in lebenden Systemen. Ordne diese Beispiele dann in einer Tabelle den Begriffen Schlüssel, Schloss und Funktion zu.

4 Nenne und erkläre weitere Anpassungen an den Lebensraum Wasser von a) Wasserpflanzen und b) Fischen unter der Verwendung der Begriffe Struktur und Funktion.

5 Der Lotus-Effekt® der Lotusblume dient als Vorbild für zahlreiche Anwendungen im Alltag und in der Technik. Recherchiere im Internet nach Produkten mit dem Lotus-Effekt® und erkläre Vorteile dieser Selbstreinigung.

Wasservögel

Wasservögel
Das Leben an und im Wasser bringt für Wasservögel Herausforderungen mit sich, an die sie dank bestimmter körperlicher Merkmale angepasst sind. Als gleichwarme Tiere mit einer Körpertemperatur von ca. 41 °C sind sie durch ein dichtes Federkleid vor Unterkühlung im kalten Wasser geschützt. Viele Arten fetten ihr Gefieder zusätzlich ein, wodurch es geschmeidig bleibt und wasserabweisend wird. Weitere Angepasstheiten an das Leben auf und im Wasser sind durch Schwimmhäute verbundene Zehen oder Zehen mit breiten Schwimmlappen.

Entwicklung

„Nichts bleibt, wie es ist!“ Diese Aussage trifft auch in der Biologie zu. Seitdem die ersten einfachen Lebensformen wie Bakterien auf der Erde sind, befinden sie sich in einem ständigen Wandel. Die Veränderungen werden beeinflusst durch zahlreiche Umwelteinflüsse. Das System, in dem eine Zelle oder ein Organismus lebt, hat Einfluss auf dessen Entwicklung. Doch auch jedes Lebewesen beeinflusst die Entwicklung seiner Umwelt.

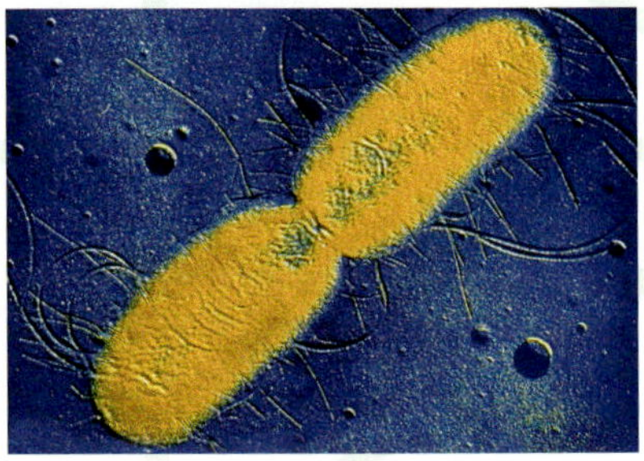

Eine Bakterienzelle teilt sich

Bakterienwachstum

Bakterienwachstum

Im Idealfall können sich manche Bakterien alle 20 Minuten teilen. Bereits nach wenigen Stunden können so aus einer einzigen Zelle viele 1000 Zellen entstanden sein. Vor jeder Teilung wird vom Erbgut eine identische Kopie angefertigt. Bei diesem Vorgang können sich Fehler einschleichen und Bakterien mit neuen Eigenschaften entstehen. Für den Menschen kann dies in zweierlei Hinsicht zum Problem werden: Zum einen können Bakterien so Eigenschaften bekommen, die sie resistent gegen Medikamente machen. Zum anderen entwickeln sich auf diese Weise immer wieder neue Krankheitserreger.

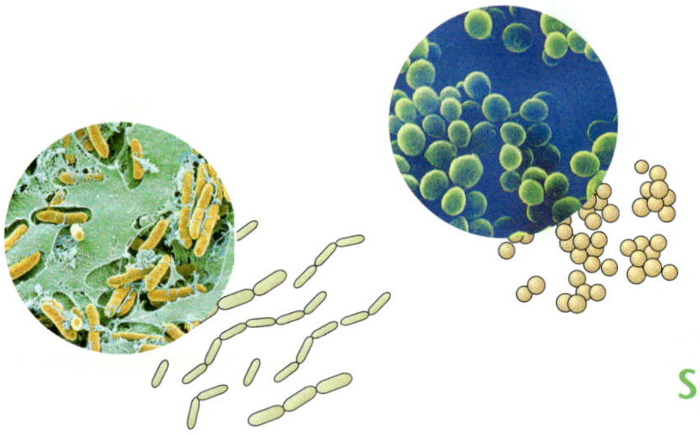

Neue Seuchen

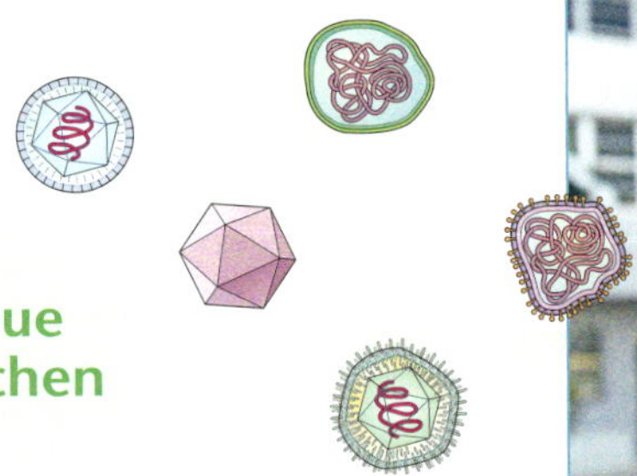

Neue Seuchen

Pest, Cholera und Typhus sind einige der Krankheiten, die noch vor wenigen hundert Jahren zahlreichen Menschen in Europa das Leben kosteten. Mittlerweile gehören diese Krankheiten bei uns der Vergangenheit an. Doch entstehen durch Veränderungen im Erbgut von Bakterien und Viren immer wieder neue Krankheiten, die z. T. gefährlicher sind als Pest und Co. Mithilfe von Frühwarnsystemen, verschärften Sicherheits- und Quarantänemaßnahmen sowie Massenimpfungen versucht man, die Ausbreitung neuer Seuchen zu verhindern.

Altern

Vor 100 Jahren lag die Lebenserwartung der Deutschen bei ca. 47 Jahren, heute bei etwa 80 Jahren. Diese Entwicklung ist auf die besseren Lebensbedingungen und auf Fortschritte in der Medizin zurückzuführen. Allerdings werden durch die höhere Lebenserwartung auch Krankheiten häufiger, die erst im Alter auftreten. Ein Beispiel hierfür ist die Arteriosklerose. Die Symptome des Älterwerdens lassen sich auch in zahlreichen anderen Bereichen unseres Körpers beobachten: Die Sehkraft lässt nach, die Haut wird faltig, der Körper verliert an Leistungsfähigkeit und die Vergesslichkeit nimmt zu. Manche Alterungsprozesse lassen sich aber positiv beeinflussen. Eine gesunde Lebensführung verlangsamt oder verhindert das Entstehen von Krankheiten. Die Lebensführung – oder biologisch ausgedrückt: das System – hat also Einfluss auf die Entwicklung.

Altern

Jahreszyklen

Jahres-
zyklen

Manche Entwicklungen hängen von den Jahreszeiten ab. Ein See durchläuft beispielsweise innerhalb eines Jahres bestimmte Phasen, die im Wesentlichen von äußeren Einflüssen abhängig sind. Im Winter ziehen sich Tiere und Pflanzen zurück. Das Wasser kommt unter einer Eisschicht zur Ruhe. Erst mit den steigenden Temperaturen und der längeren Sonneneinstrahlung im Frühjahr beginnen die Pflanzen zu wachsen und die Tiere werden aktiv. Zu jeder Jahreszeit lassen sich bestimmte Vorgänge beobachten, die sich wiederholen.

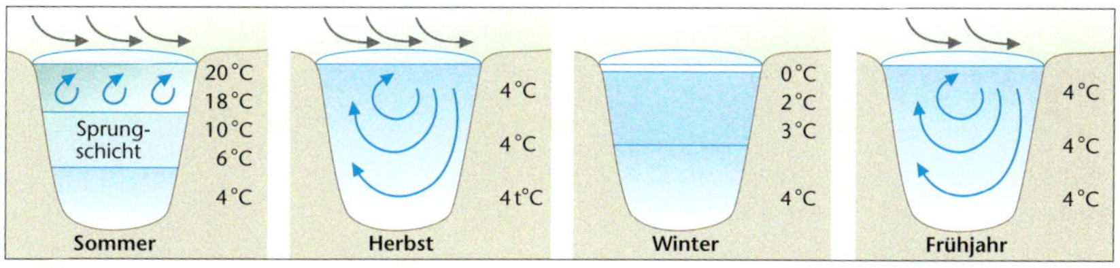

Sukzession

Ein neu angelegter Gartenteich, der nicht gepflegt wird, verändert mit der Zeit sein Aussehen. Je nach Lage, werden manche Pflanzen besser als andere wachsen und auch die Arten und die Anzahl der Tiere werden sich verändern. Dieser Entwicklungsprozess wird als Sukzession bezeichnet. Sukzessionsprozesse lassen sich in jedem Ökosystem beobachten. In einem neu angelegten Bachbett wird man z. B. nach einiger Zeit die ersten Pionierpflanzen finden, die wiederum Lebensraum für einige Tiere bieten. Mit der Zeit siedeln sich noch mehr neue Pflanzen und Tiere an. Somit verändert eine jedes Ökosystem im Laufe der Zeit sein Aussehen.

Sukzession

Einfluss des Menschen

In einem dicht besiedelten Gebiet wie Deutschland ist der Mensch zum entscheidenden Faktor geworden, in welche Richtung sich Lebensräume entwickeln. In einem hohen Maß gilt dies auch für die Fluss- und Gewässerlandschaft. Gewässerbegradigungen, Wasserkraftwerke und das Einleiten von Chemikalien sind negative Aspekte des menschlichen Einflusses. Häufig sind die Konsequenzen folgenschwer: Die Zahl der Tier- und Pflanzenarten nimmt ab und mancherorts steigt das Hochwasserrisiko. Gerade in der jüngeren Vergangenheit gibt es aber auch positive Entwicklungen. Durch Kläranlagen hat sich die Wasserqualität enorm verbessert und durch Renaturierungsmaßnahmen werden Gewässer in ihren ursprünglichen Zustand versetzt.

Einfluss des
Menschen

Aufgaben

1 Bakterien zeigen keine Alterserscheinungen. Begründe.

2 Trotz allen Fortschritts werden die Menschen durch Viren und Bakterien verursachte Erkrankungen nie ganz beseitigen können. Erkläre.

3 Manche Bakterien sind resistent gegen den Einsatz normaler Antibiotika. Informiere dich über die Ursachen und berichte.

4 Finde weitere Beispiele für Entwicklungen, die im Jahresverlauf stets wiederkehren.

5 Der Donauausbau zwischen Straubing und Vilshofen führt derzeit zu Diskussionen zwischen Befürwortern und Gegnern. Informiere dich über die unterschiedlichen Argumente und treffe anschließend ein begründetes Urteil mithilfe der Startegie-Seite 64/65.

6 An eurer Schule soll ein neuer Teich entstehen. Suche nach Argumenten, die für bzw. gegen eine sofortige Bepflanzung mit Teichpflanzen spricht.

System

„Alles hängt mit Allem zusammen" – diese Aussage beschreibt sehr treffend, was man unter einem biologischen System versteht. Die Strukturen einer Zelle, der Bau und die Funktionsweise des Blutkreislaufes oder auch die Vorgänge in einem Gewässer lassen sich nur verstehen, wenn man die Zusammenhänge begreift. Betrachtet man beispielsweise nur den Bau einer Bakterienzelle, so bekommt man keinen Eindruck davon, welche wichtige Rolle sie im Ökosystem übernimmt. In der 6. Klasse hast du bereits unterschiedliche Systemebenen kennen gelernt. In der 8. Jahrgangsstufe werden auch Strukturen behandelt, die kleiner als eine Zelle sind. Deshalb ist es sinnvoll, die Ebene „subzellulär", d. h. kleiner als eine Zelle, hinzuzufügen.

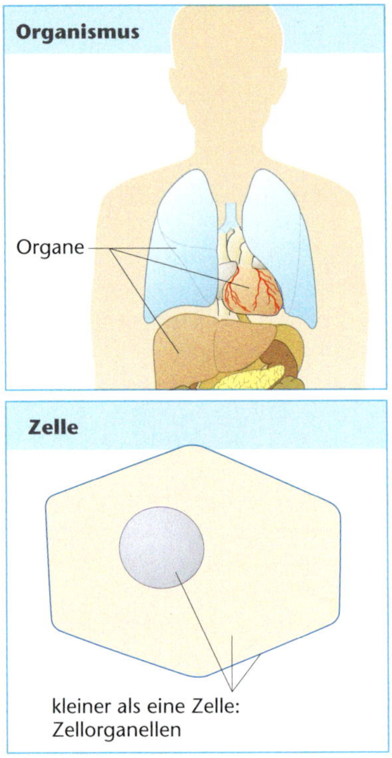

Zellsysteme

Zellsysteme
Alle Lebewesen bestehen aus Zellen. Im Fall des Menschen sind es ca. 60 Billionen, während Bakterien und manche Pilze nur aus einer Zelle bestehen. Das System Zelle weist aber bei allen Lebewesen zahlreiche Gemeinsamkeiten auf: Es gibt eine Begrenzung nach außen, ein Zellplasma, Möglichkeiten zur Speicherung und Weitergabe von Erbgut sowie die Fähigkeit zur Energiegewinnung. Dabei können die Zellen in Abhängigkeit von ihrer Aufgabe und ihrer Umwelt ganz unterschiedliche Formen besitzen.

Feinde von Systemen

Feinde von Systemen
Jucken und Bläschen an der Lippe sind deutliche Zeichen dafür, dass Herpesviren die Kontrolle über Zellsysteme unseres Körpers übernommen haben. Die auf Organebene äußerlich sichtbaren Zeichen von Herpes haben ihren Ursprung jedoch in Veränderungen auf subzellulärer Ebene. Das Virus hat die Kontrolle über das Erbgut übernommen und die Zelle produziert neue Herpesviren. Das Virus hat also Einfluss auf das System Zelle.

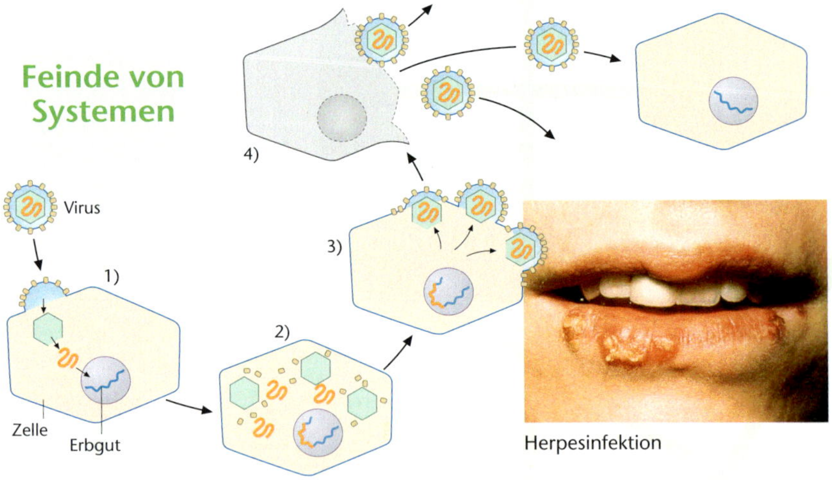

Herpesinfektion

Migräne: Folge von Dauerstress

Schäden im System
Neben den Viren können auch Bakterien und Pilze einzelne Organe befallen oder ganze Organismen schädigen. Ob unser Körper sich erfolgreich dagegen wehren kann, ist im Wesentlichen abhängig vom Zustand unseres Immunsystems. Dieses besteht wiederum aus zahlreichen Zellsystemen, die nur als Gesamtsystem effektiv gegen Krankheitserreger sind. Noch deutlicher werden die Zusammenhänge innerhalb des Systems „Körper" bei psychosomatischen Erkrankungen: Rückenschmerzen, Migräne, Hautprobleme oder Schlafstörungen, die beispielsweise durch Dauerstress oder Ärger hervorgerufen werden, machen deutlich, dass Störungen an einer Stelle des Systems zu Krankheitssymptomen an anderer Stelle führen können.

Schäden im System

Ökosystem Gewässer

Ökosystem Gewässer

Tiere und Pflanzen eines bestimmten Lebensraumes stehen in zahlreichen Beziehungen zueinander. Die Pflanzen stellen nicht nur die Nahrungsgrundlage für zahlreiche Tierarten dar, sie bieten auch Versteck- und Brutmöglichkeiten für Fische und andere Bewohner des Lebensraumes. Alle Lebewesen eines Ökosystems stehen wiederum in zahlreichen Abhängigkeiten von ihrer unbelebten Umwelt. Welche Pflanzen und Tiere vorkommen, hängt z. B. auch von der Wassertemperatur, der Wasserzusammensetzung oder der Gewässergröße ab.

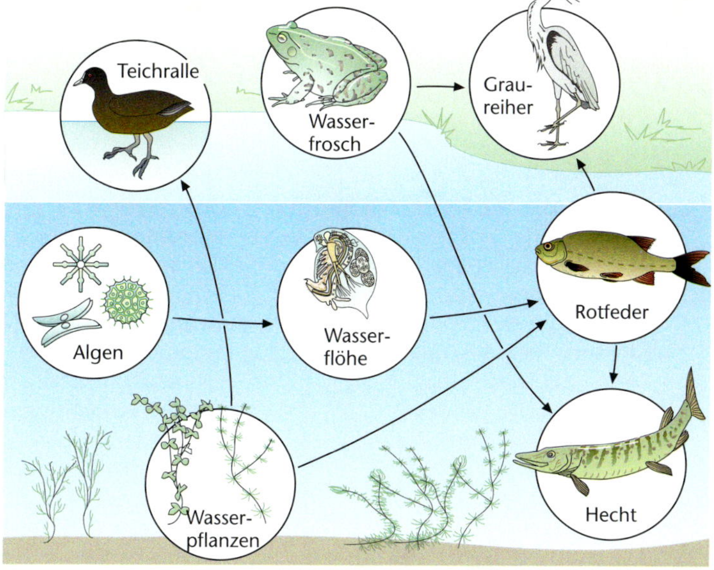

Destruenten in Ökosystemen

Destruenten in Ökosystemen

Bakterien und Pilze haben in Ökosystemen eine wichtige Aufgabe. Als Destruenten zersetzen sie tote Tiere und Pflanzen. Bei diesem Prozess bleiben Wasser, Kohlenstoffdioxid und Mineralstoffe übrig. Der Mensch macht sich diese Eigenschaften in Kläranlagen, aber auch beim Kompostieren zunutze. Die dabei entstehenden Endprodukte wiederum bilden die Grundlage für die Stoffwechselvorgänge und das Wachstum von Pflanzen.

Aufgaben

1 Erläutere in einem kurzen Text die Vorgänge bei einer Herpesinfektion.

2 Beschreibe einen möglichen Weg eines Sauerstoffmoleküls durch die Systeme deines Körpers.

3 Beschreibe am Beispiel eines dir bekannten Gewässers, wie der Mensch in das Ökosystem eingreift. Nenne mögliche Folgen für Pflanzen und Tiere.

4 Fremdländische Aquarientiere sollten nicht in heimischen Gewässern freigesetzt werden. Suche im Internet unter „Neozoen, Gewässer" nach Beispielen und schildere mögliche Folgen einer Freisetzung.

Systeme greifen ineinander

Innerhalb eines komplexen Organismus wie dem menschlichen Körper greifen zahlreiche Systeme ineinander. So wird Nahrung vom Verdauungssystem zerlegt. Sauerstoff wird über das Atmungssystem aufgenommen. Über das Blutkreislaufsystem werden dann die einzelnen Zellen versorgt. Der Abtransport von Endprodukten erfolgt ebenfalls über das Blutkreislaufsystem. Zusätzlich ist noch das Lymphsystem beteiligt. Jedes der genannten Systeme lässt sich als Teil eines Organismus betrachten, ist aber für sich genommen ebenfalls ein komplexes Gebilde.

Systeme greifen ineinander

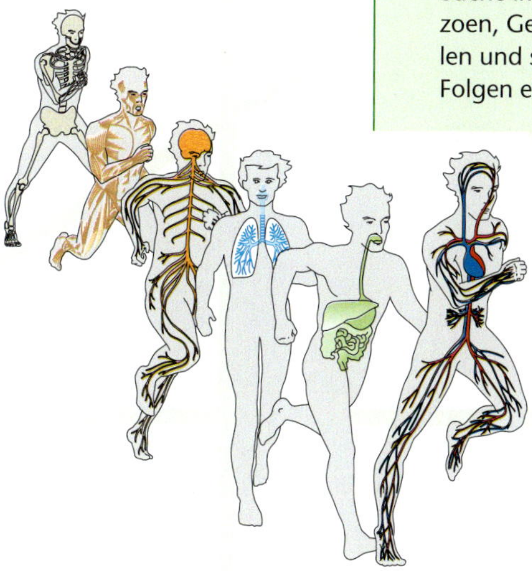

Mikroorganismen und Viren

7 a) Das Diagramm zeigt, dass sich die Viren alle 5 Tage sprunghaft vermehren.

b) Immer wenn die Zellen platzen, wird eine große Anzahl neuer Viren in den Zellsaft abgegeben. Da es einige Tage dauert, bis so viele Viren produziert wurden, dass die Zellen aufplatzen, kann in der Zwischenzeit keine Erhöhung im Zellsaft gemessen werden.

Das Schutz- und Abwehrsystem des Menschen

7 Der Verlauf wird beeinflusst:
- vom Zustand des Immunsystems: Alte bzw. geschwächte Personen (z. B. nach OP etc.) werden häufiger stärker geschädigt.
- von der Art des Erregers: die Inkubationszeit variiert von Erreger zu Erreger (zwischen wenigen Stunden und mehreren Jahrzehnten) und ist u. a. abhängig von der Vermehrungsgeschwindigkeit des Erregers.
- Mitunter können auch Faktoren wie die Eintrittsstelle in den Körper eine Rolle spielen. So ist die Inkubationszeit bei Tollwut abhängig von der Strecke des Bisses bis zum ZNS.

8 Zunächst steigt die Zahl der HI-Viren nach der Infektion stark an. Nach einigen Wochen sinkt die Viruslast aber. Dies ist ein klares Zeichen dafür, dass das Immunsystem aktiv gegen die Viren vorgeht. Mit zunehmender Dauer reduziert sich allerdings die Zahl der T-Helferzellen und nach einer oft Jahre dauernden Inkubationszeit steigt die Zahl der HI-Viren stark an. Eine effektive Reaktion des Immunsystems ist nicht mehr möglich, da die Zahl an T-Helferzellen zu gering ist.

Lebensgemeinschaft Gewässer

3 a)

	Stockente	**Haubentaucher**
Lebensraum	Gewässer aller Art	Größere Seen/Teiche mit dichter Uferzone
Ernährung	Pflanzenteile, Weichtiere, Larven, kleine Frösche	Überwiegend piscivor: kleine Fische
Fundort der Nahrung	Gewässerboden	Tauchend an der Oberfläche der Gewässer
Brutzeit	Mai – Juni	April – Juni
Brutplatz	Gras, feuchter Untergrund am Ufer	Am Rand von Gewässern, aber auch Schwimmnester

b) Die beiden Arten bilden unterschiedliche ökologische Nischen aus, die sich zum Beispiel durch den Lebensraum oder die Nahrung unterscheiden.

6 In dieser Jahreszeit ist der Bewuchs auf den Feldern so gering, dass das die durch Gülle eingebrachten Mineralstoffe (v. a. Stickstoff und Phosphor) nicht verbraucht werden, sondern in das Grundwasser und feldernahe Gewässer gespült werden.

G

H

I

J

K

L

M

N

O

P

Q

R

S

T

U

V

W

Z

U1.1 plainpicture GmbH & Co. KG (Ulf Philipowski), Hamburg; **U1.2** plainpicture GmbH & Co. KG RF (Fancy), Hamburg; **U4.1** Getty Images RF (Flickr/Judi Mowlem), München; **U4.2** Getty Images (Photographer's Choice/David Malan), München; **U4.3** Getty Images RF (Fabrice Lerouge), München; **U4.4** Getty Images RF (Digital Vision/Eriko Koga), München; **3.1** Thinkstock (iStockphoto), München; **4.2** Okapia (Hans Reinhard), Frankfurt; **5.3** iStockphoto (Brigitte Smith), Calgary, Alberta; **6.1** Thinkstock (Hemera), München; **6.2** iStockphoto (Juanmonino), Calgary, Alberta; **7.3; 7.7** Klett-Archiv (Aribert Jung), Stuttgart; **7.4; 7.8** Thinkstock (iStockphoto), München; **7.5** Corbis (Mediscan), Düsseldorf; **7.6** iStockphoto (Gordon Dixon), Calgary, Alberta; **8.1** iStockphoto (David Marchal), Calgary, Alberta; **9.2** Klett-Archiv (Aribert Jung), Stuttgart; **9.3** Fotolia LLC (Vitaliy Pakhnyushchyy), New York; **9.4** Thinkstock (iStockphoto), München; **9.5** Fotolia LLC (K.-U. Häßler), New York; **9.6** iStockphoto (Sebastian Kaulitzki), Calgary, Alberta; **10.1** Fotolia LLC (Stefan Körber), New York; **10.2** Klett-Archiv (Aribert Jung), Stuttgart; **12.1** StockFood GmbH (Moussamih, S.), München; **14.1** AKG (Erich Lessing), Berlin; **14.2** Fotolia LLC (Stefan Balk), New York; **14.3** Deutscher Brauer-Bund e.V., Berlin; **16.2** Okapia (D. Scharf/Peter Arnold, Inc.), Frankfurt; **16.3** Mauritius Images (Dennis Kunkel/Phototake), Mittenwald; **16.4** FOCUS (Scharf/SPL), Hamburg; **17.1** iStockphoto (Timur Arbaev), Calgary, Alberta; **17.2** Corbis (Daniel Boschung), Düsseldorf; **18.1** Fotolia LLC (antimage), New York; **18.2** Merck KGaA, Darmstadt; **18.3** iStockphoto (BasieB), Calgary, Alberta; **18.4** Thinkstock (iStockphoto), München; **19.5** shutterstock (carroteater), New York, NY; **19.6** iStockphoto (Libor Tomáčtík), Calgary, Alberta; **19.7** shutterstock (Joerg Beuge), New York, NY; **19.8** iStockphoto (Magalí Izaguirre), Calgary, Alberta; **20.1A** Deutsches Museum, München; **20.1B** Sächsische Landesbibliothek (Staatl. Kunstsammlungen Dresden/Kupferstich-Kabinett), Dresden; **20.2A** Okapia (D. M. Phillips), Frankfurt; **20.2B** Okapia (Dr. Gary Gaugler), Frankfurt; **20.2C** FOCUS (Dr. Gary Gaugler/SPL), Hamburg; **21.3** Okapia (CNRI), Frankfurt; **21.S01** Ullstein Bild GmbH (Peter Arnold Inc.), Berlin; **22.1** Okapia (Institut Pasteur, CNRI), Frankfurt; **23.1** Mauritius Images (Phototake), Mittenwald; **23.2** FOCUS (SPL/John Durham), Hamburg; **23.3** Deutsches Museum, München; **24.2** Okapia (Nigel Cattlin/Holt Studios), Frankfurt; **25.4** iStockphoto (Gordon Dixon), Calgary, Alberta; **25.6** FOCUS (Steve Gschmeissner/SPL), Hamburg; **25.7** Thinkstock (iStockphoto), München; **26.1A** FOCUS (Dr. Rosalind King/SPL), Hamburg; **26.1B** Ullstein Bild GmbH (TopFoto), Berlin; **28.2** Fotosearch Stock Photography (Purestock RF), Waukesha, WI; **28.3** Stock Food GmbH (Uwe Bender), München; **31.1** Avenue Images GmbH (image 100), Hamburg; **31.2** www.eee-info.net, Güssing; **32.1** FOCUS (A. B. Dowsett/Science Photo Library), Hamburg; **32.2A** Okapia (Biophoto Ass./Science Sou.), Frankfurt; **32.2B** Mauritius Images (Hubatka), Mittenwald; **34.1** iStockphoto (arekmalang), Calgary, Alberta; **34.2** Fotolia LLC (Photocharts), New York; **34.3** iStockphoto (Nikada), Calgary, Alberta; **34.4** Mauritius Images (Rosenfeld), Mittenwald; **35.5** FOCUS (Eye of Science), Hamburg; **36.1** Klett-Archiv (Aribert Jung), Stuttgart; **36.2** iStockphoto (JackJelly), Calgary, Alberta; **38.1** Fotolia LLC (djma), New York; **38.2** Thinkstock (Hemera), München; **39.3** Thinkstock (iStockphoto), München; **39.4** Corbis RF (RF), Düsseldorf; **39.5** Fotolia LLC (Áment Gellért), New York; **39.6** Okapia (Hans Reinhard), Frankfurt; **40.1** Interfoto (imagebroker/dst), München; **40.2** Thinkstock (Valueline), München; **40.3** Thinkstock (iStockphoto), München; **40.4** Otto Bock Healthcare GmbH, Duderstadt; **43.2** iStockphoto (fotolinchen), Calgary, Alberta; **43.S01** Picture-Alliance (dpa/AAP Image Marty Melville), Frankfurt; **43.S02** Corbis (Peterson), Düsseldorf; **45.2A** FOCUS (SPL), Hamburg; **45.2B** Thinkstock (BananaStock), München; **45.2C** Mauritius Images (National Cancer Institute/Photo Researchers, Inc.), Mittenwald; **45.2D** Okapia (Neufried), Frankfurt; **45.2E** iStockphoto (Ziga Lisjak), Calgary, Alberta; **45.2F** FOCUS (ISM), Hamburg; **45.2G** iStockphoto (Stéphane Bidouze), Calgary, Alberta; **45.2H** Mauritius Images (Alamy/Medical-on-Line), Mittenwald; **45.S1A** Thinkstock (iStockphoto), München; **45.S1B** Thinkstock (Hemera), München; **46.2** shutterstock (maxstockphoto), New York, NY; **48.2** Okapia (NAS), Frankfurt; **48.4** Picture-Alliance (dpa/Universität Zürich), Frankfurt; **49.1** Corbis (Visuals Unlimited), Düsseldorf; **52.1** YOUR PHOTO TODAY (BSIP), Taufkirchen; **53.1** Fotolia LLC (Blue-Fox), New York; **53.2** shutterstock (maxstockphoto), New York, NY; **53.4** FOCUS (AJ Photo/Hop Americain/SPL), Hamburg; **53.5** FOCUS (GJLP/SPL), Hamburg; **53.6** FOCUS (Zephyr/SPL), Hamburg; **53.3A; 53.3B** Internationales Bildarchiv Horst von Irmer, München; **54.1** Fotolia LLC (Tyler Olson), New York; **55.1** Imago (imagebroker), Berlin; **56.1** Corbis (Bettmann), Düsseldorf; **57.3** Ullstein Bild GmbH, Berlin; **58.1A** FOCUS (Mark Thomas/SPL), Hamburg; **58.1C** Fotolia LLC (El Gaucho), New York; **59.1A; 59.1C; 59.1D** Thinkstock (iStockphoto), München; **59.1B** Fotolia LLC (Yuri Arcurs), New York; **60.1** creativ collection Verlag GmbH, Freiburg; **62.1** Ullstein Bild GmbH (contrast/Behrend), Berlin; **62.3** Keystone (Zick), Hamburg; **63.5** Bundeszentrale für gesundheitliche Aufklärung, Köln; **64.2** Klett-Archiv (Bünstorf), Stuttgart; **65.4A** Fotolia LLC (Bernard 63), New York; **65.4B** iStockphoto (Todd Arbini), Calgary, Alberta; **65.4C** iStockphoto (charles taylor), Calgary, Alberta; **65.4D** PantherMedia GmbH (Martina Heggie), München; **66.1** Thinkstock (iStockphoto), München; **67.4** Deutsches Grünes Kreuz, Marburg; **69.2** shutterstock (Yuri Arcurs), New York, NY; **69.3** Thinkstock (Brand X Pictures/Jupiterimages), München; **71.2A** EZB, Frankfurt; **71.2B** iStockphoto (Ariusz Nawrocki), Calgary, Alberta; **72.1** FOCUS (SPL), Hamburg; **72.2** FOCUS (CNRI/SPL), Hamburg; **72.3** Okapia (J. Watney/PR Science), Frankfurt; **72.4** Helga Lade Fotoagentur (BAV), Frankfurt; **72.5** Ulrich Niehoff Fotoproduktionen und Bildarchiv, Bienenbüttel; **72.6** Okapia (NAS/Biophoto Associates), Frankfurt; **73.1** FOCUS (©2002 Eye of Science), Hamburg; **73.2** FOCUS (Kwangshin Kim/Photo Researchers), Hamburg; **73.3** Okapia (Manfred P. Kage), Frankfurt; **73.4** Okapia (David Scharf/P. Arnold, Inc.), Frankfurt; **73.5** Okapia (Kwangshin Kim), Frankfurt; **74.1A** FOCUS (Sinclair Stammers/SPL), Hamburg; **74.1B** FOCUS (EOS/SPL), Hamburg; **75.1** Getty Images (Pablo Bartholomew/Liaison), München; **75.2** Okapia (Dr.Gary Gaugler), Frankfurt; **75.3** FOCUS (NIBSC/SPL), Hamburg; **75.4** FOCUS (Dr. Kari Lounatamaa/SPL), Hamburg; **75.5** FOCUS (Moredun Animal Health/SPL), Hamburg; **76.1** Mauritius Images (Alamy), Mittenwald; **77.2** FOCUS (EOS/Meckes), Hamburg; **77.3** Okapia (Neufried), Frankfurt; **77.1A** Okapia (Lond. Sc. Films/OSF), Frankfurt; **77.1B** Naturfotografie Frank Hecker, Panten-Hammer; **77.1C** Tilman Wischuf Tier- und Naturfotografie, Stabbestad; **78.2** Thinkstock (BananaStock), München; **78.3** Fotolia LLC (godfer), New York; **78.1A; 78.1B** shutterstock (Andy Lidstone), New York, NY; **80.1** Thinkstock (Goodshoot), München; **81.3** Corbis (Bettmann), Düsseldorf; **81.4** Okapia (Karl Gottfried Vock), Frankfurt; **83.6** Fotolia LLC (Ralf Wunder), New York; **84.1** iStockphoto (ooyoo), Calgary, Alberta; **84.2** iStockphoto (Pgiam), Calgary, Alberta; **84.3** iStockphoto (Michael Fernahl), Calgary, Alberta; **84.4** NASA, Washington, D.C.; **84.5** iStockphoto (Brigitte Smith), Calgary, Alberta; **85.6** iStockphoto (Nikolay Stoilov), Calgary, Alberta; **85.7** shutterstock (Enrique Sanchiz Palmer), New York, NY; **85.8** Fotosearch Stock Photography (Digital Vision), Waukesha, WI; **86.1A** Bayerisches Landesamt für Umwelt, Augsburg; **86.1B** YOUR PHOTO TODAY, Taufkirchen; **86.1C** PantherMedia GmbH (Werner N.), München; **88.1** Okapia (Dr. Peter Wernicke), Frankfurt; **88.2** Fotolia LLC (Martina Berg), New York; **89.3** Pott, Dr. Eckart, Stuttgart; **89.4** Okapia (Jürgen Freund), Frankfurt; **90.2** Klett-Archiv (Dr. Peter Pösch), Stuttgart; **91.1; 91.2** Klett-Archiv (Dr. Peter Pösch), Stuttgart; **91.3** iStockphoto (Aimin Tang), Calgary, Alberta; **91.4** Fotolia LLC (lofik), New York; **91.5** Picture-Alliance (dpa), Frankfurt; **91.6** vario images GmbH & Co.KG (imagebroker), Bonn; **92.1** Klett-Archiv (Nature + Science AG), Stuttgart; **92.2** Klett-Archiv (Aribert Jung), Stuttgart; **94.1** Corbis (Ken Cedeno), Düsseldorf; **94.2** Naturfotografie Frank Hecker (Dr. Frieder Sauer), Panten-Hammer;

94.3 Saake, Erich (Erich Saake), Bochum; **95.4** shutterstock (optimarc), New York, NY; **95.5** Klett-Archiv (Zuckerfabrik Digital), Stuttgart; **96.1** Prof. Dr. Horst Müller, Dortmund; **98.1** PantherMedia GmbH (Andreas Lippmann), München; **98.4** Dreamstime LLC (Dirk Sigmund), Brentwood, TN; **98.5** Dreamstime LLC (Edgar Loehr), Brentwood, TN; **99.2** Okapia (Dr. Hermann Brehm), Frankfurt; **99.3** iStockphoto (RelaxFoto.de), Calgary, Alberta; **99.4** Harald Lange Naturbild (Pfletschinger), Bad Lausick; **101.1** Pott, Dr. Eckart, Stuttgart; **101.2** Alamy Images (Patrick Stubbs), Abingdon, Oxon; **101.3** Fotolia LLC (gallas), New York; **101.4** Okapia (Eric A. Soder), Frankfurt; **101.5** Tilman Wischuf Tier- und Naturfotografie, Stabbestad; **101.6** iStockphoto (Christoph Achenbach), Calgary, Alberta; **102.1** PantherMedia GmbH (Thomas Kranenberg), München; **102.2** shutterstock (David Dohnal), New York, NY; **102.3** Thinkstock (iStockphoto), München; **103.4** iStockphoto (Jeff Fullerton), Calgary, Alberta; **103.5** shutterstock (Ainars Aunins), New York, NY; **104.1A** TOPICMedia (Robert Gross), Ottobrunn; **104.1B; 104.1D** Naturfotografie Frank Hecker, Panten-Hammer; **104.1C** Zeitler, Karl-Heinz, München; **106.1** iStockphoto (Chris Lukhaup), Calgary, Alberta; **106.2** Fotolia LLC (Stephen Coburn), New York; **106.3** shutterstock (buchan), New York, NY; **107.2** iStockphoto (Nico Smit), Calgary, Alberta; **107.3** Juniors Bildarchiv, Ruhpolding; **109.3** Mauritius Images (Alamy/Dennis MacDonald), Mittenwald; **110.1** Okapia (Kittprempool/UNEP/Still Pictures), Frankfurt; **111.2** Fotolia LLC (John Anderson), New York; **111.3** FOCUS (Pierre Boulat/Cosmos), Hamburg; **111.4** Fotosearch Stock Photography (Digital Vision), Waukesha, WI; **112.1** Fotolia LLC (Netzer Johannes), New York; **112.2** iStockphoto (Stéphane Bidouze), Calgary, Alberta; **112.3** Fotolia LLC (Zeno), New York; **113.5** Thinkstock (iStockphoto), München; **116.1** Fotolia LLC (BANNER), New York; **116.2** Fotolia LLC (Fotolyse), New York; **116.3** Thinkstock (iStockphoto), München; **117.4** Thinkstock (iStock**photo), München; 117.5** Ullstein Bild GmbH (CARO/Blume), Berlin; **118.1** Fotolia LLC (Edith Ochs), New York; **118.2** MEV Verlag GmbH, Augsburg; **118.S01** Wikimedia Foundation Inc. (Clemensfranz, CC-BY-SA-3.0), St. Petersburg FL; **118.S02** Wikimedia Foundation Inc. (Haseluenne, http://creativecommons.org/licenses/by-sa/3.0/deed.de), St. Petersburg FL; **119.3** PantherMedia GmbH (B. Schneider), München; **119.4** PantherMedia GmbH (Carl-Jürgen B.), Mün-chen; **119.5** blickwinkel (Hecker/Sauer), Witten; **121.1** Fotolia LLC (fotos4people), New York; **121.2** PantherMedia GmbH (Achim Glatz), München; **121.3** Thinkstock (iStockphoto), München; **121.4** Ullstein Bild GmbH (Imagebroker.net/Ernst Wrba), Berlin; **122.2** Klett-Archiv (Marianne Walcher), Stuttgart; **123.4** MACHEREY-NAGEL GmbH & Co. KG, Düren; **124.1A** blickwinkel (F. Hecker), Witten; **124.1B** Thinkstock (iStock-photo), München; **124.1C** Dieter Schmidtke, Schorndorf; **124.1D** Uwe Schmid-Fotografie, Duisburg; **125.1A** blickwinkel (A. Hartl), Witten; **125.1B** Tierbildarchiv Angermayer (Hans Pfletschinger), Holzkirchen; **125.1C** Klett-Archiv (Aribert Jung), Stuttgart; **125.1D** Stockbyte, Tralee, County Kerry; **127.2** Klett-Archiv (Dr. Peter Pösch), Stuttgart; **128.1** MEV Verlag GmbH, Augsburg; **129.3** Lippeverband, Dortmund; **130.2** Fotolia LLC (focus finder), New York; **130.4** Getty Images RF (Hans Huber), München; **131.5** Kulka, Matthias, Hamburg; **131.6A** Fotolia LLC (Cosmin Manci), New York; **131.6B** iStockphoto (Christoph Achenbach), Calgary, Alberta; **132.1** FOCUS (A. B. Dowsett/Science Photo Library), Hamburg; **132.2; 132.4** Klett-Archiv (Aribert Jung), Stuttgart; **132.3** Fotolia LLC (Lucky Dragon), New York; **132.5** Wikimedia Foundation Inc. (TheAlphaWolf, http://creativecommons.org/licenses/by-sa/3.0/deed.de), St. Petersburg FL; **133.6** shutterstock (Michael Steden), New York, NY; **134.1** Okapia (Institut Pasteur, CNRI), Frankfurt; **134.2** FOCUS (Dr. Gary Gaugler/SPL), Hamburg; **134.3** Okapia (D. M. Phillips), Frankfurt; **134.4** iStockphoto (Juanmonino), Calgary, Alberta; **134.5** Fotolia LLC (Monkey Business), New York; **135.6** Reinhard-Tierfoto, Heiligkreuzsteinach; **135.7** Arco Images GmbH (Hinze, K.), Lünen; **135.8** Fotolia LLC (Paul Stock), New York; **136.1** Okapia (J. Watney/PR Science), Frankfurt; **136.2** Fotolia LLC (Kzenon), New York; **137.3** iStockphoto (Gordon Dixon), Calgary, Alberta

Sollte es in einem Einzelfall nicht gelungen sein, den korrekten Rechteinhaber ausfindig zu machen, so werden berechtigte Ansprüche selbstverständlich im Rahmen der üblichen Regelungen abgegolten.